测绘地理信息发展战略文库

地理国情监测常态化业务应用探索

Study on Application of Normal National Geographic Condition Monitoring

王春峰　主　编
陈常松　副主编

测绘出版社
·北京·

图书在版编目(CIP)数据

地理国情监测常态化业务应用探索 / 王春峰主编－北京：测绘出版社，2017.12
(测绘地理信息发展战略文库)
ISBN 978-7-5030-4089-4

Ⅰ.①地… Ⅱ.①王… Ⅲ.①地理－监测－研究－中国 Ⅳ.①K92

中国版本图书馆 CIP 数据核字(2017)第 311749 号

责任编辑 余易举 **封面设计** 李 伟 **责任校对** 赵 瑷 **责任印制** 陈 超

出版发行	测绘出版社	**电　话**	010－83543956(发行部)
地　址	北京市西城区三里河路 50 号		010－68531609(门市部)
邮政编码	100045		010－68531363(编辑部)
电子信箱	smp@sinomaps.com	**网　址**	www.chinasmp.com
印　刷	北京京华虎彩印刷有限公司	**经　销**	新华书店
成品规格	169mm×239mm		
印　张	23.75	**字　数**	302 千字
版　次	2017 年 12 月第 1 版	**印　次**	2017 年 12 月第 1 次印刷
印　数	0001－1000	**定　价**	50.00 元

书　号 ISBN 978-7-5030-4089-4
本书如有印装质量问题,请与我社门市部联系调换。

推进地理国情监测常态化业务化发展需要高度重视应用机制建设
（代　序）

国家测绘地理信息局党组副书记、副局长　王春峰

贯彻落实《国务院关于开展第一次全国地理国情普查的通知》(国发〔2013〕9号)要求以及李克强总理、张高丽副总理重要讲话精神，推进地理国情监测常态化、业务化发展是按照测绘地理信息"十三五"规划要求，形成测绘地理信息"5+1"服务格局，推动测绘地理信息供给侧改革的重要工作。不断拓展深化地理国情监测应用，建立起稳定的应用平台和顺畅的应用机制是地理国情监测常态化、业务化发展的关键和前提。为此，由国家测绘地理信息局相关司室和单位有关人员组成调研组，历时1年，对各地"十三五"地理国情监测常态化、业务化发展思路进行了调研，对有关问题组织专家进行了深入研究。有关情况如下。

一、省级测绘地理信息部门的主要思路

从各地测绘地理信息"十三五"规划来看，省级测绘地理信息部门推进地理国情监测常态化、业务化发展的主要思路有如下两点：

(一)普遍重视地理国情监测与本地区经济社会发展战略的"融合"

主要包括：一是重点服务于"战略"。其中，服务领域主要有：为本地区贯彻落实国家重大经济社会发展战略提供服务；为制定和实施符合本地区发展条件的经济社会发展战略服务；为本地区政府及其有关部门的管理决策工作提供服务。服务内容主要有：生态文明体制改革相关工作；资源环境及生态调查评价；自然资源环境审计及责任追究；

城市、农业、生态等空间开发利用监测评价及管控等。据统计，有 7 个省级规划将服务“多规合一”作为地理国情监测的重点领域，有 4 个省级规划提出要加强“生态红线监测”。广西、海南、浙江、吉林、河北 5 个省级测绘地理信息部门与审计部门签署了合作开展自然资源资产审计协议。有 10 个省级规划提出要加强“国土空间变化监测”。二是以“融合”为服务方式。所谓“融合”，是一种服务方式，指服务方与被服务方在服务与被服务的过程中逐步融为一体，形成一荣俱荣、一损俱损的统一体。与“融合”服务相对应的方式是“保障”服务，其是指服务方仅仅提供一种保障给被服务方，两者保持相对独立，在发展过程中互不影响、互不干涉。在测绘地理信息领域，地理国情监测作为服务方容易在服务过程中与作为被服务方的经济社会各领域形成统一体，形成“融合式”的服务，其一般不具备产品服务的概念；而基础测绘通过标准化产品为经济社会各领域提供保障服务，“标准化产品”是保障方（基础测绘业务）和被保障方（经济社会各领域）发生联系的纽带。地理国情监测是兼有融合式和保障式特点的服务，而融合式服务将是主要的方式。

当前，市县“多规合一”和空间性规划的编制是地理国情监测的重要“融合”服务领域。据了解，浙江省开化县开展市县“多规合一”试点工作较早，也较为成功。在制作完成统一的空间规划底图之后，以主体功能区规划为基础，开展资源环境承载能力评价和国土空间开发适宜性评价两类基础性评价，在此基础上确定开发强度，划定生态保护红线、永久性基本农田红线和城镇开发边界，以及生态空间、农业空间和城镇空间等“三区三线”，制定综合空间管控原则，通过有机整合各类空间规划的核心内容，最终达到编制一本规划、绘制一张蓝图、建设一个平台、制定一套技术规程、创新一套体制机制的目标。这一过程中，地理国情监测服务完全“融入”各个工作环节，与空间规划工作本身构成不可分割的统一体。细究其作用，大体包括四个方面：一是为规划工作提供工作底图，以便在一张图上叠加融合各类、各专业、各行业规划的空间信息；二是为城镇发展、农业生产和生态保护三类空间划分提供分析评价服务；三是为准确确定各类空间边界开展专题测绘；四是建立统一的空间规划信息管理平台，支持信息共享和规划衔接协调。通过提供这些服务，促使测绘基准、基础地理信息和地理国情普查成果成为各类空间规划的空间定位依据，并进而形成统一的空间体系，为建立统一的空间规划体系和统一的空间规划编制机制提供了必备条件。

2016 年，国家测绘地理信息局制定印发了《关于加快推进常态化地理国情监测工作的通知》(国测规发〔2016〕7 号)。其中明确将地理国情监测分为基础性地理国情监测和专题性地理国情监测两种类型。据了解，大部分地区已经普遍接受这一分类，并据此部署本地区“十三五”工作。在被调查的 22 个省(自治区、直辖市)中，有 14 个省级规划中明确了“基础性监测与专题性监测”，8 个省级规划对此没有明确。另外，湖南省除明确提出基础性和专题性地理国情监测外，还提出第三类地理国情监测类型，即预警性地理国情监测。另外，各地还结合本地区的实际，因地制宜地开展体现本地区发展特色的区域性监测，如云南九大高原湖泊生态环境监测、青海湖湿地监测等。

(二)地理国情监测机制建设引起高度重视

被调查的 22 个省(自治区、直辖市)中，有 8 个省份提出要建立部门间协作机制，有 12 个省份提出建立成果审核发布机制。云南、河南、河北、江西 4 省份提出要探索建立地理国情监测纳入年度投资计划管理的措施。特别是，《云南省地理国情监测“十三五”规划》作为全国第一个省级地理国情监测规划，已由云南省人民政府同意印发实施，每年财政投入约 6000 万元。

二、专家观点

在整理分析各省情况基础上，对有关专家的一些专题研究成果进行了梳理，获得如下认识。

(一)应用是核心

专家们认为,地理国情监测常态化、业务化建设有两项工作重点:一是业务建设,重点要解决“干什么”的问题;二是业务保障制度建设,重点要解决制度保障问题。一般来讲,确定某一次地理国情监测内容或者任务是相对容易的,但是要使这“一次性”变为“多次性”,也就是要促使地理国情监测业务常态化,需要寻找并确立其支撑点。实践证明,这一支撑点就是要树立“应用是核心”的观念,并加紧建立常态化的应用机制。

其中的关键点有三:一是要制度化地获取应用需求。所谓“制度化”是指要对地理国情监测需求分析做出制度性安排,以保证需求的连续和稳定。地理国情监测是一种应用型的测绘地理信息服务,应用需求是其生命。来自不同部门、不同领域的应用又是随着时间的不同而动态改变的。但是,作为一种稳定的业务需求又必须是相对稳定的。如何将这种动态的、变化的需求进行规范化,满足业务建设“相对稳定”的需求就成为关系该项业务能否可持续的关键。因此,建立需求获得制度就显得十分重要。二是要搭建稳定的应用舞台。重点是要明确地理国情监测的应重点领域。早在2009年国家测绘局在开展测绘地理信息发展战略研究中提出地理国情监测设想之时,地理国情监测就被明确为战略提供服务。因此,国家测绘地理信息局对地理国情监测的业务定位应当是:

> 地理国情监测是测绘地信部门践行“服务大局、服务社会、服务民生”宗旨中服务大局的业务,承担着为国家重大战略提供融合式服务的重要职责。

从当前来看,参与资源环境及生态调查评价、承担国土空间开发利用管制技术支撑职责,为“一带一路”倡议、京津冀区域协调发展战略、长江经济带发展战略等提供服务应当是地理国情监测常态化应用的主要平台。三是要持续保持服务的权威性。权威性一方面来自质量,对地理国情监测服务的质量做出保证是永远正确的话题。除此之外，鉴于地理国情监测属于政府公共服务范畴，其“权威性”另一方面来自其程序的合法性——也就是应当尽可能通过履行相应的行政程序来维持地理国情监测的权威性。调查后认为，对于基础性地理国情监测而言，行政程序的合法性对于维持其权威性更显重要。

（二）机制是关键

制度化地开展地理国情监测应用是推进地理国情监测常态化、业务化发展的关键环节。建立地理国情监测应用机制，是制度化推动地理国情监测应用的保障。专家认为，地理国情监测应用机制建设重点是需求获取机制，在稳定获取来自于经济社会发展各领域的应用需求的同时，形成地理国情监测业务与国情研究、资源生态环境监测评价、国土空间开发监测管理等业务的良好的互动关系。

为此，首先需要明确地理国情监测这一工作的性质。主要包括四个方面：

——地理国情是基本国情。应当更加深入地理解和挖掘国发〔2013〕9 号文件以及李克强总理、张高丽副总理对“地理国情是基本国情”这一重要论断的深刻内涵，并用以指导地理国情监测应用机制的设计和建设。例如，我们都知道，中学地理、历史等教科书中所采用的各类指标应当是基本国情。根据这一论断，其指标取值应当出自对周期性地理国情监测成果的基本统计分析。当然，这也对地理国情监测成果的权威性提出了更加严格的要求。所谓“权威性”，前文已述及，主要是指技术上的可靠性和行政程序上的合法性。

——地理国情监测是测绘工作。它有很完整的工艺流程，有严格的标准和质量保证体系，有稳定的队伍支撑，且具备标准化、规范化、高精度的特征。

——地理国情监测是以需求为导向的业务工作。其任务直接来源于各政府部门，成果直接服务于政府部门，效果由各级政府部门进行评价。

——地理国情监测是国情研究工作。主要使用地理信息技术和地图语言,研究各类自然经济要素和开发活动的位置及其变化规律。需要注意的是,研究的对象有两类:第一个是经济社会要素,第二个是各类开发活动。

根据上述四条对地理国情监测性质的特点,建立如下五种应用机制,且以此制度化推动应用是可行的。

机制一:将基础性地理国情监测打造成维护我国基本国情权威性的重要工作。

当前,国家测绘地理信息局确定基础性地理国情监测主要任务是"维护更新地理国情普查成果数据"。这完全没有体现出基础性地理国情监测的应用价值,与提出地理国情监测这一命题的初衷相悖。应当在此基础上再往前走一步,具体如下:

——进一步理解和挖掘李克强总理、张高丽副总理以及国发〔2013〕9号文件关于"地理国情是基本国情的重要组成部分"这一命题的深刻内涵,建立起"基础性地理国情监测"和"基本国情"之间的关系(以下用"基本地理国情"这一术语表述这一关系)。根据有关研究,基本地理国情至少应当包括两类:一是与我国国家核心利益和基本国策(涉及政治、经济、资源、生态、环境等方面)有关的数据和信息;二是与行政管理、新闻传播、对外交流、教育科研等对社会公众有影响的活动中与地理空间相关的基础信息数据。

——在深入研究的基础上,研究编制"基本地理国情指标目录",并定期修订,将基本地理国情纳入目录进行管理[①]。"基本地理国情指标目录"是确定基础性地理国情监测基本统计工作内容的主要依据。

——定期开展基础性地理国情监测,在更新地理国情普查数据库的同时,通过基本统计工作,获取并更新基本地理国情数据。

---

① 具体方法参见国家发展改革委《外商投资产业指导目录》等工作。

——将基本地理国情数据纳入国家测绘地理信息局重要地理信息数据发布机制进行统一管理，规范审核与发布程序，形成政府发布成果，并及时通过公报等形式对社会公布使用。

机制二：联合编制“地理国情监测需求计划（规划）”，并报政府批准。

这一机制重点关注如何制度化地获得专题性地理国情监测应用需求。主要针对经济社会发展部门对地理国情监测需求因时、因地变化快，不利于形成地理国情稳定业务这一问题。参考浙江省、云南省的做法，具体如下：

——由测绘地理信息部门牵头各有关部门建立地理国情需求计划（规划）编制机制，制度化开展地理国情需求计划（规划）的编制工作，确定一定时间内地理国情监测需求及任务。

——将地理国情监测需求计划（规划）报送本级政府批准后，作为测绘地信部门编制地理国情监测年度计划的重要依据。

有三点需要说明：一是所谓“一定时间”，为保证其可操作性，可以是1年或2年，但一般不超过5年；二是应当突出其实施刚性，列入计划（规划）的任务必须按时、按要求完成；三是应当明确测绘地理信息部门向有关部门反馈成果的途径和要求。

机制三：建立年度需求征集机制。

这一机制同样重点关注如何制度化地获得专题性地理国情监测应用需求。在已经确定一定时间内地理国情监测业务重点的前提下，鉴于不同地区的政府及其部门年度工作重点时有变化，因此，需要做好地理国情监测规划和地理国情监测年度计划之间的衔接关系，以更加有效地服务于政府及其有关部门的工作，从而彰显地理国情监测业务的价值。具体有如下几点：

——明确一定时期内地理国情监测业务重点。综合考虑一定时期内政府经济社会发展重点，通过一定形式明确地理国情监测业务重点。

其中，所谓“一定时期”，是指一定的经济社会发展周期，例如年度规划期；所谓“一定形式”，可以采用编制五年规划的形式，也可以采用其他形式；所谓“地理国情监测业务重点”，主要是指重点方向。按照中央和地方事权划分改革的方向[①]，国家级地理国情监测主要围绕如下需求确定内容：①党中央、国务院确定的重大战略实施、重大工程建设、重要政策的论证和执行效果评估等事项；②《生态文明体制改革总体方案》中确定的大江大河大湖和跨境河流、生态功能重要的湿地草原、海域滩涂和部分国家公园等管理，国家主体功能区规划实施与评估，资源生态环境承载力监测预警，等等[②]；③有关部门的年度重点工作；④基础性地理国情监测，主要包括地理国情普查数据库及基础地理信息数据库的更新工作。省级地理国情监测主要围绕如下需求确定内容：①本地区的重大战略、重大工程建设实施监测评估；②体现本地区发展特色的区域性监测；③省级有关部门的年度重点工作；④基础性地理国情监测，主要包括地理国情普查数据库及基础地理信息数据库的更新工作；⑤国家测绘地理信息局安排的相关监测工作。省级以下地理国情监测任务应当由省级测绘地理信息部门指导市县测绘地理信息部门研究确定。

——向相关部门征求年度地理国情监测需求项目建议。根据地理国情监测业务重点方案做出的原则性安排，结合年度预算约束，统筹地理国情普查数据和基础地理信息数据的更新需求，编制年度《地理国情监测需求项目指南》，明确需求项目申报原则、拟监测的重点领域、申报程序，明确测绘地信部门、应用部门在责权利等方面的关系，并向有关部门印发，征集相关需求项目建议。

——将来自于各部门的需求项目纳入地理国情监测年度计划，履行项目设计、报批程序，按要求组织开展具体实施工作。

---

① 参见《国务院关于推进中央与地方财政事权和支出责任划分改革的指导意见》（国发〔2016〕49号）。

② 参见《生态文明体制改革总体方案》。

——按照承诺的时间、质量等方面的要求，向应用部门反馈成果。整合年度基础性地理国情监测项目成果、年度专题性地理国情监测应用项目的成果，形成国家测绘地理信息局地理国情监测年度工作成果报送国务院及有关部门。

机制四：按年度执行测绘地理信息部门与相关部门和地区签署的合作协议的制度。

合作协议是双方或多方对一定时期内合作的目标成果、主要任务、责任分工、工作机制等内容达成的共识，如近期国家测绘地理信息局、国家发展改革委与浙江、广西、贵州、海南、福建等省级人民政府签订的《省级空间性规划"多规合一"试点协议》等。按年度执行与有关部门和地区签署的协议是获取地理国情监测业务需求，推进地理国情监测常态化、业务化的重要途径。其具体工作包括按年度细化合作内容、确定监测任务，并根据部门和地区需求变化拓展合作领域等。

机制五：成果服务提供机制。

只有不断深化地理国情监测应用，广泛传播地理国情监测应用成效，让"好"成为全社会评价地理国情监测业务的共识，地理国情监测常态化、业务化发展才有基础，规划计划管理、财政投入等业务保障制度也才能真正建立起来。因此，设计有效的成果服务提供机制至关重要。国家测绘地理信息局已就地理国情监测服务工作明确了编制公报、专报、皮书等形式。这些服务形式需要国家测绘地理信息局在现有工作基础上更加重视地理信息数据的分析研究工作。应当围绕国家重点战略，成立专门的队伍，强化国家测绘地理信息局应用分析能力建设，不断提高地理国情监测公报、专报、皮书等在业界的影响力，形成品牌，助力地理国情监测常态化、业务化发展。

三、下一步工作建议

地理国情监测常态化、业务化发展需要各级测绘地理信息部门去推动。从调研来看，各地的主要思路离业务化、常态化的要求还有相当的距离。主要问题有：地理国情监测业务范围不够明确，与基础测绘以及有关部门资源环境监测评估工作的业务边界不够清晰。在由国家发展改革委、国家测绘地理信息局联合印发的《测绘地理信息事业"十三五"规划》已经明确新时期测绘地理信息"5＋1"服务格局的情况下，一些地区仍然将地理国情监测与基础测绘混为一谈(占已印发规划总数的83%)。工作模式有沿袭基础测绘的倾向和趋势，融入经济社会发展大局、拓展应用、践行按需测绘的愿望不足，办法不多，能力不强。下一步，国家测绘地理信息局应当进一步强化对各地地理国情监测的指导，强化应用机制建设，为常态化、业务化发展提供动力。

第一，领导和业务管理人员的思想需要统一。要明确地理国情监测业务性质，确认其在新时期测绘地理信息服务格局中的定位，要进一步研讨有关应用机制建设、管理制度完善等重大问题，统一思想，形成共识。

第二，持续开展相关研究工作。在现有专家研究成果基础上，进一步深入研究地理国情监测体制问题，出台统一性、可操作性的顶层设计方案，明确建设目标、重点任务、力量布局和体制机制，确定管理模式、服务模式的结构性改革任务等，以指导全国地理国情监测的开展。

第三，继续推进地理国情监测"进职责"，建立稳定的投入机制等。在地理国情监测工作发挥作用、产生影响的基础上，争取将地理国情监测纳入测绘地理信息部门的职能、机构、人员编制等的"三定"规定。同时，落实国务院同意地理国情监测立项时"由国家测绘地理信息局牵头组织实施地理国情监测工作，所需经费由中央财政和地方财政按承担的工作任务共同分担"的要求，探索建立地理国情监测纳入年度投资计划管理的有关措施。

第四，稳步推进测绘地理信息生产服务组织体系优化调整，借助事业单位分类改革，完善队伍布局和结构，建立专门从事地理信息分析的专业人才队伍。

前言

测绘地理信息部门坚持五大发展理念，全面贯彻落实国务院决策部署，在第一次全国地理国情普查和地理国情监测示范的基础上，以点带线，以线促面，扎实开展地理国情常态化监测，取得初步成效。当前，地理国情监测常态化、业务化发展的体制机制尚不够健全。为此，国家测绘地理信息局在组织开展的"常态化地理国情监测业务体系建设"课题研究成果基础上，结合地方具有代表性的地理国情监测案例，整理编纂成此书，旨在为推动地理国情监测常态化、业务化开展提供参考和借鉴。

全书分三篇，共十八章。第一篇包括第一章至第五章，分别介绍地理国情监测提出的背景、内涵、性质及其在测绘地理信息服务格局中的定位，以及地理国情监测发展的现状。第二篇包括第六章至第九章，阐述地理国情监测业务体系和应用机制，包括应用需求分析、业务体系建设、产品形式与服务机制、业务保障制度建设等。参与第一篇和第二篇编写的人员有：国家测绘地理信息局测绘发展研究中心的陈常松、桂德竹、徐坤、刘芳、张月、乔朝飞、王硕，国家测绘产品质量检验测试中心的张继贤、吉建培，以及浙江省测绘与地理信息局的冯存均。第三篇包括第十章至第十八章，分别介绍九个具有代表性的地理国情监测案例。其中，第十章由国家测绘地理信息局经济管理科学研究所的李占荣编写，第十一章和第十三章由浙江省测绘与地理信息局的盛乐山编写，第十二章由国家测绘地理信息局测绘发展研究中心的乔朝飞编写（该章案例由国家测绘地理信息局黑龙江基础地理信息中心提供），第十四章由青海省测绘地理信息局的王苑编写，第十五章由甘肃省测绘地理信息局的牟应录编写，第十六章由北京市测绘设计研究院的温宗勇编写，第十七章由重庆市规划局（重庆市测绘地理信息局）的曹春华编写，第十八章由贵州省国土资源厅的董晓峰编写。全书由陈常松、乔朝飞统稿。国家发展和改革委员会宏观经济研究院的李军博士对书稿提出了许多有益的意见和建议，在此表示感谢。

由于编者水平有限，书中定有许多不足之处，请读者批评指正。

编者

2017 年 10 月

目 录

第一篇 概 述

第二篇 地理国情监测业务体系和应用机制建设

第三篇 地理国情监测应用案例

第一篇 概 述

当前，针对全球和地区性挑战与机遇并存、国内经济进入新常态等发展形势，党中央提出了一系列治国理政新理念、新思想、新战略。地理国情监测作为我国新的测绘地理信息业务类型和国情调查研究的新路径和方法，体现了经济社会发展新战略的需求，是“创新、协调、绿色、开放、共享”五大发展理念在测绘地理信息领域的具体实践，也是测绘地理信息工作改革创新的有效成果。

党和国家高度重视地理国情监测工作。2011 年 5 月 23 日，时任中共中央政治局常委、国务院副总理李克强在视察中国测绘创新基地时指出：“地理国情是重要的基本国情，是搞好宏观调控、促进可持续发展的重要决策依据，也是建设责任政府、服务政府的重要支撑”“如何科学布局工业化、城镇化，如何统筹规划、合理利用国土发展空间，如何有效推进重大工程建设，地理国情监测至关重要”“积极开展地理国情变化监测与统计分析，对重要地理要素进行动态监测，及时发布监测成果和分析报告，为科学发展提供依据”。2013 年 8 月 19 日，中共中央政治局常委、国务院副总理张高丽在国务院召开的第一次全国地理国情普查电视电话会议上深刻阐述了开展地理国情普查的极端重要性。他特别强调，这次普查是了解国情、把握国势、制定国策的重要基础性工作，对于建设生态文明、美丽中国意义重大。2016 年 11 月 22 日，张高丽副总理在全国地理国情普查领导小组全体会议上强调：第一次全国地理国情普查成果十分丰富，要认真做好普查成果数据发布和解读工作，拓展测绘地理信息公共服务的广度和深度；地理国情普查完成后，要扎实做好常态化地理国情监测工作。

为深入贯彻中央领导有关地理国情监测的指示精神，促进对地理国情监测工作的统一认识和理解，本篇对地理国情监测提出的背景、内涵、工作性质及其在测绘地理信息服务格局中的定位进行了深入分析，为后文奠定了理论基础。同时，对地理国情监测工作的发展现状进行了梳理和总结。

第一章　地理国情监测提出的背景

2009 年 3 月，国家测绘地理信息局组织开展了第二次测绘发展战略研究，全面总结测绘发展历史规律，深刻分析国际国内技术发展趋势，准确把握我国经济建设、国防建设、社会建设、生态文明建设等领域对测绘地理信息的需求情况，按照推动测绘地理信息转型发展的总体要求，提出“十二五”及之后一段时间测绘地理信息发展总体战略，即“构建数字中国，监测地理国情，发展壮大产业，建设测绘强国”。地理国情监测是这一新型总体发展战略的重要组成部分，也是在这次测绘发展战略研究中第一次提出来的新的战略思想，意味着我国测绘地理信息在经历了几十年以基本比例尺地形图生产和提供为主要业务的测绘发展阶段后，即将进入以综合地理信息服务为主要发展目标的转型发展新阶段。地理国情监测体现了国家测绘地理信息局党组对未来测绘地理信息生产及服务在发展方向等方面的愿望，也是测绘地理信息工作所处的需求、科技等整体环境发生巨大变化之后的必然产物。

一、需求背景

供给与需求是经济正常运转的两个重要因素，无论在哪个行业和领域，必须提供与需求相符的服务，才能获得可持续的发展空间，地理国情监测也是如此，它是应经济社会发展的新需求而产生的。因此，要分析地理国情监测是什么、干什么的，必须首先全面、深入了解这些新需求是什么。

2012 年，十八大报告提出了经济建设、政治建设、文化建设、社会建设、生态文明建设“五位一体”格局，这是在科学发展观指导下对我国全面建设小康社会总体任务的科学布局。测绘地理信息部门开展工作须基于“五位一体”格局，充分考虑国家经济建设、政治建设、文化建设、社会建设、生态文明建设对测绘地理信息的新需求。

(一)经济建设方面

国家管理经济建设的主要职能体现在宏观调控。宏观调控由经济学家约翰·梅纳德·凯恩斯提出，是指政府运用政策、法规、计划等各类手段对经济运行状态和经济关系进行调节和干预，以保证国民经济的持续、快速、协调、健康发展[①]。宏观调控手段包括经济手段、计划手段、法律手段、行政手段。

一是经济手段。宏观经济政策是政府宏观经济调控中最常用的经济手段，其主要内容有财政政策、货币政策、产业政策、价格政策、收入分配政策等[②]。宏观调控经济手段对于测绘地理信息服务的需求见表 1-1，总体来说与测绘地理信息直接相关或者说对测绘地理信息服务直接产生需求的主要在产业政策方面。产业政策是指国家根据国民经济发展的内在要求，调整产业结构和产业组织形式，从而提高供给总量的增长速度，并使供给结构能够有效地适应需求结构要求的政策措施。产业政策主要包括产业结构政策、产业组织政策、产业区域布局政策[③]。目前，我国的高技术产业、资源环境等产业结构政策，“一带一路”、京津冀协同发展、长江经济带发展等产业区域布局政策，均对测绘地理信息服务提出了新的要求。传统的以陆地国土为主、围绕七大要素开展的基础性、周期性的基础测绘难以满足以上经济政策所表现出的全球化、区域化以及经济与生态环境发展协调并重等趋势要求，需要

① 参见百度百科。

② 《我国宏观经济调控思路和方式》，参见新华网。

③ 参见亿维网。

进一步推动测绘地理信息科技创新与应用，拓展全球测绘、区域测绘等业务，在水、大气、土壤、交通、城市布局等更多领域从地理空间的角度开展相关地理国情监测并加强地理信息资源建设，促进地理技术与大数据、“互联网＋”等新技术的融合发展，在经济发展战略布局、资源环境治理、公共管理与服务等方面发挥更多作用。

二是计划手段。通常指政府所制订的长期、中期和短期经济发展计划，其中带有全局性、长远性、根本性的总构想称为经济发展战略，其体现了在一定时期内国家关于国民经济发展的基本思想及其为此而实施的总体规划和方针政策[①]。制定经济发展战略必须有科学依据，一般地说，主要有三个方面[②]：(1)基本国情。制定经济发展战略必须从本国与经济社会密切相关的各种基本情况出发，使战略目标的确定、发展途径的选择符合客观条件，立足本国实际。国情的具体内容包括：①自然资源条件。主要包括土地资源、水资源、生物资源、矿物资源、气候资源、可再生能源资源等的基本情况。②人口状况。包括人口数量、素质、构成、就业等方面。③经济条件。主要有生产力发展水平、产业结构、基础设施、居民收入及消费水平、科技教育等情况。④经济社会结构。主要有社会经济成分、管理体制、政治制度等状况。⑤科技发展水平。在制定社会经济发展战略时，需要充分考虑到科技发展给未来带来的潜在影响，并据此评估和调整其他领域的发展政策。(2)客观规律。即社会经济现象及其运动过程内在的、本质的、必然的联系。(3)国际环境。包括国际贸易关系、国际金融资本转移、技术转让和商品贸易、国际劳力市场、国际经济结构等方面的内容。其中自然资源、人口、经济等基本国情以及国际环境，均具有强烈的地理空间特征，需要以地理空间信息作为相关分析和决策依据，且土地、水等自然资源条件本身

---

① 参见必应网典。
② 参见百度百科。

就是地理空间要素。由此可见，地理信息是制定经济发展战略的重要支撑。此外，地理信息也是经济发展战略实施的重要支撑。十八大以来，我国密集出台的区域发展总体战略、主体功能区战略、城镇化战略等经济发展战略对地理国情监测提出新需求。基于地理信息及技术，可以更加准确、精细地监测国土空间、资源环境及生态状况，这对于优化国土空间开发格局、资源环境承载力评价、领导干部自然资产离任审计、城镇化布局等来说是重要的支撑；可以为国土空间规划提供统一的空间基底和技术，进而促进国土空间规划合一（见表1-1）。

三是法律手段。法律手段是指政府依靠特有的法权力量来调节经济关系和活动，与行政手段和经济手段相比更具有强制性、直接性，在此不作考虑。

此外，我国经济全球化发展对地理国情监测提出了新需求。在对外投资方面，商务部制定海外市场战略需要地理信息的支撑，例如经济、产业国际分工的空间变动会对我国经济发展"走出去"战略的实施有重大影响；"走出去"项目也将为我国的全球地理信息资源建设提供便利，推动我国对东南亚、非洲、拉美等地区的地理信息采集。在吸引外资方面，自然资源分布的不平衡性，导致生产力空间布局的不平衡，并进而影响产业的空间布局，具有自然资源、生产力和产业优势的地区自然会受到外资青睐。因此可以通过地理空间技术开展投资环境分析，向外资投资主体充分展示国内相关地区的自然资源、生产力和产业优势（见表1-1）。

（二）文化建设方面

加强文化建设，需要以满足最广大人民的精神文化需求为着眼点，大力推进文化创新，使全社会的文化创造活力充分释放、文化创新成果不断涌现，使当代中华文化更加多姿多彩、更具吸引力和感染力。测绘地理信息工作之于文化，体现在两个方面：一是地图文化是一种重要的

表 1-1 经济建设对测绘地理信息服务的需求

需求领域	主要内容及宏观政策				对测绘地理信息服务的功能性需求	对测绘地理信息服务的指标性需求
宏观调控经济手段	货币政策	央行调控货币供给	货币发行、存款准备金等		×	×
	产业政策	产业结构	高技术产业		测绘地理信息科技创新、测绘地理信息技术与大数据、“互联网＋”等技术的融合应用	提升测绘地理信息科技知识产权和著作权数量
			地理信息产业		面向公众生产、生活各领域的应用	地理信息“泛在化”
			资源环境		地理国情监测	水资源监测、大气颗粒物污染源空间分布监测等
			鼓励类产业	依托基础地理信息资源的城市立体管理信息系统	数字城市	全国 300 多个城市
				全球定位系统、地理信息系统等的研发与应用	连续运行基准站建设与应用、地理信息开发应用	覆盖全球，涉及地理信息开发应用全链条
				测绘专业科技服务	地理信息应用技术、平台、解决方案等	各领域
		产业区域布局政策	“一带一路”		全球测绘	覆盖“一带一路”沿线中亚、南亚、西亚、东南亚乃至欧洲部分区域
			京津冀协同发展		地理国情监测、数字城市	覆盖京津冀地区城市布局、交通等城市地理信息监测
			长江经济带发展		长江经济带地理国情监测	根据“一轴、两翼、三极、多点”格局，与长江经济带经济快速发展相适应的高效、快速、地理信息支撑
		产业组织政策	规模经济、有效竞争		地理国情监测	国家、省级重点产业集聚区产业区域性特征监测

续表

需求领域	主要内容及宏观政策			对测绘地理信息服务的功能性需求	对测绘地理信息服务的指标性需求
宏观调控经济手段	财政政策	财政支出	加大对教育、医疗卫生、社会保障和就业等方面的财政投入力度	×	×
			财政补贴	×	×
		税收政策	结构性减税政策	×	×
	价格政策	价格杠杆	降低行政事业性收费标准和重要商品价格、规范市场价格秩序、理顺价格矛盾等	×	×
宏观调控计划手段	区域协调发展战略	优化国土空间开发格局。统筹东中西,协调南北方,构建以城市群、经济带、重点经济区等为支撑的功能清晰、分工合理、各具特色、协调联动的多中心、网络化区域发展格局	“一带一路”、京津冀协同发展、长江经济带发展	全球测绘、数字城市、数字区域等	“一带一路”及全国相关城市群、经济带等
	主体功能区战略	根据不同区域的资源环境承载能力、现有开发强度和发展潜力,统筹谋划人口分布、经济布局、国土利用和城镇化格局,确定不同区域的主体功能,并据此明确开发方向,完善开发政策,控制开发强度,规范开发秩序,逐步形成与人口、经济、资源环境相协调的国土空间开发格局	优化开发区域、重点开发区域、农产品主产区、重点生态功能区、禁止开发区域	主体功能区地理国情监测	以主体功能区为监测单位,对城市建设、项目开工、耕地占用等各类开发行为,以及水面、湿地、林地等要素的变化情况进行监测,为评估资源环境承载力、开发潜力提供支撑;对各类主体功能区定位和建设情况进行动态监测和评估

续表

需求领域	主要内容及宏观政策			对测绘地理信息服务的功能性需求	对测绘地理信息服务的指标性需求
宏观调控计划手段	城镇化战略	国家新型城镇化规划（2014—2020年）	城镇化格局——“两横三纵”为主体的城镇化战略格局基本形成。城市规模结构更加完善，中心城市辐射带动作用更加突出，中小城市数量增加	城镇空间变化监测	全国大中小城市、小城镇空间分布、规模监测，为城市规划提供服务
			基础设施——公共交通、供水、城市污水、城市生活垃圾	城镇基础设施监测	全国城镇交通运输和市政公用基础设施等监测，服务城市治安治理、城市防灾、减灾、救灾等
			资源环境——人均城市建设用地、绿色建筑占新建建筑比重、建成区绿地、地级以上城市空气质量	城镇用地监测、空气污染监测	全国城镇建设用地、绿色建筑占新建建筑比重、建成区绿地、空气污染范围等监测
我国经济全球化	“走出去”战略	商务部对外投资	共建“一带一路”，建设自由贸易区，加快实施自由贸易区战略等一系列重大战略部署	为“走出去”项目提供相关国家和地区的测绘地理信息及技术服务；利用地理信息技术开展“走出去”战略布局分析	对“一带一路”地区以及英国、卢森堡、德国、荷兰、美国、加拿大、澳大利亚、新西兰等重点投资地区实现必要覆盖
			轨道交通、电力、汽车、钢铁、通信、工程机械等近20个行业	通过在“走出去”轨道交通、电力等行业的项目，采集相关国家的地形、交通等地理信息	“一带一路”沿线及非洲、拉美一些国家
	“引进来”战略	吸引外资	投资环境监测与评价	地理国情监测、地理空间分析	外资重点关注的资源和产业聚集区开展自然资源、生产力、产业地理国情监测和基于地理空间的投资环境分析

文化表现形式。地图与音乐、绘画并称为世界三大共通语言[①]，是文化的重要组成。地图文化具有超越语言、国籍、民族、历史的感染力。地图是人类空间认知的最有效的工具[②]，通过地图可以了解现实世界、地图的发展演变过程、反映人类认识和改造自然的过程、人类生活与生产的密切关系。在信息化条件下，公众对于地图的需求更加多样化、信息化，除了传统的纸质地图，还出现了电子地图、多媒体地图、网络地图；除了形式多样，地图的内容也更加多样化，与各类文化信息相结合的专题地图及应用更加深入地融合公众的文化生活。例如基于地图的民俗研究、基于地图的文化旅游应用程序（APP）等，这些应用对地图的需求无论在时间、空间和要素上都有别于传统的基础地理信息。二是地理信息是文化工作的重要支撑。文化的发展一般都具有空间特征，为更好地追溯文化发展的历史空间特征，分析文化地区差异，必须开展特定时间、空间的监测。因此，为丰富地图文化、掌握文化发展态势、提升文化发展内涵，必须加强多样化、面向应用的地理信息资源建设。

（三）社会建设方面

十八大以来，党中央坚持以民为本、以人为本执政理念，把民生工作和社会治理工作作为社会建设的两大根本任务。习近平就改善民生和创新社会治理提出了一系列要求[③]（见表1-2），将民生提到了新的高度，赋予了新的内涵。《中共中央关于制定国民经济和社会发展第十三个五年规划的建议》强调了全面建成小康社会的目标要求，提出了“两个翻一番”的核心民生指标，提出“实现好、维护好、发展好最广大人民根本利益是发展的根本目的。必须坚持以人民为中心的发展思想，把

---

① 参见百度文库。

② 参见文库下载。

③ 《习近平谈改善民生和创新社会治理》，参见中国共产党新闻网。

增进人民福祉、促进人的全面发展作为发展的出发点和落脚点”。测绘地理信息工作必须围绕党中央、国务院的关注重点，始终坚持并真正做到对接民生需求、满足民生需求，推动地理信息技术更广泛更深入地服务民生。

表 1-2 习近平关于民生和社会治理的一些要求①②

时间	会议及文件	讲话节选
2012 年 11 月 15 日	在十八届中央政治局常委同中外记者见面时的讲话	我们的人民热爱生活，期盼有更好的教育、更稳定的工作、更满意的收入、更可靠的社会保障、更高水平的医疗卫生服务、更舒适的居住条件、更优美的环境，期盼孩子们能成长得更好、工作得更好、生活得更好。人民对美好生活的向往，就是我们的奋斗目标
2013 年 7 月 30 日	《进一步关心海洋认识海洋经略海洋 推动海洋强国建设不断取得新成就》	要下决心采取措施，全力遏制海洋生态环境不断恶化趋势，让我国海洋生态环境有一个明显改观，让人民群众吃上绿色、安全、放心的海产品，享受到碧海蓝天、洁净沙滩
2013 年 10 月 29 日	《加快推进住房保障和供应体系建设 不断实现全体人民住有所居的目标》	住房问题既是民生问题也是发展问题，关系千家万户切身利益，关系人民安居乐业，关系经济社会发展全局，关系社会和谐稳定。党和国家历来高度重视群众住房问题。经过长期努力，我国住房发展取得巨大成就。同时，我们也要看到，解决群众住房问题是一项长期任务，还存在着住房困难家庭的基本需求尚未根本解决、保障性住房总体不足、住房资源配置不合理不平衡等问题。人民群众对实现住有所居充满期待，我们必须下更大决心、花更大气力解决好住房发展中存在的各种问题
2015 年 3 月 7 日	在参加全国政协十二届三次会议江西代表团审议会议时的讲话	环境就是民生，青山就是美丽，蓝天也是幸福。要像保护眼睛一样保护生态环境，像对待生命一样对待生态环境

① 《习近平谈改善民生和创新社会治理》，参见中国共产党新闻网。

② 《习近平关于改善民生创新社会治理系列重要讲话》，参见今晚网。

续表

时间	会议及文件	讲话节选
2015年11月27日至28日	在中央扶贫开发工作会议上的讲话	要坚持精准扶贫、精准脱贫，重在提高脱贫攻坚成效。关键是要找准路子、构建好的体制机制，在精准施策上出实招、在精准推进上下实功、在精准落地上见实效。要解决好“扶持谁”的问题，确保把真正的贫困人口弄清楚，把贫困人口、贫困程度、致贫原因等搞清楚，以便做到因户施策、因人施策。要解决好“谁来扶”的问题，加快形成中央统筹、省（自治区、直辖市）负总责、市（地）县抓落实的扶贫开发工作机制，做到分工明确、责任清晰、任务到人、考核到位①

由表1-3可见，人民生活、医疗卫生、住房保障、生活环境、海洋生态、精准扶贫等是当前国家关注的重要民生问题。在地理信息技术快速发展，遥感、导航定位等空间基础设施不断完善、对地球系统进行综合动态监测和定位的技术体系正在加快形成的情况下，测绘地理信息在改善民生、提升社会治理能力方面具有广阔的应用潜力。尤其突出的是地理信息可以助力智慧化城市管理。目前国家发展改革委等20多个部门正加快推进智慧城市建设，目标是实现城市建设管理、社会事业与公共服务等方面的智能化决策和响应，内容包括智慧医疗、智慧教育、智慧交通、智慧社区、智慧水利、智慧城建、智慧人社、智慧医药、智慧生态、智慧能源、智慧农业等②，涉及民生的多个领域。而其建设基础是城市地理信息，只有在以城市地理信息为基础平台的前提下才能进一步实现智能化的分析、决策和管理。

按照地理信息服务国家关注的民生和社会治理领域分析：在服务公众基本生活需求方面，基于各类终端的导航定位服务为人们的出行提供便利的路线服务，互联网＋地理信息＋车辆（人、饭店……）等形成

① 《习近平眼中的民生短板有哪些?》，参见中国共产党新闻网。
② 参见中华人民共和国国土资源部网站。

表 1-3 社会建设对测绘地理信息服务的需求

需求领域	对测绘地理信息公共服务的功能性需求	对测绘地理信息公共服务的指标性需求
公众基本生活需求	导航定位服务以及地理信息与互联网的融合	导航以及网约车(滴滴、优步)、公共自行车租赁、交友(微信、陌陌)等应用
医疗卫生	利用地理信息技术开展疾病监控	实时、动态展示疾病的时空分布;利用地理信息开展环境健康和危险因素分析、高危病源跟踪定位,为卫生突发事件分析和应对策略研究提供重要的地理空间技术支撑
住房保障	存量房屋三维建模,并将房屋地理属性、权利属性、自然属性、图形信息等链接起来	实现房屋管理信息化,以及"多规合一"模式下的住房规划,构成不动产的法律要件
生活环境优化	利用地理信息技术开展生活环境监控、海洋地理信息资源建设	大气污染源监测、城市空间扩展、植被覆盖变化、地表沉降监测,应用于环境健康和危险因素分析、高危病源跟踪定位;开展海洋地理信息资源建设,可以服务海洋生态环境监测与分析
精准扶贫	针对贫困地区、贫困人口、贫困程度、贫困原因等开展地理国情监测与分析	利用地理信息技术为制定精确的扶贫方案提供依据
社会服务	地理信息与大数据等技术融合	服务儿童关爱、居家养老、医疗救助等
公共安全	开展公共安全事件的紧急定位和监测	基于地理信息的公共安全应急管理系统、公共应急响应预案、警用地理信息系统
	灾区地理信息监测	地理信息支撑应急决策
	食品安全地域监测	食品安全区域化、全流程信息化管理,保障全民饮食安全

的酒店定位(携程、去哪儿)、热门餐馆定位订餐、网约车(滴滴、优步)、公共自行车租赁、交友(微信、陌陌)等各种新型应用层出不穷。在服务医疗卫生方面,实时、动态展示疾病的时空分布;利用地理信息开展环境健康和危险因素分析、高危病源跟踪定位,为卫生突发事件分析和应

对策略研究提供重要的地理空间技术支撑。在服务住房保障方面，用地理信息语言描述房屋地理位置、房屋面积、房屋结构、产权归属等不动产信息，实现房屋管理信息化以及"多规合一"模式下的住房规划，同时构成不动产的法律要件。在服务生活环境优化方面，地理信息技术可以应用于大气污染源监测、城市空间扩展、植被覆盖变化、地表沉降监测，应用于环境健康和危险因素分析、高危病源跟踪定位；开展海洋地理信息资源建设，可以服务海洋生态环境监测与分析。在服务精准扶贫方面，利用地理信息技术开展贫困地区、贫困人口、贫困程度、贫困原因等监测与分析，为制定精确的扶贫方案提供依据。在社会服务方面，地理信息和大数据等技术结合，可以服务于儿童关爱、居家养老、医疗救助等。在服务公共安全方面，地理信息可以应用于食品安全全流程信息化管理以保障全民饮食安全；利用地理信息可以构建警用系统，基于电子地图实现"人、地、事、物、组织"五要素信息查询与定位，对警力进行定位控制和查询，对实有人口、重点人口进行空间化管理，从而提高预防和打击犯罪的能力；可以构建各类基于地理信息的自然灾害、卫生，以及涉及核、电力等高危领域的公共事件应急系统，支持应急处置模拟分析，为制定空间化、智能化的应急响应措施提供决策依据。

(四)生态文明建设方面

根据党中央、国务院印发的《生态文明体制改革总体方案》，到2020年，我国将构建由自然资源资产产权制度、国土空间开发保护制度、空间规划体系、资源总量管理和全面节约制度、资源有偿使用和生态补偿制度、环境治理体系、环境治理和生态保护市场体系、生态文明绩效评价考核和责任追究制度等8项制度构成的产权清晰、多元参与、激励约束并重、系统完整的生态文明制度体系，推进生态文明领域国家治理体系和治理能力现代化。生态文明8项制度的落实需要测绘地理信息的支撑(见表1-4)，例如自然资源资产产权登记，需要水流、森林、山岭、草原、荒地、滩涂等信息。过去这些自然资源分别由环保、国土、水利、农业、林业等不同的政府职能部门管辖，自然资源资产信息分散。测绘地理信息部门开展地理国情监测、地理信息资源建设等工作，获取自然地理要素、人文地理要素的基本情况，涉及地形地貌、植被覆盖、水域等的类别、位置、范围、面积及其空间分布状况，且具有“所见即所得”的特征，所提供的基础测绘和监测成果权威、公正，不带任何部门利益，对于自然资源资产产权登记极为重要；同时利用地理信息技术可以为自然资产产权划分与登记提供统一的地理空间框架及统计分析指标体系。

表 1-4 生态文明建设对测绘地理信息服务的需求[1]

生态文明8项制度	主要内容	对测绘地理信息服务的需求
资源资产	《国土资源“十三五”规划纲要》提出，清晰界定全部国土空间各类自然资源资产的产权主体，对水流、森林、山岭、草原、荒地、滩涂等所有自然生态空间统一确权登记	加强水流、森林、山岭、草原、荒地、滩涂等各类要素监测，支撑自然生态空间统一确权登记，并为自然资产产权划分与登记提供统一的地理空间框架及统计分析指标体系
空间开发	《国土资源“十三五”规划纲要》提出，最大限度保护耕地、林地、草原、河流、湖泊、湿地等自然生态用地	耕地、林地、草原、河流、湖泊、湿地等国土空间变化监测
空间规划	推进市县“多规合一”，增强规划的科学性和透明度	以测绘基准、基础地理信息数据和地理国情普查成果为空间定位依据，以主体功能区规划为空间管控基础，形成统一的空间规划体系的技术方法
		完善城镇、农业、生态三类空间划分标准，建立市县空间规划编制统一的工作底图和基础平台，研制较高精度的市县空间规划图的技术方法、标准规范，为构建统一的空间规划体系提供支撑

① 参见《生态文明体制改革总体方案》。

续表

生态文明8项制度	主要内容	对测绘地理信息服务的需求
空间规划	推进市县“多规合一”，增强规划的科学性和透明度	利用地理信息资源及技术为资源环境承载能力监测预警提供稳定、可持续的重要数据保障和地理空间统计分析技术支撑
总量管理	划定永久基本农田红线，鼓励矿产资源集约与综合利用	开展耕地、建设用地监测以及矿产资源开发利用监测与统计
有偿使用	扩大国有土地有偿使用范围	工业用地和居住用地监测
环境治理	建立污染防治区域联动机制，严格实行生态环境损害赔偿	京津冀、长三角、珠三角等重点区域大气污染监测和水资源污染监测
市场建设	鼓励各类投资进入环保市场，建立绿色金融体系	×
责任追究	实行自然资源资产离任审计，出现重大生态环境损害终身追责	以行政辖区为单位开展自然资源资产变化状况监测

习近平的重要讲话中多次提到生态文明建设重点地区及要求（见表1-5），这些地区及领域应被视为专题性地理国情监测应用的优先地区与领域。

表1-5　习近平关于地方生态文明建设的部分重要讲话内容

时间	地点	重要讲话内容
2016年8月23日	青海三江源	“中华水塔”是国家的生命之源，保护好三江源，对中华民族发展至关重要。青海省担负着筑牢国家生态屏障的重要职责。实践证明，在三江源地区限制或禁止开发，不是妨碍发展，恰恰是有利于发展。希望生态管护员认真履行职责、完成保护任务，希望各级党委和政府进一步摸索和完善国家公园体制试点，切实保护好三江源地区生态环境
2016年8月22日	青海柴达木	盐湖是青海最重要的资源。要制定正确的资源战略，加强顶层设计，搞好开发利用。循环利用是转变经济发展模式的要求，全国都应该走这样的路。青海要把这件事情办好，发挥示范作用。青海资源也是全国资源，要有全国一盘棋思想，在保护生态环境的前提下搞好开发利用

续表

时间	地点	重要讲话内容
2016 年 6 月 24 日	黑龙江黑瞎子岛	黑瞎子岛不要建成开发区、工程区、游乐场。岛上建的基础设施都应是对生态起保护作用的。保护生态，留一张白纸
2016 年 5 月 23 日	黑龙江伊春	生态就是资源，生态就是生产力。我国生态资源总体不占优势，对现有资源的保护具有战略意义。 如果仅仅靠山吃山，很快就坐吃山空了。这里的生态遭到破坏，对国家全局会产生影响。森林是很不容易的，所以现在转型就是要把它们保护下来，要按照绿水青山就是金山银山、冰天雪地也是金山银山的思路，摸索接续产业发展路子。 广大林业职工当年从事伐木，支援国家建设，做出了重要贡献。现在时代不同了，我们要对有限林业资源实行保护。 当年砍是必要的，现在护更是必要。全面停伐后，林业职工工作生活情况我很惦记。在过渡阶段有不少困难，国家会继续给予扶持
2016 年 3 月 10 日	两会青海代表团审议	一定要扎扎实实推进生态环境保护，像保护眼睛一样保护生态环境，像对待生命一样对待生态环境，推动形成绿色发展方式和生活方式，保护好三江源，保护好“中华水塔”，确保“一江清水向东流”
2016 年 3 月 7 日	两会黑龙江代表团审议	要加强生态文明建设，划定生态保护红线，为可持续发展留足空间，为子孙后代留下天蓝地绿水清的家园。绿水青山是金山银山，黑龙江的冰天雪地也是金山银山
2016 年 1 月 5 日	重庆长江经济带	推动长江经济带发展是国家一项重大区域发展战略。这一战略提出以来，推动长江经济带发展领导小组、国务院有关部门和沿江省市做了大量工作，在整治航道、利用水资源、控制和治理沿江污染、推动通关和检验检疫一体化等方面取得积极成效，一批重大工程建设顺利推进。这些工作值得肯定。 长江、黄河都是中华民族的发源地，都是中华民族的摇篮。通观中华文明发展史，从巴山蜀水到江南水乡，长江流域人杰地灵，陶冶历代思想精英，涌现无数风流人物。千百年来，长江流域以水为纽带，连接上下游、左右岸、干支流，形

续表

时间	地点	重要讲话内容
2016 年 1 月 5 日	重庆长江经济带	成经济社会大系统，今天仍然是连接丝绸之路经济带和 21 世纪海上丝绸之路的重要纽带。中华人民共和国成立以来特别是改革开放以来，长江流域经济社会迅猛发展，综合实力快速提升，是我国经济重心所在、活力所在。长江和长江经济带的地位和作用，要求推动长江经济带发展必须坚持生态优先、绿色发展的战略定位，这不仅是对自然规律的尊重，也是对经济规律、社会规律的尊重。 长江拥有独特的生态系统，是我国重要的生态宝库。当前和今后相当长一个时期，要把修复长江生态环境摆在压倒性位置，共抓大保护，不搞大开发。要把实施重大生态修复工程作为推动长江经济带发展项目的优先选项，实施好长江防护林体系建设、水土流失及岩溶地区石漠化治理、退耕还林还草、水土保持、河湖和湿地生态保护修复等工程，增强水源涵养、水土保持等生态功能。要用改革创新的办法抓长江生态保护。要在生态环境容量上过紧日子的前提下，依托长江水道，统筹岸上水上，正确处理防洪、通航、发电的矛盾，自觉推动绿色循环低碳发展，有条件的地区率先形成节约能源资源和保护生态环境的产业结构、增长方式、消费模式，真正使黄金水道产生黄金效益。 长江经济带作为流域经济，涉及水、路、港、岸、产、城和生物、湿地、环境等多个方面，是一个整体，必须全面把握、统筹谋划。要增强系统思维，统筹各地改革发展、各项区际政策、各领域建设、各种资源要素，使沿江各省市协同作用更明显，促进长江经济带实现上中下游协同发展、东中西部互动合作，把长江经济带建设成为我国生态文明建设的先行示范带、创新驱动带、协调发展带。要优化已有岸线使用效率，把水安全、防洪、治污、港岸、交通、景观等融为一体，抓紧解决沿江工业、港口岸线无序发展的问题。要优化长江经济带城市群布局，坚持大中小结合、东中西联动，依托长三角、长江中游、成渝这三大城市群带动长江经济带发展

续表

时间	地点	重要讲话内容
2015 年 7 月 16—18 日	吉林	东北老工业基地要大力推进生态文明建设，强化综合治理措施，落实目标责任，推进清洁生产，扩大绿色植被，让天更蓝、山更绿、水更清、生态环境更美好
2015 年 6 月 16—18 日	贵州	希望贵州协调推进“四个全面”战略布局，守住发展和生态两条底线，培植后发优势，奋力后发赶超，走出一条有别于东部、不同于西部其他省份的发展新路。 要正确处理发展和生态环境保护的关系，在生态文明建设体制机制改革方面先行先试，把提出的行动计划扎扎实实落实到行动上，实现发展和生态环境保护协同推进
2015 年 5 月 25 日	浙江舟山	我在浙江工作时说“绿水青山就是金山银山”，这话是大实话，现在越来越多的人理解了这个观点，这就是科学发展、可持续发展，我们就要奔着这个做
2015 年	云南	立此存照，过几年再来，希望水更干净清澈。经济要发展，但不能以破坏生态环境为代价。生态环境保护是一个长期任务，要久久为功。一定要把洱海保护好，让“苍山不墨千秋画，洱海无弦万古琴”的自然美景永驻人间。 要把生态环境保护放在更加突出位置，像保护眼睛一样保护生态环境，像对待生命一样对待生态环境，在生态环境保护上一定要算大账、算长远账、算整体账、算综合账，不能因小失大、顾此失彼、寅吃卯粮、急功近利

（五）国家安全方面

2014 年 4 月 15 日，习近平在中央国家安全委员会第一次会议上首次提出总体国家安全观，对我国传统和非传统安全问题进行了全面归纳和总结，涉及政治安全、国土安全、军事安全、经济安全、社会安全、科技安全、资源安全、信息安全、生态安全、核安全、文化安全等 11 项内容。这些安全内容与测绘地理信息有着千丝万缕的联系，要增强各类安全的保障能力，需要依靠测绘地理信息的支持。

——政治安全。国家政治安全是指国家主权、领土、政权、政治制度、意识形态等方面免受各种侵袭、干扰、威胁和危害的状态①。地图是国家版图的主要表现形式,直观反映国家的主权范围,体现国家的政治主张,具有严肃的政治性、严密的科学性和严格的法定性,在宣示国家主权方面的作用无可替代,各个国家都非常重视地图对其主权的标示。此外,地理信息在边界划定、主权维护、反恐维稳等方面也起着至关重要的作用,在相关外交事务中均有测绘地理信息部门的参与。

——国土安全。我国国家主权、安全和发展利益已经超出传统的领土、领海、领空边疆范围,要求军队具备陆海空天网全疆域的军事保障能力②。在陆地方面,由国家领土拓展至全球,重点是领土以外数千千米区域以及重要国家利益相关区域。在海洋方面,海洋防卫边疆应覆盖整个国家管辖海域,以及相关海外重要海域。具体为:一是第二岛链外的西太平洋方向,包括属于我国主权和领土范围之内的东海和南海方向;二是印度洋方向上关系我国重大战略利益的马六甲海峡和印度洋航线的两条海上战略通道;三是根据《联合国海洋法公约》归属我国管辖的内水、领海、大陆架、专属经济区;四是公海、国际海底、极地等相关区域。在太空方面,我国战略利益已经延伸至外层空间并向深空拓展,因此要求相应的保障能力要突破传统的领空范围,拓展至太空。测绘地理信息的工作范围也应该相应地进行拓展,根据军队保障的区域范围,有重点、有步骤地实施我国利益攸关区的全球测绘、海洋测绘和深空测绘。特别是针对近两年我国面对的世界经济和战略重心加速向亚太地区转移,美国持续推进亚太"再平衡"战略,日本从谋求国家发展走向引起地区国家高度关注,个别海上邻国非法"占据"中方岛礁,域外国家插手南海事务等境外安全威胁,以及"台独""东突""藏独"等境

① 参见百度知道。

② 周碧松:《战略边疆——高度关注海洋、太空和网络空间安全》,长征出版社,2015。

内安全威胁[①]，需要研究制定相应的应对策略。相应地，这要求加快推进亚太地区和我国台湾地区、边疆地区等的测绘地理信息工作，做好相关地区的地理信息保障。

——军事安全。2015 中国国防白皮书提出，要着眼建设信息化军队、打赢信息化战争，全面深化国防和军队改革，努力构建中国特色现代军事力量体系，不断提高军队应对多种安全威胁、完成多样化军事任务的能力[②]。目前，以信息为主导的战争已经打破了传统机械化战争的原始形态。原始战场的感知正在被卫星、侦察机、遥感探测所取代；正面交战正被远程精确打击的非接触作战所取代；部队的近距离机动正被空中战略投送、地面高铁输送、海上巨舰立体护送所代替；指挥决策正在向自动决策和人工干预发展[③]。测绘地理信息部门应进一步深入研究如何利用民用测绘卫星、航空遥感装备以及地理信息资源，为战场感知、远程精确打击、空中战略投送、地面高铁输送、海上巨舰立体护送、自动决策等提供强有力的保障服务。

——经济安全。国家经济安全是指经济全球化时代一国保持其经济存在和发展所需资源有效供给、经济体系独立稳定运行、整体经济福利不受恶意侵害和非可抗力损害的状态和能力，是一国的国民经济发展和经济实力处于不受根本威胁的状态。它包括两个方面：一是指国内经济安全，即一国经济处于稳定、均衡和持续发展的正常状态；二是指国际经济安全，即一国经济发展所依赖的国外资源和市场的稳定与持续，免于供给中断或价格剧烈波动而产生的突然打击，散布于世界各地的市场和投资等商业利益不受威胁。为了达到这种状态，国家既要保护、调节和控制国内市场，又要维护全球化了的民族利益，参与国际经济谈判，实现国际经济合作。将经济相关的各类信息与地理信息相

① 参见 2015 中国国防白皮书《中国的军事战略》。
② 参见 2015 中国国防白皮书《中国的军事战略》。
③ 《裁军是中国的自信》，参见中国网。

结合,可以评估经济安全状况,制定针对性的应对措施。

——社会安全。地理信息可以深层次地应用于环境健康和危险因素分析、高危病源跟踪定位,应用于食品安全全流程信息化管理以保障全民饮食安全,应用于智慧交通建设并为人们的出行提供方便,地理信息技术与互联网等技术融合并服务于儿童关爱、居家养老、医疗救助等。此外,地理信息还可以服务于公共秩序维护,利用地理信息可以构建警用系统,基于电子地图实现人、地、事、物、组织五要素信息查询与定位,对警力进行定位控制和查询,对实有人口、重点人口进行空间化管理,从而提高预防和打击犯罪的能力;可以构建各类基于地理信息的自然灾害、卫生,以及涉及核、电力等高危领域的公共事件应急系统,支持应急处置模拟分析,为制定空间化、智能化的应急响应措施提供决策依据。

——科技安全。从广义上讲,科技安全是在一定的社会环境条件下,特别是国际大环境中以国家价值准则为依据的对科技系统与相关系统相互作用所决定的国家安全态势的一种动态描述。一个国家的科技安全态势体现四个方面的能力:一是国家利益免受国外科技优势威胁和敌对势力、破坏势力以技术手段相威胁的能力;二是国家利益免受科技发展自身负面影响的能力;三是国家以科技手段维护国家安全的能力;四是国家在所面临的国际国内环境中保障科学技术健康发展以及依靠科学技术提高综合国力的能力[①]。据此:一是要加强测绘地理信息科技创新,形成技术优势。目前在测绘地理信息领域,我国科技创新能力整体不强,国外高精尖测绘地理信息装备仍占据我国大部分市场,需要进一步加强卫星测绘、导航定位等领域的科技创新。二是强化参与国际测绘地理信息标准制定的力度,提升我国相关话语权和地理信息产业在国际市场的竞争力。在地理信息领域内,先进国家拥有成

① 参见必应网典。

熟的产业体系，我国要真正打破国外的技术壁垒和标准壁垒非常困难，在地理信息领域内很有影响力的标准联盟和知识产权体系——国际标准化组织地理信息技术委员会（ISO/TC211 Geographic Information/Geomatics）和开放式地理信息系统协会（Open GIS Consortium，OGC），我国参与的地理信息标准人员只有1位，需要尽快改变该局面，让我国更多的测绘地理信息工作者参与甚至引导国际标准制修订。三是促进测绘地理信息应用，提升利用测绘地理信息维护国家安全的能力。

——资源安全。所谓资源安全，是指一个国家或地区可以保质保量、及时持续、稳定可靠、经济合理地获取所需的自然资源及资源性产品的状态或能力①。在类型上，资源安全分为水资源安全、能源资源安全（包括石油安全）、土地资源安全（包括耕地资源安全）、矿产资源安全（包括战略性矿产资源安全）、生物资源安全（包括基因资源安全）、海洋资源安全、环境资源安全等②。影响我国资源安全的因素包括：资源基础、人口增长、国际贸易、科学技术、经济发展、地缘政治（通道安全）、生态环境、体制机制等③，其中通道安全、资源基础、生态环境等具有明显的地理空间特征。为保障资源通道安全：一方面要建立以保障国家资源安全为宗旨的资源贸易体系，实现多元、多渠道、多路径，以及稳定可靠、经济合理的资源进口，规范、控制和管制资源出口，参与国际资源贸易格局的形成与多边资源贸易谈判，注重资源企业的社会和环境责任监管；另一方面要建立旨在保障我国资源安全并兼顾关系国利益的资源合作关系，以提升我国资源安全的境外保障能力④，这就需要对我国资源合作国的资源分布、资源输送路线等在空间上有明确的了解。资

① 《资源安全：国家安全的基点》，参见中国国土资源报网站。

② 参见互动百科。

③ 《资源安全：国家安全的基点》，参见中国国土资源报网站。

④ 《资源安全：国家安全的基点》，参见中国国土资源报网站。

源基础方面，为缓解短缺资源压力，还要了解自身的资源储备，研究资源替代战略①。对于测绘地理信息工作来说，能够发力的环节主要在于：一是查清自然资源数量、分布等，减少资源不确定性对资源决策的影响，增进资源相关决策的可靠性与可行性，以提高资源安全的已知程度，重点加强土地、海洋等资源的监测；二是查清自然资源基础的基本数量和质量性状的维持情况，重点加强耕地保有量和基本农田面积等监测；三是为资源节约和优化配置提供数据和技术支撑，例如利用地理信息服务“多规合一”等；四是与国际资源贸易格局及其对我国的影响、我国资源通道的分布及境外保障能力等相关的信息，以及从地理空间角度开展的分析，例如我国四大资源战略通道地理信息等。

——信息安全。在现代信息技术被大量使用的环境下，测绘地理信息安全面临前所未有的挑战。目前，大数据技术已经成为主流信息技术，其在测绘地理信息领域的应用导致了很多隐私保护和地理信息安全问题，甚至由于地理信息涉及国家秘密，导致国家安全受到更多的威胁。需要进一步加强地理信息领域网络安全体系建设，优化地理信息安全保密政策，强化地理信息安全保密管理。

——生态安全。维护国家生态安全，除了需要建立相应的体制机制，还需要技术支持：一是构建国家生态安全综合数据库，通过对生态安全现状及动态的分析评估，预测未来国家生态安全情势及时空分布信息；二是在数据库基础上建立国家生态安全评估预警体系，建立警情评估、发布与应对平台，保障我国生态安全②。维护国家生态安全，测绘地理信息及技术是必不可少的支撑，地理信息内容涉及水、植被等自然生态环境要素，是国家生态安全综合数据库的重要内容，遥感、地理信息等技术是生态监测、预警以及构建国家生态安全综合数据库和评

---

① 《资源安全：国家安全的基点》，参见中国国土资源报网站。

② 参见中国共产党新闻网。

估预警体系的重要技术手段。

——核安全。广义的核安全是指对核设施、核活动、核材料和放射性物质采取必要和充分的监控、保护、预防和缓解等安全措施，防止由于任何技术原因、人为原因或自然灾害造成事故发生，并最大限度减少事故情况下的放射性后果，从而保护工作人员、公众和环境免受不当辐射危害。狭义的核安全是指在核设施的设计、建造、运行和退役期间，为保护人员、社会和环境免受可能的放射性危害所采取的技术和组织上的措施的总和[①]。为维护核安全，需要对核基础设施及其周围的地理空间环境进行监控，在此基础上建立核安全时间模拟和响应、决策的能力。此外，2016年发布的《中国的核应急》白皮书中明确，"研发核应急指挥信息化系统，创新核应急预案模块化、响应流程智能化、组织指挥可视化、辅助决策科学化等技术，实现日常管理与应急响应一体化，提高了核应急响应能力和组织指挥效率"[②]。核安全智能化的响应和科学化的辅助决策依赖于地理信息，据有关调研了解，相关核能生产单位均建立了基于地理信息的应急响应系统。进一步深化，地理信息服务核安全，需要对核设施周边及核设施内部的地理信息进行采集，构建三维模型，建立基于地理信息的应急系统，实现实时管理和监控以及对核事件的模拟和评估。

——文化安全。国家文化安全是指一国的观念形态的文化（如民族精神、政治价值理念、信仰追求等）生存和发展不受威胁的客观状态。它是国家安全的重要组成部分。国家文化安全包含三个维度，即内外关系维度、新旧关系维度、同异关系维度[③]。在内外关系维度，国家文化安全可以看作是国家主体内部文化与外部文化的碰撞与冲突，以及

---

① 参见百度百科。
② 参见国务院新闻办公室发表的白皮书《中国的核应急》。
③ 参见百度百科。

文化主权的独立与维护。地图是人类空间认知的最有效的工具[①],地图影响公众对于国家主权和领土的认识,例如在南海、钓鱼岛等主权问题上,通过历史地图的追溯,能够使公众认识到我国对相关领域的应有主权,从而抵制其他国家一些言论的误导。因此提高公众的地图意识是维护国家文化安全的一项重要举措。

表 1-6 列举了国家安全对于测绘地理信息工作的各类需求。

综合分析以上需求,经济社会发展对测绘地理信息服务方面的需求特点可以做如下概括:

——反应要快捷。经济的迅速发展一般伴随着相应地区的基础设施建设、生态植被等日新月异,由此导致相应地区地理信息的迅速变化,需要更加快捷的地理信息资源建设以满足经济发展的需要。

——工作地域范围要广。适应新时期经济社会发展各领域呈现出的上天、入地、下海、登极的态势,测绘地理信息工作的触角也要上天、入地、下海、登极。

——工作内容要更加全面。国家安全内容拓展等方面对测绘地理信息服务的需求,仅仅依靠七大要素的数据生产和服务已经远远不能满足,对自然和人文要素进行全面监测和分析并提出综合地理信息服务成为迫切任务。

——服务方式要更加直接。为满足具有以上特点的需求,测绘地理信息必须加强动态、全面、按需、多样化的服务。在地图及地理信息数据、技术等支撑服务外,需要更加直接的咨询决策服务。

传统的基础测绘:一方面,更加强调周期性、全覆盖、高精度等特征,为各项工作提供仅限于七大要素的基础数据;另一方面,主要基于传统的地面测量和航空摄影测量,效率低、周期长、内容有限、高成本,随着卫星遥感、卫星导航定位系统等信息化测绘技术的快速发展,高分辨率

① 参见文库下载。

表 1-6 国家安全对测绘地理信息的需求

需求领域	主要内容及宏观政策		对测绘地理信息服务的功能性需求	对测绘地理信息服务的指标性需求
政治安全	主权宣示		国家版图	×
	主权维护	边界谈判	边界测绘	×
		南海、钓鱼岛等争议	海洋测绘	×
		分裂势力	新疆、西藏等省份地理信息资源建设及反恐地理信息系统	台湾、西藏、新疆、香港等
国土安全	陆地安全	由国家领土拓展至全球，重点是领土以外数千千米区域以及重要国家利益相关区域	全球测绘	周边国家
	海洋安全	我国管辖的内水、领海、大陆架、专属经济区	海洋测绘	内水、领海、大陆架、专属经济区
		第二岛链外的西太平洋方向，包括属于我国主权和领土范围之内的东海和南海方向	全球测绘、海洋测绘	亚太地区和我国台湾地区、边疆地区等的测绘地理信息工作
		印度洋方向上关系到我国重大战略利益的马六甲海峡和印度洋航线的两条海上战略通道	海洋测绘	马六甲海峡和印度洋航线
		公海、国际海底、极地等相关区域	海洋测绘	公海、国际海底、极地等相关区域
	空间安全	战略利益延伸至外层空间并向深空拓展	深空测绘时空基准及时空数据	月球及行星
军事安全	构建现代军事力量体系，提高军队应对多种安全威胁、完成多样化军事任务的能力	原始战场的感知正在被卫星、侦察机、遥感探测所取代	航空航天遥感测绘、地形数据及其他地理信息	全球战场
		正面交战正被远程精确打击的非接触作战所取代	航空航天遥感测绘、卫星导航定位、激光雷达地形匹配和目标识别等技术	×
		部队的近距离机动正被空中战略投送、地面高铁输送、海上巨舰立体护送所代替	卫星导航定位、全球测绘、海洋测绘	×
		指挥决策正在向自动决策和人工干预发展	地理信息情报及基于地理信息的指挥系统	接近实时、高精度地理信息
		构建高仿真的虚拟战场环境	基于地理信息构建多维信息空间	多源、实时、高精度地理信息

续表

需求领域	主要内容及宏观政策		对测绘地理信息服务的功能性需求	对测绘地理信息服务的指标性需求
经济安全	“一带一路”	欧亚大陆、西太平洋和印度洋，以中国为辐射中心，西北可达波罗的海三国（立陶宛、拉脱维亚、爱沙尼亚），东北到达俄罗斯和蒙古，西南延至埃及和也门，东南可至印度尼西亚	全球测绘	“一带一路”沿线地区地理信息
	海洋经济	4 个层次 11 个海洋经济区：第一个层次是海岸带及海岸带的邻近海域；第二个层次是海岛及海岛的邻近海域；第三个层次是专属经济区和大陆架；第四个层次是国际海底区域	海洋测绘	11 个海洋经济区的海岸带、海岛礁、海底地形等
	经济发展带来的生态环境问题	能源危机、物种灭绝、土地荒漠化、全球气候变暖、森林面积锐减、淡水资源枯竭、臭氧层空洞形成、海洋污染及过度开发等	地理国情监测	水、森林、土地、大气、臭氧等生态环境要素
社会安全	公共服务体系	就业、社会保障、收入分配、教育、医疗、住房、安全生产、社会治安等社会问题	各类基于地理信息的自然灾害、卫生，以及涉及核、电力等高危领域的公共事件应急系统	支持应急处置模拟分析，为制定空间化、智能化的应急响应措施提供决策依据
	社会管理		基于地理信息警用系统。基于电子地图实现人、地、事、物、组织五要素信息查询与定位，对警力进行定位控制和查询，对实有人口、重点人口进行空间化管理，提高预防和打击犯罪的能力	×
科技安全	国家利益免受国外科技优势威胁和敌对势力、破坏势力以技术手段相威胁的能力	自主科技创新，自主产权的高、精、尖装备，在国际上的话语权	进一步加强卫星测绘、导航定位等领域的科技创新；促进测绘地理信息应用，提升利用测绘地理信息维护国家安全的能力；强化参与国际测绘地理信息标准制定的力度；更多参与甚至引导国际标准制修订	测绘地理信息科技处于世界领先水平，体现在著作权数等指标；我国高精尖测绘装备不再被国外装备占据主要市场；在国际测绘地理信息标准制修订、国际市场上拥有更多的话语权；地理信息安全；地理信息在军队和现代战场的应用
	国家利益免受科技发展自身的负面影响的能力	安全漏洞、国产化		

续表

需求领域	主要内容及宏观政策		对测绘地理信息服务的功能性需求	对测绘地理信息服务的指标性需求
科技安全	国家以科技手段维护国家安全的能力	维护国家安全的技术、装备		×
资源安全	企业境外资源开发		全球测绘	我国境外资源
	传统能源通道(四大能源通道)	西北通道——西起里海的阿特劳,途经阿克纠宾,终点为中哈边界阿拉山口,全长 2798 千米;中亚天然气管道西起里海旁的土库曼斯坦,穿过乌兹别克斯坦及哈萨克斯坦,到达中国新疆的霍尔果斯。 西南通道——中缅油气管道气、油双线并行,从缅中边境地区进入中国瑞丽,再延伸到昆明。管道全长 2380 千米。其中,原油主要来自中东和非洲地区,天然气则产自缅甸。 东北通道——北起俄罗斯斯科沃罗季诺市,经过中国黑龙江省和内蒙古自治区,止于大庆市,其中,在俄罗斯境内长约 70 千米,在中国境内长约 900 千米。 海上通道——主要是从非洲、中东、澳洲通过海上运输将能源送至东部沿海一带	全球测绘	相关国家的公路、铁路、能源输送管道、电站、沿海港口等
	"一带一路"替代性通道	通过建设公路、铁路、能源输送管道、电站、沿海港口等横跨陆海的基础设施组成交通网络,通过中亚、非洲和中东将欧亚大陆、欧洲和东亚连接在一起。丝绸之路经济带途经许多重要资源的产区和环境敏感地区。其中,许多国家都是中国关键的资源贸易合作伙伴。此外,海上丝绸之路横跨了从中东和北非油气运输的重要战略航线,中国从该地区进口其 1/3 的石油	"一带一路"测绘	"一带一路"沿线地区的公路、铁路、能源输送管道、电站、沿海港口等地理信息资源建设

续表

需求领域	主要内容及宏观政策		对测绘地理信息服务的功能性需求	对测绘地理信息服务的指标性需求
资源安全	资源基础	资源储量	地理国情监测	土地、水、生物、矿产等自然资源数量、分布等
		资源开发利用	地理国情监测	耕地保有量、基本农田、矿产监测等
		资源节约和优化配置	“多规合一”地理信息服务	统一的地理空间框架及资源、技术支撑
信息安全	信息隐私与保密		地理信息保密政策	科学的定密机制
	安全意识		地理信息安全意识	宣传、教育和制度
	信息安全体系		地理信息安全保密技术及网络安全体系建设	保障地理信息在存储、传输和应用中的安全
生态安全	国家生态安全综合数据库		地理信息及地理国情监测	水土流失、土地荒漠化、耕地减少、森林减少、天然草原减少、水资源污染、大气污染、生物物种濒危、突发性环境污染事故等生态问题的监测、分析与评估
	国家生态安全评估预警体系		地理信息技术支撑	
核安全	核事故的智能化响应和科学化辅助决策		核设施周边及核设施内部的地理信息采集、基于地理信息的核事故应急模拟与决策系统	实现实时管理和监控以及对核事件的模拟和评估
文化安全	物质文化和非物质文化、民族文化和地方文化		地图	文化地图

卫星影像成为测绘地理信息数据的主要来源，其带来的影响是地理信息数据获取更加快速、全面、可定制、低成本，显然提升了测绘地理信息服务的能力。在新需求的刺激和新技术的推动下，必然导致过去以基础测绘为主要业务的测绘地理信息工作内容和服务方式的拓展。由此，地理国情监测应运而生。与基础测绘相比，地理国情监测更加强调针对某一项或多项经济社会发展的要求开展按需测绘，更加强调时效性、灵活性和全面性。此外，《测绘地理信息事业“十三五”规划》提出构建“5+1”业务格局，其中，“5”即新型基础测绘、地理国情监测、应急测绘、全球测绘、航空航天遥感测绘，“1”即地理信息产业。由此可见，地理国情监测将是未来测绘地理信息事业布局中的重要内容。它与其他测绘地理信息业务紧密相关。其中，地理国情监测作为基础测绘工作的延伸，其联系最为紧密，基础地理信息数据库与地理国情监测数据库互为补充、互为支撑。

二、内部条件

目前，测绘地理信息部门在地理信息资源储备、测绘技术及生产工艺、人才队伍等方面均形成了一定的规模和能力。这些都为开展地理国情监测奠定了坚实的基础。

（一）地理信息资源实现有效覆盖

全面推进地理国情监测工作，首要的基础是实现地理信息资源的有效覆盖。长期以来，测绘地理信息部门致力于扩大地理信息资源覆盖范围，使之由陆地向海洋拓展，由国内向国外不断拓展。截至2016年，资源三号测绘卫星已获取全球卫星影像7112万平方千米，通过多渠道获取各时期、各分辨率其他卫星影像2810万平方千米。优于5米分辨率卫星影像实现了对陆地国土的必要覆盖。部分重点地区实现了多类型、多种分辨率的遥感影像的多次覆盖。国家、省级基础航空摄影达到626万平方千米。特别是我国先后实施国家1∶5万数据库更新工程、国家西部 1∶5 万地形图空白区测绘工程、海岛(礁)测绘工程等重大测绘项目，使我国 1∶5 万基础地理信息首次实现对陆地国土和海岛（礁）的全面覆盖，现势性大大提高；1∶5 万、1∶25 万、1∶100 万基础地理信息数据实现年度更新；1∶1 万基础地理信息覆盖范围也不断扩展，达到 560 万平方千米，23 个省份实现全域覆盖；大比例尺基础地理信息数据覆盖了大部分城镇地区；全面摸清了我国海岛地理信息资源的家底，实现了陆海测绘基准的统一、陆海地图的对接。国家多尺度基础地理信息数据库的初始建库工作也已经基本完成。所有这些，为开展地理国情监测，将测绘地理信息工作的重心从地理信息的初始采集向动态监测转移，从地理信息的生产、提供向综合分析转移奠定了扎实的地理信息资源基础。下一步需要根据经济社会发展、实施“走出去”战略、探索外太空等方面的需要，进一步拓展地理信息覆盖范围；与此同时，更应该把握测绘的本质特征，逐步把工作重点转移到地理信息更新的工作上来，合理设置更新机制和更新方式，为全面推进地理国情监测工作提供覆盖更全面、内容更丰富、尺度更完整、时相更完备的地理信息资源支持。

(二)技术条件基本具备

建成了现代测绘基准体系。统筹建设了全国卫星导航定位基准站网和服务系统，形成了支持北斗系统的基准站网，实现了全国基准服务系统的自主可控，已向社会提供厘米级实时导航定位服务，并为远程精确打击、卫星发射提供位置数据。

遥感对地观测技术水平提高。《国家民用空间基础设施中长期发展规划(2015—2025 年)》规划了由 7 个星座及卫星遥感、卫星通信广播、卫星导航定位 3 个系列组成的卫星系统。我国民用测绘卫星资源三号 01、02 星已经相继升空，填补了我国民用测绘卫星的空白，大力提升了我国卫星测绘数据自主保障能力。高分系列卫星、天绘系列卫星等也具备了较高的影像获取能力。另外，商业化遥感卫星快速发展，吉林一号已于2015年10月发射升空。据相关规划,2020年之前,将有60颗遥感卫星在轨,到2030年左右,将有138颗卫星在轨,形成10分钟以内重访能力。现有主要国产卫星见表1-7。此外,低空无人飞行器航测遥感平台在全国各省(自治区、直辖市)配备,实现了局部地区高精度地理信息数据快速获取,极大地提升了实时监测和应对自然灾害和环境变化的能力。由此可见,我国已经初步形成了多层次、多种类、多传感器的对地观测网络,实现了测绘技术手段由主要依靠地面测量为主,变为依靠航空、航天、地面相结合的一体化获取手段。为资源环境经济等多种地理国情要素的动态监测和信息服务奠定了坚实基础。

表1-7 现有主要国产遥感卫星

卫星型号	在轨时间	空间分辨率			最快重访周期
		高分辨率相机(HR)	全色波段(PAN)	多光谱(MUL)	
环境一号A、B星(HJ-1A、B)	2008.9—现在	×	×	30 m	4天
天绘一号01星	2010.8—现在	5米	2米	10米	1～9天
资源一号02C星(ZY-1 02C)	2011.12—现在	2.36米	5米	10米	3天
资源三号(ZY-3)	2012.1—现在	×	2.1米	6米	5天
天绘一号02星	2012.5—现在	5米	2米	10米	1～9天
实践九号(SJ-9)A、B星	2012.10—现在	×	2.5米	10米	4天
环境一号C星(HJ-1C)	2012.11—现在	×	5米(单视),20米(四视)	×	4天
高分一号(GF-1)	2013.4—现在	×	2米	8米	4天
高分二号(GF-2)	2014.8—现在	×	1米	4米	5天
资源一号04星(CBERS-04)	2014.12—现在	×	5米	10米	3天
天绘一号03星	2015.10—现在	×	2米	×	×
北京二号	2015.7—现在	×	1米	4米	24小时
吉林一号	2015.10—现在	×	0.72米	2.88米	72小时
高分四号(GF-4)	2015.12—现在	×	×	50米	20秒

导航定位卫星建设。2012年,建成北斗卫星导航区域系统,具备提供覆盖亚太地区的导航定位、授时和短报文通信服务能力;2016年8月,北斗卫星导航系统第22颗卫星正式入网;根据规划,2020年左

右，建成由5颗地球静止轨道卫星和30颗非地球静止轨道卫星组成的覆盖全球的北斗卫星导航系统。北斗卫星导航系统的发展彻底改变了我国卫星定位领域长期受制于人的被动局面。

（三）人才队伍不断优化合理

全面推进地理国情监测，体系完整、分工明确、保障有力的监测队伍不可或缺。

在队伍力量方面，测绘地理信息行业已经具有40多万人的队伍，并经过长期锻炼造就了一批高层次创新型人才。毫无疑问，他们将是从事地理国情监测工作的重要依靠力量。

在组织结构方面，经过长期的测绘生产实践活动，测绘生产单位已完全适应数字化测绘条件下的测绘生产服务需要，构建了布局合理、功能完善的基础测绘组织体系，形成了坚实的数字化测绘生产服务技术积累。特别是近年来相继成立的卫星应用机构、质量监督检验机构等，补齐了测绘发展的组织保障短板。这支队伍为打好地理国情监测基础，推动我国测绘全面、持续、快速发展做出了重要贡献，并且在灾害应急监测等地理国情监测工作中经受住了考验。站在新起点，面对全面推进地理国情监测的新挑战，这支队伍仍然是重要的骨干力量，但同时要根据发展理念、工作重点、服务方式、产品形式、生产工艺等方面的深刻变化，加快测绘人才队伍布局调整和知识更新，形成业务精湛、作风过硬、来之能战、战之能胜的地理国情监测人才队伍。此外，我国地理信息产业飞速发展，实力雄厚、具有国际竞争力的大型地理信息产业企业纷纷涌现，上市企业越来越多，这些企业是全面推进地理国情监测工作值得信赖的力量。开展地理国情监测需要充分发挥广大地理信息企业的积极性，拧成一股绳，形成全面推动地理国情监测的强大合力。

（四）在部分领域有效开展了试点示范

2012—2015年，地理国情监测试点示范取得了丰硕的成果。围绕生态环境保护、城镇化发展和区域总体发展规划等开展了8项地理国情监测试验示范，形成了京津冀地区7年重点大气颗粒物污染源空间分布、首都经济圈地区20年城市空间格局等16项监测成果，公开发布了陕北地区植被覆盖变化、松潘县自然生态遥感、抚顺市矿山环境沉降、呼伦贝尔地表环境监测等成果。京津冀大气颗粒污染物污染源监测、地表沉降监测、城市空间扩展监测等成果得到了国家发展改革委的高度评价，为区域协调发展总体战略实施提供了数据支撑。各省（自治区、直辖市）也积极开展了81个地理国情监测示范应用项目，包括沿海滩涂变化监测、南水北调中线工程水源地环境动态监测、三峡地区地质环境变化监测、青海三江源国家生态保护综合试验区生态环境监测、青海湖流域湖泊面积和草地变化监测、海南岛沿海地表覆盖变化监测、国家级新区建设变化监测、大运会环境监管监测等①，其中10个项目成果已提供给省级政府或相关部门使用。

① 王瑜婷，王瑞幺：《普查地理国情，建设美丽中国》，载于《中国测绘报》，发表于2016年。

第二章　地理国情监测的内涵

一、地理国情监测的语言学解释

测绘发展战略研究提出将“地理国情监测”作为一个发展方向，但对于其具体内涵与外延还存在颇多争议。在“地理国情监测”的内涵与外延还没有最终形成定论的时候，“地理国情监测”仅仅是一个名词，或者是一个词组。只有赋予其全面、权威、准确的内涵定义，其才真正成为一个科学的事物，成为代表一定时期发展趋向的战略选择。

作为一个词组，可将其拆解为“地理”“国情”“监测”三个部分，如果再进一步稍加组合，则可以形成“地理国情”“监测”两个部分。

(一)单词的意义内涵

“地理”一词最早出现于公元前4世纪的《易经·系辞》，“仰以观于天文，俯以察于地理”。东汉思想家王充对天文、地理的解释是“天有日月星辰谓之文，地有山川陵谷谓之理”。西方公元前2世纪，古希腊学者埃拉托色尼第一次合成了 geographic 这个术语，意思是地理或大地的记述。简单地理解，地理就是地球表面各种物质存在的状况和组合关系(格局)。在现代，地理有两层意思：其一指地理学，是一门学科，研究地球表面同人类相关的地理环境，以及地理环境与人类的关系，对人地关系的研究着重在空间关系上。其二是地球表面各种地物的空间组织关系。实际工作中多数学者更强调后者，即地理更强调空间以及空间组合关系。

“国情”是指一个国家一段时间内的社会性质、政治、经济、文化等方面的情况和特点，具体通过资源和环境、科技教育、经济发展、政治状况、社会状况、文化传统、国际环境和国际关系表现出来，是一个国家的文化历史传统、自然地理环境、社会经济发展状况以及国际关系等各个方面的总和，也是某个国家某个时期的基本情况。它包括自然国情、历史国情(民族历史发展、民族传统、文化源流、文明发展历史)、现实国情、比较国情等四个方面。

"监测"是个科技概念。在航空科技中指对装备、系统或其一部分的工作正常性进行实时监视而采取的任何在线测试手段。现实中，监测指通过特定的技术手段和体制机制，对被监测对象的行为、特征、趋势等进行动态的跟踪。作为"地理国情监测"中的"监测"，要比纯粹语言学意义上的含义宽泛得多，与"调查"和"研究"相当，只是更加强调这种"调查研究"的业务化水平。

(二)地理国情的意义内涵

将"地理"和"国情"两个词语组合起来，就形成"地理国情"。地理国情是国情的一部分。狭义上，是指与地理空间紧密相连的自然环境、自然资源基本情况和特点的总和；广义上，是指通过地理空间属性将包括自然环境与自然资源、科技教育状况、经济发展状况、政治状况、社会状况、文化传统、国际环境和国际关系等在内的各类国情进行关联与分析，从而得出能够深入揭示经济社会发展的时空演变和内在关系的综合国情[①]。国务院2013年2月28日印发的《国务院关于开展第一次全国地理国情普查的通知》(国发〔2013〕9号)对地理国情进行了定义：地理国情主要是指地表自然和人文地理要素的空间分布、特征及其相互关系。这与广义上理解的地理国情是一致的，开展地理国情监测工作，要有大的视野和格局，从经济建设、政治建设、文化建设、社会建设、生态建设、国防建设各个角度和层面去理解、深化和融入。

① 参见百度百科"地理国情"词条。

(三)地理国情监测的整体语义理解

地理国情监测主要从地理(或空间)的角度分析、研究和描述重要的基本国情,即以地球表层自然、生物和人文现象的空间变化和它们之间的相互关系、特征等为基本内容,对构成国家物质基础的各种条件因素做出宏观性、整体性、综合性的调查、分析和描述。是对国情基本要素的空间分布特征、空间组合关系、空间分布及组合变化趋势进行动态和连续的调查与分析,并对成因进行分析、变化趋势进行预测的手段和方法的组合。由此可知地理国情监测既包括对国情要素中可见的、有形的各种空间对象进行观测,如地形地貌、交通网络、生态环境、自然资源、城市乡村等;也包括对不可见的、无形的各种空间要素对象进行观测,如经济总量、产业结构、科技教育、生产力水平等。

二、从测绘地理信息的角度理解地理国情监测

(一)从测绘地理信息工作发展历史的角度

测绘工作起源于军事斗争需要。纵观中国革命、建设和改革不同的发展阶段,不同时期测绘工作的责任不同。早期的测绘工作主要服务于军事斗争。其对地方经济建设的服务是在后期的事情了,到目前为止约有 60 年的时间。在此期间,测绘生产服务技术、工艺、产品,服务及服务对象、组织形式等方面均在不断演变,这种渐进的演变过程终于在近期产生出质变的后果。这种后果体现在"加强基础测绘,监测地理国情,强化公共服务,壮大地信产业,维护国家安全,建设测绘强国"这 36 字新型战略中,更鲜明地体现在"监测地理国情"这 6 个字上。

在从测绘的发展历史角度来解读地理国情监测之前,我们首先看一下测绘的定义。根据 2017 年修订的《测绘法》解释,测绘是对自然地理要素或者地表人工设施的形状、大小、空间位置及其属性等进行测定、采集、表述,以及对获取的数据、信息、成果进行处理和提供的活动。

关于测绘的上述定义最早见于2002年修订的《测绘法》，是在对测绘工作全部发展历史进行全面总结并高度概括的基础上形成的认识。既然这一定义被写入《测绘法》，那么就意味着这一定义既得到了广大测绘专家、技术人员的认可，也得到了管理人员和广大测绘战线上的干部职工的高度认可，是一种共识。

从1956年国家测绘局成立到现在，测绘工作的基本内容一直没有改变，即以获取、处理和对外提供地形地貌、交通、境界、水系、地表覆盖、地名和居民地等7类要素信息为主要工作内容。唯一有变化的在于测绘成果的形式上：在模拟测绘时代，将获得的信息利用制图等技术生成国家基本比例尺地形图，提供给政府和社会公众使用；而到了数字化测绘时期，将这些数据进一步处理形成数字地图和基础地理信息数据库。

测绘工作是以对上述7类要素及其动态变化情况进行量测、分析等工作（也就是"监测"工作）为主。根据推论，选择7类要素，很可能是考虑了纸质地图的承载能力，但具体原因仍未考证。但是单就这7类要素讲，其也是描述某一种地域特点的7类要素，是关于对某一区域的空间定义。因此，其是反映国情的，是最基本的国情信息。根据上一节的分析，对其监测工作是地理国情监测工作。因此，传统的测绘工作事实上是一种地理国情监测工作。只是这种监测工作所监测的要素仅仅有7类，且监测周期长，监测成果只有基本地形图一种形式，无法完全满足经济建设等的需要。同时，实践工作中这7类要素一直没有变化。

尽管如此，测绘地理信息部门求变、与时俱进的努力一直没有改变。伴随着我国经济发展领域信息化步伐的加快，经济的快速发展对地表变化的影响越来越大，以及以人为本，全面、协调、可持续的科学发展观的提出和不断实践，测绘地理信息部门就在不断审视其对经济社会发展提供的测绘保障和地理信息服务是否适应了形势发展的需要，是否满足要求，对需要进一步改进的地方进行检讨，相关的认识和结论也被写入党和国家的有关文件中。2005 年，国务院办公厅印发《全国基础测绘中长期规划纲要》，要求“充分利用现代测绘高新技术成果，紧密结合经济建设和社会发展的实际需要，建立基础地理信息变化监测体系”，同时对测绘工作提出了获取实时化、处理自动化、服务网络化和应用社会化的目标。随后在 2006 年，《国务院关于加强测绘工作的意见》又进一步提出：“积极开展基础地理信息变化监测和综合分析工作，及时提供地表覆盖、生态环境等方面的变化信息，为加强和改善宏观调控提供科学依据。”在 2009 年启动的测绘发展战略研究工作中，全面总结以前的各类研究成果，综合分析测绘转型发展的总体情况，最终将地理国情监测作为未来一段时间内测绘地理信息部门要坚持的 6 个战略方向之一。2016 年发布的《测绘地理信息“十三五”规划》提出，要构建新型基础测绘、地理国情监测、应急测绘、全球测绘、航空航天遥感测绘和地理信息产业“5＋1”业务格局。这是测绘地理信息部门在全面考虑当前的技术条件，即高分辨率遥感技术快速发展，大数据、物联网、云计算等信息网络技术在各领域展开应用，深入分析新时期测绘地理信息的需求特点由基础转向全面、多样、动态、按需后，提出的全面改革方案。地理国情监测将作为测绘地理信息部门的一项主要业务，与其他业务互相补充、互为支撑，构建测绘地理信息资源建设体系，形成应需服务经济社会和国防建设的能力。

从上述测绘地理信息部门“求变”的思路来看，这几年测绘地理信息部门正在力图实现从过去的定期“测绘”向动态性“监测”转变。如果说测绘地理信息部门希望用动态“监测”代替定期“测绘”，也许有点过分，但是追求实时性、有效性的大方向是不会错的。试图利用“监测”代替“测绘”，意味着我们在基本实现地理信息资源对全部国土的覆盖后，现代测绘工作将转入对国土空间的动态性监测时期；除提供标准化基础测绘服务外，以提供多样化、灵活性更高的地理信息服务为主（例如应急测绘服务不需要提供标准化测绘成果服务）；服务方式上除要依靠网络化技术实现地理信息网上服务外，还要基于现代测绘地理信息技术和地理信息资源研究形成各类地理国情监测成果，直接参与到国家宏观经济管理和宏观调控的决策中去。

(二)从测绘地理信息发展战略的角度

在适应新常态、服务新常态的总体要求下，当前测绘地理信息36字发展战略——“加强基础测绘，监测地理国情，强化公共服务，壮大地信产业，维护国家安全，建设测绘强国”，体现了测绘地理信息工作在新的历史发展时期的总体走向，是着眼国内经济社会发展的大环境、国际测绘地理信息技术发展大趋势，在梳理我国测绘地理信息工作发展基础、存在问题、阶段性特征和现实需求的基础上，经过缜密研究、反复论证提出的。地理国情监测是测绘地理信息发展战略的重要组成内容，其本身意味着新时期测绘地理信息生产服务的内容将从过去的以基本比例尺地形图为主，转变为更加灵活、更加全面、更加及时、内容更加丰富、形式更加齐全的测绘地理信息服务，体现了在新的技术发展背景下测绘地理信息发展的基本规律。

进入21世纪以来，测绘地理信息事业的发展环境正在发生显著变化。十八届五中全会通过的《中共中央关于制定国民经济和社会发展第十三个五年规划的建议》明确了：“以主体功能区规划为基础统筹各类空间性规划，推进‘多规合一’”“以市县级行政区为单元，建立由空间规划、用途管制、领导干部自然资源资产离任审计、差异化绩效考核等构成的空间治理体系”“实施山水林田湖生态保护和修复工程，构建生态廊道和生物多样性保护网络，全面提升森林、河湖、湿地、草原、海洋等自然生态系统稳定性和生态服务功能”“加强水生态保护，系统整治江河流域，连通江河湖库水系，开展退耕还湿、退养还滩。推进荒漠化、石漠化、水土流失综合治理。强化江河源头和水源涵养区生态保护。开展蓝色海湾整治行动”“推进‘一带一路’建设……推进基础设施互联互通和国际大通道建设”“积极参与全球经济治理”“积极参与应对全球气候变化谈判”“维护国际公共安全……积极支持并参与联合国维和行动”等内容。这些为测绘地理信息发展提供了更加广阔的空间，同时也使测绘地理信息的服务对象、服务内容、服务模式等均将发生变化。测绘地理信息部门必须加快落实按需测绘的理念，推进测绘地理信息工作从理念、技术、内容到方式等的全面转型发展。地理国情监测的提出正反映了经济社会发展对测绘地理信息需求特点的变化趋势：一是时间高动态性，周期性的测绘和地理信息更新已经满足不了要求；二是空间广阔性，新时期经济社会发展各领域呈现出的上天、入地、下海、登极的态势和趋势对测绘保障和地理信息服务提出了新的、更高的要求，要求测绘地理信息工作的触角也要上天、入地、下海和登极；三是内容全面性，仅仅限于 7 类要素的数据服务已经远远不能满足要求，对自然和人文要素进行全面监测和分析并提供综合地理信息服务成为满足需求的迫切任务。

第三章　地理国情监测工作的性质

从工作性质看，地理国情监测表现最突出的就是其“应用性”。强调地理国情监测工作的“应用”属性，就是要突出其在新时期测绘地理信息服务格局中有别于其他业务①。建立稳定、顺畅的应用机制是保证地理国情监测顺利开展和成果有效使用的重要前提。正确认识应用属性，必须首先认识地理国情作为重要的基本国情的内涵，以及作为测绘地理信息践行按需测绘的理念、深度融入经济社会发展大局的工作定位，具体见图 3-1。

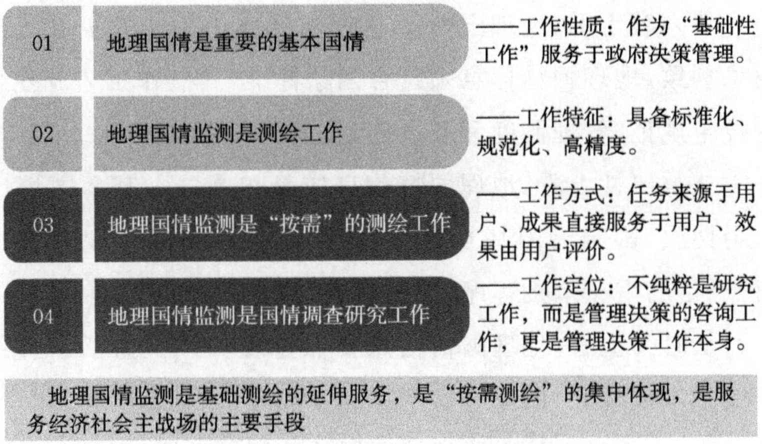

图 3-1　地理国情监测应用机制建设的指导思想

一、地理国情是重要的基本国情

自国务院批复地理国情监测立项实施以来，国务院领导多次强调

① 关于新时期测绘地理信息服务格局的内容，将在第四章详细阐述。

地理国情是重要的基本国情。李克强总理指出，地理国情是重要的基本国情。国务院2013年2月28日印发的《国务院关于开展第一次全国地理国情普查的通知》(国发〔2013〕9号)也明确了地理国情是“基本国情的重要组成部分”。张高丽副总理在部署第一次全国地理国情普查工作时也指出：“地理国情是重要的基本国情……是了解国情、把握国势、制定国策的重要基础性工作。”地理国情是重要的基本国情。因此，基础性地理国情监测的重要任务就是维护、研究与地理国情相关的基本国情。通过对地理国情普查成果进行更新以及集成相关信息进行统计分析，从而形成反映基本国情的指标信息，并建立对上述几类基本国情进行周期性研究、分析的常态化工作机制，就是基础性地理国情监测的重要任务。而地理国情作为重要的基本国情，意味着地理国情监测是一项基础性工作，并具有以下属性特点：

——从内容上看，地理国情信息应是标准化的。为了保证全国范围内信息一致，地理国情信息须符合国家标准，其制作工艺流程须依托严格的技术规范、管理制度和质量控制。

——从重要性上看，地理国情信息应是权威的。基本国情反映国家的社会性质、影响治国基本政策，必须具备可靠的精度和较高的质量，执行严格的审核审批程序，并依法向社会提供服务。

——从时间上看，地理国情信息要保持现势性。为了了解我国基本国策实施进展情况、国家核心利益维护情况以及让社会公众与时俱进地树立正确的国情观，需要持续开展地理国情监测，保持与地理空间相关的基本国情信息的现势性。

(一)地理国情作为重要的基本国情的内涵

地理国情是重要的基本国情。因此，基础性地理国情监测的重要任务就是维护、研究与地理国情相关的基本国情，其关键是要明确基本国情的实际内涵。

1. 与地理国情相关的基本国情的内容界定

国情按照构成内容在经济社会发展中的作用和地位分为基本国情和一般国情。对于与地理国情相关的基本国情,我们认为可从三个方面来进行界定。

一是借鉴相关文献和专家学者对基本国情的阐述。代表性的有:(1)百度百科指出:"基本国情指一个国家的社会性质及其所处的社会发展阶段。"(2)国务院发展研究中心的苏杨等专家指出:"基本国情,即国家的社会性质,决定一个国家发展方向,具有高层次、长时效、广范围等特点"。(3)《国防经济大辞典》(2001)指出,中国现阶段的基本国情包括以下主要内容:①建立了社会主义制度,显示出巨大的优越性。同时,经济体制和政治体制还存在着一些弊端,必须进一步推进改革。②人口众多,劳动力充足,国内市场广阔。同时,也给经济和社会的发展造成了很大的压力。③幅员辽阔,是世界上国土面积最大的国家之一,并且自然资源和矿产资源比较丰富。但从人均占有量的角度来看,中国又是一个重要资源相对短缺的国家。④中国在国民经济整体水平不断提高的同时,还存在产业结构不合理、地区发展不平衡等突出问题。综合上述观点,基本国情反映一个国家的社会性质以及在经济、政治、资源、人口等方面的状况和特点。

二是参考我国的国家核心利益和我国的基本国策。基本国情反映国家社会性质,关乎国家核心利益,影响治国基本政策。国务院2011年9月公布的《中国的和平发展白皮书》首次确定了我国六大核心利益,包括:国家主权、国家安全、领土完整、国家统一、国家政治制度和国家社会大局稳定、经济社会可持续发展的基本保障。同时,据目前查找到的我国明文规定的基本国策有七项,包括:耕地保护、环境保护、节约资源、水土保持、计划生育、对外开放、男女平等。可以看出,我国的国家核心利益和基本国策都涉及政治、经济、资源、生态、环境等方面,具体见表3-1。为此,探讨基本国情的组成可利用"基本国策是基本国情决定的某类具有全局性、长期性、战略性意义的问题的系统对策[1]”和“基本国情与国家核心利益紧密关联”[2]这层关系来进行界定和细化。

表 3-1 我国的国家核心利益和我国的基本国策

类别		内容
基本国策	经济	对外开放。2007 年修改的《中国共产党章程》“总纲”规定：“要坚持对外开放的基本国策”
	人口	计划生育。2001 年《人口和计划生育法》第二条第一款规定：“我国是人口众多的国家，实行计划生育是国家的基本国策”
		男女平等。2005 年《妇女权益保障法》第二条规定：“实行男女平等是国家的基本国策”
	资源	节约资源。2007 年《节约能源法》第四条规定：“节约资源是我国的基本国策”
		耕地保护。1998 年新修订的《土地管理法》规定：“十分珍惜、合理利用土地和切实保护耕地是我国的基本国策”
	生态	水土保持。1993 年《国务院关于加强水土保持工作的通知》指出：“水土保持是山区发展的生命线，是国民经济和社会发展的基础，是国土整治、江河治理的根本，是我们必须长期坚持的一项基本国策”
	环境	环境保护。2015 年《环境保护法》第四条规定：“保护环境是国家的基本国策”
国家核心利益	政治	国家主权、领土完整、国家统一、国家政治制度和国家社会大局稳定
	安全	国家安全
	经济	经济社会可持续发展的基本保障

三是行政管理、新闻传播、对外交流、教育等对社会公众有影响的活动中与地理空间相关的基础信息数据。社会公众正确国情观的形成一方面受党和政府方针、政策、法规的指引，另一方面来源于对新闻传播、对外交流、教育科研等活动的认识。因此，在对社会公众有影响的行政管理、新闻传播、对外交流、教育科研等活动中使用的与地理空间相关的基础数据，要以地理国情相关的基本国情为标准，这将保证社会

① 苏杨，杨文庄：《对我国基本国策若干基本问题的分析和建议》，载于《经济研究参考》，发表于 2008 年第 15 期，P. 2-6。

② 王公龙：《国家核心利益及其界定》，载于《上海行政学院学报》，发表于 2011 第 6 期，P. 75-77。

公众树立起正确的国情观。为此,《测绘法》要求“各级人民政府应当加强对国家版图意识的宣传教育,增强公民的国家版图意识”。《测绘成果管理条例》规定了在对社会公众有影响的活动中要使用依法公布的重要地理信息数据,并对哪些属于我国领域和管辖的其他海域内的重要自然和人文地理实体的位置信息数据和重要属性信息数据进行了明确要求,主要包括:①涉及国家主权、政治主张的地理信息数据;②国界、国家面积、国家海岸线长度,国家版图重要特征点、地势、地貌分区位置等地理信息数据;③拟冠以“全国”“中国”“中华”“国家”等字样的地理信息数据;④经相邻省级人民政府联合勘定并经国务院批复的省级界线长度及行政区域面积、沿海省份海岸线长度;⑤法律法规规定以及需要由国务院测绘行政主管部门审核的其他重要地理信息数据。

综上所述,我们可从某类地理国情信息数据是否涉及国家核心利益,是否影响基本国策的制定、实施和调整,以及是否影响行政管理、新闻传播、对外交流、教学等社会公众活动这三个方面来界定其是否具备基本国情属性。通过分析,如下信息可属于与地理国情相关的基本国情,主要包括:①涉及国家主权、政治主张、领土完整、民族统一的地理信息数据;②国界、国家面积、国家海岸线长度,国家版图重要特征点、地势、地貌分区位置等地理信息数据;③涉及跨省份、区域性的地理信息数据,如主体功能区区划图、国家级新区区划图;④反映我国人口、经济、资源、生态、环境要素的空间位置、空间关系及其变化规律,以及各类经济社会开发活动的空间位置、空间分布及其变化规律的地理信息数据。如冠以“全国”“中国”“中华”等字样的人口密度、单位面积国内生产总值、森林覆盖率、城市扩展速率等。

2. 地理国情监测工作的“基础性”属性特点

我们认为,通过对地理国情普查成果进行更新以及集成相关信息进行统计分析,从而形成反映基本国情的指标信息,并建立对上述几类基本国情进行定期研究、分析的常态化工作机制,就是基础性地理国情监测的重要任务。

(二)加强基础性地理国情监测成果应用的措施建议

1. 促使基础性地理国情监测成果由技术成果转变为代表政府意志的成果

根据《行政许可法》中关于"直接涉及国家安全、公共安全、经济宏观调控、生态环境保护以及直接关系人身健康、生命财产安全等特定活动,需要按照法定条件予以批准"的规定,以及测绘地理信息行政管理的要求,要使基础性地理国情监测成果由技术成果上升为代表政府意志的成果,必须经过行政认可过程。对此,我国测绘地理信息行政管理中已使用的《重要地理信息数据审核公布管理规定》是最适合的。为了确保重要地理信息数据的权威性和正确性,国家对重要地理信息数据实行统一审核与公布制度。该办法规定了重要地理信息数据的审核、批准、公布的主体和程序。国家对重要地理信息数据实行统一审核与公布制度。该办法规定了重要地理信息数据的审核、批准、公布的主体和程序。重要地理信息数据的审核机构是国务院测绘地理信息行政主管部门。审核后的重要地理信息数据由国务院测绘地理信息行政主管部门或者有关部门报国务院批准,由国务院或者国务院授权公布。因此,将基础性地理国情监测成果纳入重要地理信息数据统一管理,规范其审核与公布程序,依法提供和依法监督使用。具体包括以下环节:

——履行重要地理信息数据的审核程序。通过技术研讨、评估论证等环节,审核基础性地理国情监测数据获取技术方案以及数据检查验收相关资料,评估方案正确性、数据内容完整性和质量可靠性,并与相关历史数据、已公布数据进行对比分析,评估数据是否符合国家利益、是否影响国家安全、是否影响社会公众生产生活。

——履行重要地理信息数据的公布程序。基础性地理国情监测数据由国务院测绘地理信息行政主管部门商其他有关部门进行审核并报国务院批准后,以公告等形式公布,使其成为代表国家意志的基本国情，从而使基础性地理国情监测成果具有法定性和权威性，能确保这些成果成为相关活动中使用与地理空间相关信息的标准。

2. 注重从行政角度推进基础性地理国情监测成果的应用

推进基础性地理国情监测的常态化，除了定期持续对地理国情普查成果进行更新，更重要的是从行政管理的角度推动其更好应用。《测绘成果管理条例》和《重要地理信息数据审核公布管理规定》中都明确规定：在行政管理、新闻传播、对外交流、教学等对社会公众有影响的活动和公开出版的教材中需要使用重要地理信息数据的，应当使用依法公布的数据。基础性地理国情监测是国务院测绘地理信息行政主管部门代表中国政府维护基本国情的基础性工作，其数据成果经过严格的审核、批准、公布等行政许可程序，具有法定性。地理国情信息是国情分析的对象、国情教育的内容、国策制定的依据。基础性地理国情监测成果将是行政管理、新闻传播、对外交流、教育科研等活动中使用与地理空间相关信息的标准，且至少将在如下工作中得到应用：

——基础性地理国情监测成果是相关重大国情国力调查分析评价的数据基准、工作底图，以地理国情信息聚合相关国情信息，开展多种国情要素在国土空间的分布状态及其动态变化规律研究，服务政府管理决策。

——基础性地理国情监测成果是地理国情教育的重要内容，是公开出版教材中使用与地理空间相关数据的标准。正如前文所述，国家版图信息是基础性地理国情监测的成果之一。按照《地图管理条例》中的规定："各级人民政府及其有关部门、新闻媒体应当加强国家版图宣传教育，增强公民的国家版图意识。国家版图意识教育应当纳入中小学教学内容。公民、法人和其他组织应当使用正确表示国家版图的地图。"国家版图教育即为基础性地理国情监测成果的一个重要应用方向。

二、地理国情监测是测绘工作

地理国情监测不能等同于相关领域的资源环境及生态监测，而应具备比较优势，并能与相关监测工作形成良好的配合关系，这是地理国情监测能够持续发展及常态化的前提条件。当前，伴随着我国经济发展战略更加重视资源环境及生态、国土空间的合理开发利用，国土、水利、环保、海洋、农业、林业等资源环境生态相关部门加快利用卫星遥感、物联网等技术针对各自管理需要建立的监测网络进行升级，并进一步完善监测制度，以保证本领域监测的先进性和权威性。例如，环保部会同有关部门编制并由国务院印发了《生态环境监测网络建设方案》（国办发〔2015〕56 号）后，制定了《生态环境监测网络建设方案实施计划（2016—2020 年）》和《国家环境监测事权上收实施方案》并加紧进行落实。对比相关部门资源环境及生态监测工作，并对《测绘法》中测绘工作相关定义[①]认真分析，地理国情监测的比较优势主要体现在测绘工作的特点上。

（一）地理国情监测关注点是空间位置

地理国情监测主要使用地理信息技术和地图语言，主要任务是研究各类自然和人文要素的空间位置、空间关系及其变化规律，以及各类经济社会开发活动的空间位置、空间分布及其变化规律，而其他资源环境及生态监测关注自然、经济、社会要素及各类开发活动本身。地理国情监测与其不同点主要有二：一是技术支撑主要是测绘地理信息技术；二是主要内容是自然和人文地理要素的“空间分布、特征及其相互关系”。

① 《测绘法》对测绘的定义：测绘是对自然地理要素或者地表人工设施的形状、大小、空间位置及其属性等进行测定、采集、表述以及对获取的数据、信息、成果进行处理和提供的活动。

（二）地理国情监测具备标准化、规范化、高精度特征

地理国情监测由近3万人组成的稳定的专业技术队伍保障，依托严格的工艺流程、技术规范、管理制度和质量控制环节等组成的测绘地理信息生产服务体系，具备标准化、规范化、高精度特征，这是有别于其他资源环境及生态监测工作的根本特征。该生产服务体系是测绘地理信息领域推进工业化生产和信息化服务的深度融合，具备了以标准化、规范化追求生产规模化的优势。

（三）地理国情监测秉承了实事求是和精益求精的测绘精神

地理国情监测秉承了测绘工作实事求是和精益求精的精神品质，这是多年来测绘成果和服务赢得信誉的基本前提和保证。通过采用"所见即所得"的技术方法，将地面测绘手段的高精确性与航天技术的高动态性、航空遥感技术的高灵活性有机结合起来，提供的是通过现场、实地勘测得到的客观地理界线等测绘成果，而非模糊性的示意性地理界线（如当前划定的生态红线、自然保护区、禁止开发区等边界都因无精确地理坐标难以落地，急需测绘提供精确的地理边界）。因此，地理国情监测的成果是可靠的，是经得起检验的。

目前，地理国情监测的比较优势已在空间性规划"多规合一"、生态红线划定与保护、自然资源资产管理、主体功能区规划建设管理等战略研究制定以及政策措施落地的过程中得到体现，及时起到了支撑性作用。例如在以规划体系、空间布局、基础数据、技术标准、信息平台和管理机制"六个统一"[①]为目标的空间性规划"多规合一"改革中，地理国情普查成果及监测技术在其中四方面"统一"发挥了独特且必要的作用：一是为规划工作提供工作底图，以在有坐标的一张图上叠加融合各类、各专业、各行业规划的空间信息；二是为城镇发展、农业生产和生态

---

① 《一张规划管到位 一张蓝图绘到底 浙江开化"多规合一"满盘活》，载于《人民日报》。

保护三类空间划分提供分析评价服务；三是为准确确定各类空间边界开展专题测绘；四是建立统一的空间规划信息管理平台，支持信息共享和规划衔接协调。通过提供这些服务，促使测绘基准、基础地理信息和地理国情普查成果成为各类空间规划的空间定位依据，并进而形成统一的空间体系，为建立统一的空间规划体系和统一的空间规划编制机制提供了必备条件。

三、地理国情监测是按需测绘工作

早在2007年，按需测绘就体现在《国务院关于加强测绘工作的意见》中对测绘工作指导思想和基本原则做出的相关要求："把为经济社会发展提供保障服务作为测绘工作的出发点和落脚点""以经济社会发展需求为导向，紧密围绕党和国家的中心任务"。随后，2009年全国测绘局长会首次明确提出了"需求牵引、按需测绘"的工作理念。然而，自从1997年原国家计委将基础测绘纳入国民经济和社会发展年度计划至21世纪头10年，计划经济在测绘领域占据主导地位，基础测绘也一直处于对经济社会发展提供服务的"绝对垄断"的"大一统"地位，其肩负的五个方面任务内容(基准体系维护、遥感资料获取、基础数据生产、公共产品开发和成果推广)也由《测绘法》《基础测绘条例》等法律法规严格规定，并按照《基础测绘计划管理办法》要求严格管理。基础测绘很大程度上是以自身建设为导向，其目的是按计划构建起覆盖完整、定期更新的基础地理信息资源，并基于已有测绘成果提供的一种保障性服务。这使得对未纳入规划和年度计划的测绘需求难以有效响应。

为此，2009年开展的第二轮测绘发展战略研究在分析基础测绘大规模建设任务即将基本结束、基础地理信息资源原始积累即将完成的形势下，提出了开展"地表变化监测"并在战略研究后期最终用"地理国情监测"取代，作为基础测绘的延伸服务，并在"十三五"时期将发展成以新型基础测绘、航空航天遥感测绘、全球地理信息资源建设为主要内容的基础保障服务，以地理国情监测、应急测绘为主要内容的深度融合服务，构建以此“五大业务”为支撑的公益性服务体系，从而建立起“保基本公共需求”和“增按需定制服务”相协调的测绘地理信息公益性多元化服务架构。因此，地理国情监测工作的出发点是按需的，这主要体现在以下三条工作原则中。

（一）地理国情监测的任务直接来源于用户

地理国情监测的任务是应需而定的，但由于各地经济社会发展程度、各级政府管理关注重点、有关部门业务内容存在差异，其对监测的需求是多样化的，且时有变化。为了及时、准确、顺畅地获取到用户“鲜活”的需求，须与用户建立需求对接途径。需求对接有很多方法，以往主要采用问卷调查、专家座谈、召开部门联席会议等方式进行，但存在需求收集不全面、需求获取不及时、需求来源不稳定等问题。因此，要创新需求对接方法，利用规划手段，规范需求管理，具体来说：

1. 探索建立地理国情监测规划管理制度

制度化开展地理国情监测规划的研究和编制工作，分阶段研究分析经济社会发展对地理国情监测的需求，在此基础上凝练地理国情监测阶段性工作重点，以提高监测服务的针对性。为此，2015 年 7 月，国家测绘地理信息局在中央财政组织开展财政三年中期规划编制工作期间，编制了《2016—2018 年国家地理国情监测总体方案》（简称《总体方案》），提出了“十三五”前期监测的重点任务。云南、江西两地也计划编制省级“十三五”地理国情监测规划，并由发展改革、测绘地理信息部门联合印发等。通过《总体方案》和相关规划的编制将大大促进国家和地方地理国情监测从项目管理向规划管理发展，实现上下衔接、国省联动。

2. 探索建立与相关部门之间的需求对接机制

地理国情监测规划对规划期内的监测任务做出了原则性安排，但各地区各部门年度工作重点时有变化，应做好监测长期规划和监测年度任务计划的衔接，并探索建立监测项目管理方式，规范监测项目立项、项目实施、项目验收、成果应用等活动，促使我们更积极、更全面、更细致地了解相关部门对地理国情监测的需求，“约束”及时提交成果。同时，也能促进用户积极应用监测成果，实现部门间沟通与互动。总结相关实践，需求对接主要包括两种途径：

一是向相关部门征求年度地理国情监测需求项目建议，根据各部门年度工作轻重缓急，确定优先监测领域。这种需求项目征集的模式曾在2013年和2014年度《测绘地理信息公益性行业科研专项》“地理国情监测”研究专题中采用。征集的需求数目由2013年的1项迅速增加到2014年的34项，申报对象也从大学扩展到生产单位、企业、科研院所、资源生态环境监测部门所属单位等，反映出地理国情监测应用领域、服务对象在不断拓展。同时，需求项目建议征集的方式也在边远地区、少数民族地区基础测绘专项补助经费项目[①]中采用，并取得较好成效。各边远和少数民族地区根据经济社会发展急需向各省级测绘地理信息部门提出基础测绘项目建议，国家测绘地理信息部门根据年度财政专项资金预算，择优支持，使项目下达到省级测绘地理信息部门。这种方式既发挥了专项资金对地方测绘发展的引导作用，又能保证专款专用提高有限资金的使用效益。

二是按年度执行测绘地理信息部门与相关部门和地区签署合作协议的制度。合作协议是双方或多方对一定时期内合作的目标成果、主要任务、责任分工、工作机制等内容达成的共识，如近期国家测绘地理信息局、国家发展改革委和浙江、广西、贵州、海南、福建等省级人民政府签订的《省级空间性规划“多规合一”试点协议》等。按年度执行合作协议，进一步细化合作内容，确定监测任务，并根据部门和地区需求变

---

① 随着中央转移支付政策的调整，自2014年起，边远和少数民族地区专项补助调整为一般补助，由地方自行管理。

化拓展合作领域。

(二)地理国情监测的成果直接服务于用户

地理国情监测目的是提供满足多样化需求的定制服务，而能否为用户直接所用、用得上、用得好，主要取决于监测标准规范要与用户衔接、监测成果形式和服务方式要与用户业务契合、监测成果时效性要满足用户的时间节点要求等。

1. 监测的标准规范与用户衔接

据对国土、住建、农业等资源生态环境监测技术规范的内容比较，各部门出于管理的需要，在地理对象的定义、用地的分类、表达的图式等方面存在较大差异，影响了监测成果的一致性。因此，标准规范的统一成了监测成果能够在部门间应用的重要前提。须加强与相关部门资源环境生态监测标准的衔接，使相关部门了解、认可地理国情监测的内容指标、技术方法和工艺流程，便于信息共享、业务协同、互联互通。正如国家发展和改革委员会联合国家测绘地理信息局在试点探索基础之上，制定的《市县经济社会发展总体规划技术规范与编制导则》，成了两部门协同推进市县经济社会发展总体规划编制所遵循的技术规范和技术路径。

2. 监测的成果形式和服务方式按用户定制

不同监测用户的业务管理流程、话语体系和使用习惯存在差异，其对监测成果形式和服务方式也是多样化的。为此，根据不同的服务对象，面向某个应用主题，开展地理国情监测的成果内容、表达形式、服务方式的应需设计和个性化设计，实现对口服务。

3. 监测的成果时效性满足用户要求

监测工作要根据用户的时间节点，“按时”提供服务。各种自然与人文地理要素的变化本无“周期”之说，限于传统测绘技术条件，才有了对地理信息“定期”更新的工作方式。随着技术能力的提升，对指定范围和内容进行灵活多样的动态监测成为可能。须加强与用户沟通，对监测需求、现有技术力量进行科学分析和评估，合理地确定成果提交的时间节点。

（三）地理国情监测的成效由用户来评价

地理国情监测是测绘地理信息部门行使的一项政府公共服务。近年来，为确保政府公共服务的有效供给，国家先后印发了《关于深化政务公开加强政务服务的意见》（中办发〔2011〕22号）、《国务院办公厅关于运用大数据加强对市场主体服务和监管的若干意见》（国办发〔2015〕51号）等文件，加快构建政府公共服务绩效评价体系并进行综合评估。政府公共服务绩效评价包括内部评估和外部评估两部分：①成果，工作本身取得哪些产品及提供的服务；②效果，工作对经济社会发展的影响。在绩效评价过程中，对于监测成果的评价是比较简单的，检查依据财政下达的年度预算制定的监测任务指标是否完成；但是，对监测效果的评价比较复杂，除了测绘地理信息部门反映的监测工作成效之外，重点还是要由政府有关部门对此项工作进行评价，这将成为衡量测绘地理信息部门服务成效的主要标尺。如果监测成果在社会应用好，有关部门对此有正面评价，必将十分有利于政府对地理国情监测效果的最终评价，为持续开展此项工作提供好的舆论环境。同时，要建立用户建议反馈机制，以及相应的任务调整机制，发现监测工作存在的问题，及时调整和优化。

四、地理国情监测是国情研究工作

区别于传统意义上的科学研究，国情研究工作不纯粹是研究工作，而是管理决策的咨询工作，更是管理决策工作本身。地理国情监测是以测绘地理信息部门为主开展的国情研究工作，其功能定位主要强调如下两个方面。

（一）地理国情监测是经济社会发展的基础性工作

地理国情监测作为经济社会发展的基础性工作，主要体现在地理国情的基本国情属性。明确地理国情监测的基础性工作定位，有利于形成与有关部门资源环境及生态监测工作之间关系的正确认识。地理国情监测作为基础性工作，是有关部门管理决策的咨询工作和前期工作，要求测绘地理信息部门在推进监测中强化“服务”的思想，在支撑相关部门的资源环境调查或监测工作中甘当“配角”，主动服务，及时、准确地掌握各有关部门、各地方经济社会发展对地理国情监测的需求和要求，积极推进建立地理国情监测需求对接、标准衔接、成果服务等稳定的工作机制，以发挥普查成果和监测技术的作用，与相关部门共同形成工作合力。当前，国家发展改革委、中组部、审计署等部门的国情研究工作越来越与国土空间合理开发、资源环境有序利用密切相关，但这些部门又缺乏相应的技术装备和队伍支撑。国家发展改革委在牵头编制完成国家和省级主体功能区规划后，推进建立资源环境承载能力监测机制、定期开展生态环境评价等工作，会同有关部委制定了《资源环境承载能力监测预警技术方法(试行)》等。中组部、监察部、国家审计署等部门也先后印发或者正在研究制定相关文件，就领导干部对资源生态环境的责任审计和追究等进行指导。测绘地理信息部门加强与国家发展改革委、中组部、审计署等部门的合作，便于形成部门之间的稳定业务关系。

(二)地理国情监测是政府管理决策工作的重要内容

地理国情监测是政府管理决策工作的重要组成，主要体现在国情研究工作强调对管理决策的咨询作用，甚至被认为是管理决策本身。据调研，目前约 30 多个政府机构在“三定”方案中均有明确的国情研究职责，除了发改、财政等宏观经济管理部门，国土、环保等行业管理部门以及中国工程院、中国社科院等研究机构也参与国情研究工作(见表 3-2)。

表 3-2 相关部门承担的国情研究职责概况

部门	“三定”职能
发展改革委	1. 研究分析国内外经济形势和发展情况，进行宏观经济的预测、预警；研究涉及国家经济安全的重要问题，提出宏观调控政策建议。 2. 研究分析区域经济和城镇化发展情况，提出区域经济协调发展和实施西部大开发战略的规划，提出城镇化发展战略和重大政策措施；负责地区经济协作的统筹协调，指导地区经济协作工作。 3. 拟定并组织实施国民经济和社会发展战略、中长期规划和年度计划；提出国民经济发展和优化重大经济结构的目标和政策；提出运用各种经济手段和政策的建议。 4. 推进可持续发展战略，研究拟定资源节约综合利用规划，参与编制生态建设规划，提出资源节约综合利用的政策，协调生态建设和资源节约综合利用的重大问题
统计局	1. 会同有关部门拟定重大国情国力普查计划、方案，组织实施全国人口、经济、农业等重大国情国力普查，汇总、整理和提供有关国情国力方面的统计数据。 2. 对国民经济、社会发展、科技进步和资源环境等情况进行统计分析、统计预测和统计监督，向党中央、国务院及有关部门提供统计信息和咨询建议
财政部	分析预测宏观经济形势，参与制定各项宏观经济政策，提出运用财税政策实施宏观调控和综合平衡社会财力的建议，拟定中央与地方、国家与企业的分配政策，完善鼓励公益事业发展的财税政策
环保部	1. 指导、协调、监督生态保护工作。拟定生态保护规划，组织评估生态环境质量状况，监督对生态环境有影响的自然资源开发利用活动、重要生态环境建设和生态破坏恢复工作。 2. 负责环境监测和信息发布。制定环境监测制度和规范，组织实施环境质量监测和污染源监督性监测。组织对环境质量状况进行调查评估、预测预警，组织建设和管理国家环境监测网和全国环境信息网，建立和实行环境质量公告制度，统一发布国家环境综合性报告和重大环境信息
国土部	开展国土资源经济形势分析，提出国土资源供需总量平衡政策建议，参与国家宏观经济运行、区域协调、城乡统筹的研究，并拟定涉及国土资源的调控政策和措施。编制并组织实施国土规划，制定并组织实施国土资源节约集约利用和循环经济的政策措施
水利部	1. 组织开展水资源调查评价工作。 2. 指导水文工作，负责水文水资源监测，对江河湖库和地下水的水量、水质实施监测，发布水文水资源信息、情报预报和国家水资源公报。 3. 负责防治水土流失，组织实施水土流失的综合防治、监测预报并定期公告
民政部	组织核查并统一发布灾情，管理、分配中央救灾款物并监督使用，组织、指导救灾捐赠，承担国家减灾委员会具体工作

续表

部门	“三定”职能
外交部	1. 调查研究国际形势和国际关系中全局性、战略性问题，研究分析政治、经济、文化、安全等领域外交工作的重大问题，为党中央、国务院制定外交战略和方针政策提出建议。 2. 按照外交总体布局，就对外贸易、经济合作、经援、文化、军援、军贸、侨务、教育、科技、外宣等重大问题，负责与有关单位协调，向党中央、国务院报告情况并提出建议
农业部	1. 承担农业防灾减灾的责任，监测、发布农业灾情。 2. 监测分析农业和农村经济运行，开展相关农业统计的工作
商务部	1. 研究经济全球化、区域经济合作、现代流通方式的发展趋势和流通体制改革并提出建议。 2. 监测分析市场运行、商品供求状况，调查分析商品价格信息，进行预测预警和信息引导
海洋局	1. 负责组织编制并监督实施海洋功能区划，组织拟定并监督实施海域使用管理制度，组织开展海岸线和沿海省际间海域界线勘定工作，组织起草专属经济区和大陆架人工岛屿、设施和结构的建造、使用管理办法并监督实施。 2. 制定海洋环境监测监视和评价规范并组织实施，发布海洋环境信息，承担海洋生态损害国家索赔工作，组织开展海洋领域应对气候变化相关工作。 3. 负责拟定海洋观测预报和海洋灾害警报制度并监督实施，组织编制并实施海洋观测网规划，发布海洋预报、海洋灾害警报和公报，建设海洋环境安全保障体系，参与重大海洋灾害应急处置
林业局	1. 负责全国林业及其生态建设的监督管理；拟定林业及其生态建设的方针政策、发展战略、中长期规划和起草相关法律法规并监督实施。 2. 组织开展森林资源、陆生野生动植物资源、湿地和荒漠的调查、动态监测和评估，并统一发布相关信息；组织、指导沙尘暴灾害预测预报和应急处置
住建部	拟定适合国情的住房政策，指导住房建设和住房制度改革
气象局	1. 组织气象灾害监测预警及信息发布系统建设，负责气象灾害监测预警和信息发布；承担国家重大突发公共事件预警信息发布工作；组织气象灾害风险普查、风险区划和风险评估工作。 2. 组织论证审查大气环境影响评价
地震局	1. 指导全国地震灾害预测和预防，管理全国地震监测预报工作。 2. 对地震震情和灾情进行速报，组织地震灾害调查与损失评估。 3. 向国务院提出对破坏性地震做出快速反应的措施建议
粮食局	1. 研究提出全国粮食宏观调控、总量平衡以及粮食流通的中长期规划、进出口总量计划和收储、动用中央储备粮的建议，拟定粮食流通体制改革方案并组织实施，推动国有粮食企业改革，研究提出现代粮食流通产业发展战略的建议

续表

部门	“三定”职能
粮食局	2. 承担粮食监测预警和应急责任，负责全国粮食流通宏观调控的具体工作，研究提出粮食最低收购价原则的建议，指导协调最低收购价粮食等政策性粮食购销和粮食产销合作
卫计委	1. 组织监测计划生育发展动态，提出发布计划生育安全预警预报信息建议。 2. 依法组织实施统计调查，参与国家人口基础信息库建设
银监会	1. 分析、评价银行业金融机构的风险状况。 2. 负责统一编制全国银行业金融机构的统计数据、报表，并按照国家有关规定予以公布
质检总局	负责质量监督检验检疫情报信息的收集、分析、整理，提供信息指导和咨询服务
宗教局	研究宗教理论和国内外宗教现状，负责宗教动态和信息的汇总、分析，提出处理宗教领域问题的政策建议
能源局	1. 负责能源预测预警，发布能源信息，参与能源运行调节和应急保障。 2. 拟定国家石油、天然气储备规划和政策并实施管理，监测国内外石油市场供求变化
税务总局	1. 参与研究宏观经济政策、中央与地方的税权划分并提出完善分税制的建议。 2. 研究税负总水平，提出运用税收手段进行宏观调控的建议
中国人民银行	1. 拟定金融业改革和发展战略规划，承担综合研究并协调解决金融运行中的重大问题、促进金融业协调健康发展的责任，参与评估重大金融并购活动对国家金融安全的影响并提出政策建议，促进金融业有序开放。 2. 完善金融宏观调控体系，负责防范、化解系统性金融风险，维护国家金融稳定与安全。 3. 负责制定和实施人民币汇率政策，维护国际收支平衡。 4. 负责对国际金融市场的跟踪监测和风险预警，监测和管理跨境资本流动，持有、管理和经营国家外汇储备和黄金储备
审计署	组织实施对国家财经法律、法规、规章、政策和宏观调控措施执行情况、财政预算管理或国有资产管理使用等与国家财政收支有关的特定事项进行专项审计调查
检察院	对国家机关工作人员职务犯罪预防工作进行研究，并提出职务犯罪的预防对策和检察建议
中组部	1. 负责在党的基层组织建设、党员教育管理、党员发展、党费管理、党的工作制度、党内生活制度等方面进行指导、组织、管理，并提出意见建议等。 2. 负责领导班子和干部队伍建设(公务员队伍建设)的宏观管理。 3. 负责全国人才工作和人才队伍建设宏观管理、政策法规研究制定。 4. 负责对领导班子和领导干部、党政领导干部选拔任用工作及有关法规贯彻执行情况进行监督

续表

部门	“三定”职能
监察部	检查国家行政机关在遵守和执行法律、法规和人民政府的决定、命令中的问题
中国科学院	1. 负责对国家科学技术发展规划、计划和重大科学技术决策提供咨询。 2. 对国家经济建设和社会发展中的重大科学技术问题提出研究报告，对学科发展战略和中长期目标提出建议，对重要研究领域和研究机构的学术问题进行评议和指导
中国工程院	1. 组织研究、讨论工程科学技术领域的重大、关键性问题，结合国民经济和社会发展规划、计划，对工程科学技术的发展与应用提出报告和建议。 2. 对国家重要工程科学技术问题组织开展战略性研究、提供决策咨询，接受政府和有关方面委托，对重大工程科学技术发展规划、计划、方案及其实施提供咨询。 3. 组织开展工程科学技术领域的学术交流与合作
中国社科院	1. 根据我国国情和经济、社会发展战略以及国际学术发展动向，制定本院科研规划；负责组织重大问题的调研，组织院属单位承担并完成国家重点科研项目。 2. 向党中央和国务院报送学术研究和思想理论方面的重要信息，反映学术界动态，报送本院重要研究成果、对策性建议等

例如，国家发展改革委要“研究分析国内外经济形势和发展情况，进行宏观经济的预测、预警，提出宏观调控政策建议”；国土资源部要“开展国土资源经济形势分析，提出国土资源供需总量平衡政策建议，参与国家宏观经济运行、区域协调、城乡统筹的研究并拟定涉及国土资源的调控政策和措施”；中国社科院要“对国家经济建设和社会发展中的重大科学技术问题提出研究报告”；等等。当前，资源、环境、经济各领域的监测成果已成为我国国情研究的重要力量。但是，多种国情要素在地理空间上的分布状况、变化规律、相互作用、相互影响的内容关系研究仍较少。为此，测绘地理信息部门落实《国务院关于加强测绘工作的意见》中“测绘是准确掌握国情国力、提高管理决策水平的重要手段”相关要求，促进地理国情监测所形成的成果与有关部门的国情研究成果一起为国家和地方管理决策提供咨询参考。这也是近几年测绘地理信息部门参与资源环境承载能力监测评估、空间性规划“多规合一”等国家重大改革创新工作的理论依据。

受传统工作方式与工作机制的局限，地理国情监测成为政府宏观决策管理工作的组成仍是个渐进的过程。其作为一项正在培育的新型测绘地理信息业务，在长期的彰显作用、扩大影响、积累口碑的基础上，逐步提高政府和公众对其的认知度、认同度和参与协同度，形成常态化的监测能力，逐步融入政府宏观决策管理的各项具体业务中，并经常性发挥作用，从而树立起测绘地理信息部门地理国情监测的工作品牌。

五、地理国情监测与基础测绘和相关资源环境监测的关系

(一)地理国情监测来源于基础测绘

地理国情监测与基础测绘是我国测绘地理信息的两大重点业务。两项工作各有侧重，基础测绘是地理国情监测的基础，地理国情监测是基础测绘的延展与深化。

1. 概念与意义

2002 年 12 月 1 日施行的《测绘法》给予了基础测绘明确的规定：基础测绘是指建立全国统一的测绘基准和测绘系统，进行基础航空摄影，获取基础地理信息的遥感资料，测制和更新国家基本比例尺地图、影像图和数字化产品，建立、更新基础地理信息系统。

地理国情监测是新时期党中央国务院赋予测绘地理信息部门的重要使命。开展地理国情监测，持续、全面掌握权威、客观、准确、动态的地理国情信息。国务院第一次全国地理国情普查领导小组办公室文件指出：地理国情监测是指综合利用全球导航定位技术、航空航天遥感技术、地理信息系统技术等现代测绘技术，综合各时期已有测绘成果档案，对地形、水系、湿地、冰川、沙漠、地表形态、地表覆盖、道路、城镇等要素进行动态和定量化、空间化的监测，并统计分析其变化量、变化频率、分布特征、地域差异、变化趋势等，形成反映各类资源、环境、生态、经济要素的空间分布及其发展变化规律的监测数据、地图图形和研究

报告等，从地理空间的角度客观、综合展示国情国力[1]。

根据以上基础测绘与地理国情监测的概念对比可以判断，地理国情监测是基础测绘工作的延伸与扩展。当前，社会经济发展的管理决策需要及时掌握地表变化特征信息，而基础测绘工作周期相对较长，已经不能及时满足管理决策的实际需求。地理国情监测重点在于动态与静态相结合，重点在于监测"空间变化"并掌握"动态趋势"，观测地理国情要素的变化特征与规律，并对监测结果进行评价，分析与资源环境及社会经济的影响从而为管理决策提供依据。

2. 监测任务与内容

基础测绘的主要任务是国家基础地理信息数据库及国家基本比例尺地图的维护和更新。因基础测绘是一项法定任务，已纳入年度预算，其任务来源相对稳定，内容也较为固定，不易发生变化。

根据国务院 2013 年 2 月 28 日印发的《国务院关于开展第一次全国地理国情普查的通知》（国发〔2013〕9 号）及相关资料，地理国情监测的任务主要由普查、综合监测、专题监测三部分组成。尤其是专题性地理国情监测要紧密围绕国土空间开发利用、资源环境及生态管理、空间规划编制与实施、区域协调发展战略、重大自然灾害防治等方面的重大战略和重大工程建设，更符合社会经济发展、生态文明建设、政府与百姓民生等方面的实际需求，监测内容可以适当扩展或调整。因此，地理国情监测的内容比基础测绘的内容更为灵活，任务来源也更加广泛。

3. 组织与队伍

基础测绘：目前，从横向上划分，测绘行政主管部门负责管理陆地国土的基础测绘工作，军队测绘主管部门负责管理海洋国土的基础测绘工作[2]，军地双方各自为政、分割管理的局面不利于基础测绘的长远

① 国务院：《基础测绘条例》，2009。

② 阮于洲：《加快基础测绘能力建设》，引自《中国测绘学会 2010 年学术年会论文集》。

发展。从纵向上划分，我国对基础测绘实行分级管理，各级基础测绘任务主要根据基础地理信息空间尺度进行划分，统筹协调不够统一。

地理国情监测：因测绘部门拥有一支分布广、技术精、装备较好的基础测绘队伍，为开展地理国情监测提供了有力的人才队伍支撑。地理国情监测任务来源范围广，涉及的专业宽泛，若完全套用基础测绘人才队伍，不能适应地理国情监测任务需求的灵活性变化。需要将基础测绘的组织队伍与地理国情监测的组织队伍相融合，一方面可以完成固定的基础测绘任务，另一方面可以对不同部门提出的地理国情监测需求给予及时的响应，形成常态化的监测服务机制。

4. 成果服务与应用

成果服务与应用是能体现基础测绘与地理国情监测之间显著区别的重要方面之一。基础测绘服务内容主要是比较固定地控制测量成果、航空遥感成果和系列标准比例尺纸质地形图等，服务方式多是现场服务，服务对象主要限于专业部门。

地理国情监测作为一项新兴业务，主要特点就是按需测绘。当前，社会各行各业对测绘地理信息的需求日益迫切，对测绘地理信息成果提供的时间、类型、标准、内容等要求愈来愈丰富及个性化。而基础测绘的成果服务模式较为静态与稳定，尚不能及时响应来自不同行业、部门的多样化需求。因此，地理国情监测可提供需求者所需的基础测绘无法满足的成果服务。近年来，测绘地理信息部门逐步实现了从地图和地理信息数据生产者到地理信息服务提供者的重大转变，提供常态化、个性化服务也是在供给侧结构性改革中测绘地理信息部门的重大转型与任务。

（二）地理国情监测是资源环境监测的基础性工作

1. 资源环境监测

资源的概念广阔而复杂，资源被划分为自然资源、人力资源和加工资源三种类型[①]，在本书中我们主要探讨自然资源。从地理学角度看，自然资源是指存在于自然环境中可以被人类所利用，并能给人类带来利益的地理要素以及这些要素相互作用的产物，即阳光、空气、水、土地、森林、草原、动物、矿藏等。《地学辞典》给予自然资源的定义为“人类可以直接获得并用于生产和生活的天然存在的自然物，如土地资源、气候资源、水资源、生物资源、矿物资源等”[②]。

通过理解自然资源的概念，进而深入了解资源环境的内涵。2015年1月1日施行的《环境保护法》明确了环境的概念，即影响人类生存和发展的各种天然的和经过人工改造的自然因素的总体，包括大气、水、海洋、土地、矿藏、森林、草原、湿地、野生生物、自然遗迹、人文遗迹、自然保护区、风景名胜区、城市和乡村等。资源和环境是一个事物的两个侧面，两者之间不存在截然区分的界限。

资源的重要作用，在于能为生产生活所用，并带来一定的经济收益。近年来，我国人口、资源与环境三者之间的矛盾已成为社会经济发展的瓶颈。自然资源逐渐短缺、环境问题愈发严重等问题，直接导致资源进口量加大、成本增加等，因此对资源环境监测提出了迫切需求。监测是对一种对象动态和静态的监视和测定。环境监测是为了特定目的，按照预先设计的时间和空间，用可以比较的环境信息和资料收集方法，间断或连续地观察、测定、分析一种或多种环境要素或指标变化及对环境影响的过程。自然资源监测是调和人口、资源与环境之间关系的重要方法与手段。跟踪土地资源、水资源、生物资源、矿产资源等资源属性特征、分布规律及消耗情况，及时评估其对经济效益的影响，为社会经济、资源环境之间的可持续发展提供技术支持及保障。通过资源环境监测，可以实时掌握资源环境的变化状态与规律特征，是开展资

① 彼得·蒙德尔，等：《经济学解说》，胡代光，等，译，经济科学出版社，2000。

② 邓绶林：《地学辞典》，河北教育出版社，1992。

源环境保护、保障资源环境可持续的重要手段。

近年来，众多专家、学者围绕资源环境承载力、资源环境容量、资源环境监测等方面开展了大量的研究探讨，但是鲜有研究将资源环境监测与地理国情监测联系起来。

2. 地理国情监测与资源环境监测的关系分析

1）监测目的分析

地理国情监测的重点是从地理空间入手，研究资源环境在空间上的规律，探讨合理布局，协助追求资源环境可持续的发展目标。

资源环境监测从经济发展角度对资源、环境、社会的关系进行观测与评价分析，为资源管理、实施资源环境保护政策、防灾减灾、国防军事、百姓民生等提供依据，以达到缓解人口、资源、环境及经济之间的冲突与矛盾的目的。如水资源监测是实施最严格水资源管理制度的基础，目的是保护水资源，改善水环境，保障水安全；森林资源监测制度是我国森林资源管理的基本制度之一，目的是为制定和调整林业方针、政策、规划、设计等提供依据，为评估林业建设成效、考核干部任期目标等提供依据；海洋资源监测是海洋环境预测预报、防灾减灾的基础，是保护海洋环境的关键，为海洋资源利用和海洋综合管理提供前提，为沿海地区经济与社会可持续发展提供对策建议，为海洋军事活动提供重要保障；矿产资源监测有助于掌握矿产资源储量与开发情况，为合理进行矿产开发利用提供依据。

因此从监测目的上分析，无论是地理国情监测还是资源环境监测，都是基础性、公益性工作，二者目的是相似的，都是为监测对象现状的掌握、规律的了解、趋势的把握、决策的制定提供保障依据。

2）监测内容和要素分析

自然资源具有时间维度与空间维度的属性，资源要素属性的空间位置与分布、空间关系监测为资源监测中的一项内容，包含在资源环境监测之中但不仅限于此。在资源环境监测中，监测对象为各资源环境因子。重点在于监测资源要素的属性特征，其空间性属性特征只是监测的一个方面。以森林资源监测、水资源监测、海洋资源监测、矿产资源监测为例，不同的资源监测包含的监测要素大有不同（见表 3-3）。

表 3-3　各类资源环境监测的内容和要素①

资源监测	监测内容	监测要素	利用测绘地理信息手段可监测的内容-专题性监测
水资源监测	地表水资源	水质、水位、水量	水资源水环境变化位置信息、变化类型信息、变化数量质量信息
	地下水资源		
森林资源监测	全国森林资源连续清查（简称一类清查）	森林资源现状（各类森林面积、蓄积及其生长量）； 森林资源消耗量及其消耗结构； 造林保存率和新成林面积； 预测森林资源发展趋势	地理空间因子，如地理坐标、地形地貌、海拔等
	森林资源规划设计调查（简称二类调查）		
	森林资源作业设计调查（简称三类调查）		
	森林资源状况年度核查调查（简称年度核查调查）		
海洋资源监测	可再生资源与不可再生资源	生物、矿产、旅游、港口交通、动力能源、盐业和化学等的监测与调查	对海洋环境常规要素、海岸变异、海冰、溢油、赤潮、洪水入海等影响范围等实施监测
矿产资源监测	矿产储量监测	×	矿区位置、范围、矿产储量等
	矿产开发监测		
地理国情监测	自然地理要素监测	地形、水系、湿地、冰川、沙漠、地表形态、地表覆盖、道路、城镇等	×
	人文地理要素监测		
	专题地理要素监测		

通过比较可以看出，虽然自然资源监测与地理国情监测都着重于"动态变化"，但彼此各有侧重。资源环境监测侧重于通过开展资源要

① 水资源监测信息来源于国家水资源监控能力建设项目办公室 2012 年发布的《国家水资源监控能力建设项目标准》（SZY 201—2012）；森林资源监测信息来源于林业部《关于建立全国森林资源监测体系有关问题的决定》（林资字〔1989〕41 号）；海洋资源监测信息来源于国家质量监督检验检疫局和国家标准化管理委员会 2007 年发布的《海洋监测规范　第 1 部分：总则》（GB 17378.1—2007）。

素的“属性特征”监测，从而动态掌握资源的基本现状及变化趋势，服务于资源保护，准确地评价和预测各种资源对全球变化和环境污染的动态反应。地理国情监测侧重于要素“地理空间”的动态和定量化监测，掌握空间变化特征与规律，从而为资源要素的开发、保护等提供依据。两者最大的不同，体现在要素“空间性”监测上。

在资源环境监测中，对资源要素空间性变化的了解相对不足，不利于对资源环境信息的完整掌握。因此地理国情监测可为资源环境监测提供及时、可靠、直观的空间信息，从而补齐资源环境监测在要素的空间属性上的短板与不足。因此可以说，地理国情监测是资源环境监测的基础性工作。

3)监测方法和手段分析

资源环境监测是在一定时间、范围内，通过各种技术手段，对资源环境进行动态的、持续性调查、统计、分析及评价。在不同资源的监测过程中，采取不同种方式方法(见表 3-4)。

表 3-4 资源监测的方法和技术手段

资源监测	监测方法和技术手段
水资源监测	基于实验室常规监测，通过设置断面，监测站定时定点顺势取样，进行现场测定或带回实验室分析
森林资源监测	常规固定样地调查、遥感判读样地调查、社会调查、专项调查试点；抽样技术、模型技术、实验技术、信息技术等
海洋资源监测	卫星遥感、航空遥感、船舶监测、浮标监测、岸基站监测、实验室分析检测等
矿产资源监测	遥感监测技术、地理信息系统技术、三维激光扫描技术、GNSS-RTK 技术、虚拟仪器(LabVIEW)技术、微震监测技术等

4)组织管理和队伍分析

我国开展资源环境监测已有多年，部分资源环境监测已建立完善的监测体系，配套的制度相对较成熟。但是与此同时，虽然各自都在逐步走向成熟，却因各自专业的局限性，使其在组织管理、人才队伍上存在一定的缺失性，阻碍了自然资源监测的良性发展。

水资源监测：我国政府提出了“试行最严格的水资源管理制度”，建立用水总量控制制度、用水效率控制制度、水功能区限制纳污制度、水资源管理责任和考核制度等四项制度，并确立水资源开发利用总量控制红线、用水效率控制红线、水功能区限制纳污红线的“三条红线”。我国现用的水文站监测网主要始建于20世纪50—80年代，布设目的与现在根据分配到各行政区的水量按行政区进行考核管理的目的不同，并且没有经过统一的布局与规划，使得流域、省级、上下游等方面之间的协调、沟通与确认都不到位，组织管理体系现状尚不能支撑实施最严格的水资源管理制度量化考核需求。另外，水资源监测任务日益繁重与监测人员不足的矛盾更加突出，多个省份的各级水资源监测分中心检测人员偏少，缺少应用高新技术方面的人才。

森林资源监测：我国森林资源监测体系较为成熟。全国森林资源监测体系由国家森林资源监测、地方森林资源监测和资源信息通信与管理系统组成。其中，国家森林资源监测是以省（自治区、直辖市）为单位的森林资源连续清查和年度资源监测组成，地方森林资源监测是以县（林业局、自然保护区、场）为单位的资源监测。在20世纪80年代，我国已形成了全国森林资源清查（一类清查）、森林资源规划设计调查（二类调查）和森林资源作业设计调查（三类调查）的森林监测体系，并在原林业部四个直属调查规划院设立了东北、华东、西北、中南四个覆盖全国的区域森林资源监测中心。分工较为明确，任务划分较为合理。

海洋资源监测：目前，我国涉及海洋监测的部门、单位、机构较多，除国家海洋局外，环保部、农业部、水利部、科技部、中科院、交通部、气象局、海军、一些大专院校、沿海地方政府有关部门以及海洋工程部门都或多或少地开展着与海洋相关的监测、调查或研究活动。因多个部门同时都涉及海洋监测的业务，其规划制度、技术标准、人才队伍等不统一，存在着重复监测、矛盾规划等问题。

矿产资源监测：近年来，我国的采矿业发展迅速，许多小型矿山如同雨后春笋般发展起来。目前绝大部分小型矿山以及部分中型以上的矿山企业没有地测机构，缺少地测技术人员，无法进行矿山地质测量，只能根据矿石产量估算消耗储量，填报矿产储量表，在矿产资源监测管理等方面不到位；而部分大中型国有矿山由于企业改制，也出现了资源储量管理弱化等问题。

地理国情监测：地理国情监测是新时期测绘地理信息事业转型升级中的重大任务，因起步较晚，制度体系尚不健全，在法律法规、财政预算、机构职能、规划计划等方面尚有缺失。

5)成果和服务对象分析

自然资源监测各自有各自较强的专业性，其成果广泛投放给需要的专业部门。

水资源监测：为化工、火电、造纸、医药、水利、服务业、纺织、冶金等多个行业提供水资源监测技术服务。

森林资源监测：监测成果包括监测过程中获得的数据、影像等。对森林资源进行监测，能够及时更新森林资源调查数据，建立森林资源档案，为林业部门开展经营管理、重点林业工程建设、森林保护、公益服务、生态建设活动和林业科学研究工作等提供服务。

海洋资源监测：监测成果包括监测过程中获得的数据、图件、影像等，在海洋资源开发、空间利用、工程建设、军事安全、权益维护、综合管理、公益服务以及海洋科学研究等工作中，具有综合的、多方面的使用价值。

矿产资源监测：指导资源合理利用、矿业投资、安全生产和其他有关方面。

政务类地理国情监测成果主要面向政府部门，针对各部门不同要素、不同专题的需求，提供有针对性的产品和服务：①通过提供宏观性的地理国情监测数据，为有关部门决策起到辅助作用；②经过不断积累经验和完善相关制度，对有关部门执行法律法规、政策规划的情况进行有效监督，提高各部门的自我约束能力。

(三)加强地理国情监测与相关资源环境监测的融合

通过分析地理国情监测与自然资源环境监测的关系和区别，发现其间存在可以相互融通、结合的切入点。

一是在技术手段上融入地理国情监测的方式方法。自然资源监测都存在各自专业性较强的监测手段和技术方法，把地理国情监测的方法作为自然资源监测中的一部分予以采纳，将地理国情监测的技术手段与自然资源监测的技术手段相融合，使其提高分析和测量的精度，在信息采集、传输、存储、处理、发布等方面提供更加及时可靠的服务保障。

二是积极提升服务能力，实行动态监测和管理。制定统一的监测规划，尽量避免重复监测的浪费。

三是加强监测成果管理，建立信息共享机制。地理国情监测和各类自然资源监测都会产生众多的监测资料和成果，加强成果的管理，建立共享平台和机制，保证监测资料的统一管理，以避免重复监测，造成资源的浪费和成本的损失。

第四章　地理国情监测在测绘地理信息服务格局中的定位

一、测绘地理信息服务的发展历程

随着我国经济社会发展水平的快速提高，测绘地理信息服务能力也快速增强，服务质量大幅改善，服务水平显著提高。这种进步和提高表现出了其发展的阶段性，测绘地理信息服务发展可分为三个大的阶段，每一个阶段都有其明显的特征：第一个阶段主要提供基础测绘单一化服务；第二个阶段是基础测绘服务与市场化服务并驾齐驱；第三个阶段是地理国情监测等新型测绘地理信息服务的兴起，测绘地理信息服务呈现多元化发展趋势。测绘地理信息部门也从为经济社会发展提供坚实保障转变为全面参与经济社会发展主战场，服务的内容、形式更加多样化，服务的对象、范围更加广泛化。

（一）测绘地理信息服务的内涵

1. 测绘服务的内涵

测绘服务是指通过测绘活动提供相关地理信息的服务。国家统计局发布的《国民经济行业分类》(GB/T 4754—2011)①中，测绘服务被归于“M科学研究和技术服务业—74 专业技术服务业—744—7440 测绘服务”中。在“统计用产品分类目录”中进一步对测绘服务进行了具体的列举，其代码为 7604010000～7604990000，分别为大地测量服务、测绘航空摄影服务、摄影测量与遥感服务、工程测量服务、地籍测绘服务、房产测

① 参见国家统计局官网。

绘服务、行政区域界线测绘服务、地理信息系统工程服务、地图编制服务、海洋测绘服务、航道测绘服务、导航及位置服务及其他测绘服务共 13 项。其中，工程测量服务又包含：房屋建筑工程测量服务，道路、桥梁、隧道工程测量服务，工矿工程测量服务，水利、港口工程测量服务，管道、架线工程测量服务，建筑安装工程测量服务，其他工程测量服务。

根据《中华人民共和国国家职业分类大典》(2015 年版)对测绘地理信息职业的分类，测绘服务主要包括大地测量、摄影测量、地图绘制、工程测量、不动产测绘、海洋测绘、无人机测绘操控 7 类(见表 4-1)，另外，在测绘和地理信息工程技术人员这一类中也包括了工程技术类的相应测绘服务，增加了导航与位置服务这一类。

表 4-1 测绘和地理信息职业分类体系①

类别	职业	包含工种
测绘和地理信息工程技术人员	大地测量工程技术人员	×
	工程测量工程技术人员	×
	摄影测量与遥感工程技术人员	×
	地图制图工程技术人员	×
	海洋测绘工程技术人员	×
	地理国情监测工程技术人员	×
	地理信息系统工程技术人员	×
	导航与位置服务工程技术人员	×
	地质测绘工程技术人员	×
测绘服务人员	大地测量员	×
	摄影测量员	×
	地图绘制员	×
	工程测量员	地质测量员、矿山测量员
	不动产测量员	地籍测绘员、房产测量员、行政区域界线测绘员
	海洋测量员	×
	无人机测绘操控员	×

① 《中华人民共和国国家职业分类大典》(2015 年版)，中国劳动社会保障出版社。

续表

类别	职业	包含工种
地理信息服务人员	地理信息采集员	实景地理信息采集员、多维地理信息采集员、关注点(POI)地理信息采集员、地理国情信息调查员
	地理信息处理员	地理信息建库员、地理信息建模员、地理信息工程操控员、导航地理信息制作员、地理国情处理员
	地理信息应用作业员	导航与位置服务作业员、互联网地图服务作业员、地理国情统计分析员

《国民经济行业分类》(GB/T 4754—2011)和《中华人民共和国国家职业分类大典》(2015年版)对测绘服务的列举大同小异。但前者从服务的角度,对某些服务进行了进一步的细分,比如工程测量服务。后者从职业的角度,将房产、地籍、行政区域界线测绘统称为不动产测绘,并将无人机测绘操控服务单独称为一类。

从技术的角度看,测绘活动和测绘服务的内涵随着技术的不断发展呈现出了一些新变化。主要有以下四个方面:①测绘对象从静态的地球表面向动态的地球表层甚至地球以外的空间发展;②测绘需求结构从单一的地图需求向知识化、多元化地理信息需求发展,测绘机构逐步从地图生产者向地理信息服务者的角色转变;③测绘技术从传统测绘技术体系向以卫星导航定位、遥感和地理信息系统为代表的现代测绘技术体系发展;④由于测绘对象的扩展、需求结构的变化以及测绘技术的发展等影响,测绘业务也从单纯地图生产向地理信息服务发展。

2. 地理信息服务的内涵

地理信息服务(Geographic Information Service)能查到的最早见于文献的概念是由 Oliver Gunther 和 Rudolf Muller 提出的[①]。他们认为为了吸引更多潜在的用户,提高地理信息系统的利用率,可以建立一

① 参见360百科。

种面向服务的商业模式，用户可以通过互联网按需获得和使用地理数据和计算服务，如地图服务、空间数据格式转换等。《国务院办公厅关于促进地理信息产业发展的意见》（国办发〔2014〕2 号）中对地理信息产业进行了说明："地理信息产业是以现代测绘和地理信息系统、遥感、卫星导航定位等技术为基础，以地理信息开发利用为核心，从事地理信息获取、处理、应用的高技术服务业。"此定义是从产业的角度进行的定义，从服务的角度，这个定义实质上反映了地理信息服务的内涵。

《国民经济行业分类》（GB/T 4754—2011）中，地理信息服务归在测绘服务大类中；而《中华人民共和国国家职业分类大典》（2015 年版）中，地理信息服务人员作为单独一大类，主要包括地理信息采集、地理信息处理、地理信息应用作业三大类，又细分为多维地理信息采集员、实景地理信息采集员、关注点（POI）地理信息采集员、地理国情信息调查员、地理信息建库员、地理信息建模员、地理信息工程操控员、导航地理信息制作员、地理国情处理员、导航与位置服务作业员、互联网地图服务作业员、地理国情统计分析员等（见表 4-1）。后者对地理信息服务进行了更多的细分，并将新兴的地理国情监测服务纳入了进来，更加具体。

本书所提到的地理信息服务，是从广义的角度来进行的理解：一是作为辅助用户进行行为决策，将地理信息转化为辅助用户进行行为决策的工具；二是服务所依托的各种技术，包括信息的获取、处理、传输、接收和表现等；三是通过何种手段和方式向用户提供地理信息服务的问题，也就是服务模式；四是向谁提供服务以及提供何种服务的问题；五是为地理信息企业提供的政策分析、市场分析、用户需求分析、运营分析等咨询服务。

3. 测绘地理信息服务的内涵

测绘地理信息服务是测绘服务和地理信息服务的总和。《中华人民共和国国家职业分类大典》(2015 年版)从职业的角度全面、细致地对测绘地理信息服务人员进行了分类和汇总,分为 3 个类别 19 个职业 17 个工种(见表 4-1)。

本书所讨论的测绘地理信息服务主要从广义的角度来考虑。利用测绘仪器和地理信息技术,从事地理信息资源的开发与服务,都可以称为测绘地理信息服务。从提供的主体来看,测绘地理信息服务可分为公益性测绘地理信息服务和市场化测绘地理信息服务,后者又可称为地理信息产业。因此,表 4-1 所列举的测绘人员所从事的测绘地理信息活动都属于测绘地理信息服务。测绘地理信息服务的内涵和外延随着技术条件的变化在不断变化,大致形成了三个发展阶段。

(二)单一服务阶段

1956—2000 年,测绘地理信息服务处于单一业务时期。实际上,1992 年中国四维技术总公司的成立已标志着市场化服务的萌芽。但因为之后一段时间市场化服务处于起步期,规模较小。直到 2000 年前后,地理信息产业有初步规模,并开始快速发展。

1956 年前,测绘主要为军事斗争服务,测绘工作为军事工作。测绘地理信息服务领域非常有限,内容单一。1956 年,国家测绘局建局,测绘开始为经济建设服务。测绘工作成为经济社会建设的重要组成部分,但此时向经济建设提供的服务产品大多仍来自军事测绘工作。之后,地方测绘因为有了机构和队伍,业务迅速发展,服务能力迅速提高。从测绘地理信息部门历年来编制的相关规划可以看出测绘地理信息服务的演变。从表 4-2 可看到,最早的规划是 1957 年,规划内容主要针对具体的工程,侧重对技术做相关规定,主要是一种微观规划,编得较细。之后,测绘规划开始转向宏观,开始从事业发展的全局来进行总体设想。

表 4-2 测绘地理信息部门相关规划(1957—2015 年)

规划名称	制定时间/年	规划期/年	印发机关
《第一期施测计划(1957—1960 年)》	1957	1957—1960	国家测绘总局
《1958—1967 年全国测绘远景规划》	1958	1958—1967	国家测绘总局
《第二期测图规划的方针和布局》	1960	1960—1967	国家测绘总局
《测绘事业第三个五年计划纲要和 15 年(1966—1980 年)远景设想》	1965	1966—1980	国家测绘总局
《测绘工作十年(1976—1985 年)规划纲要》	1974	1976—1985	国家测绘总局
《"七五"测绘事业发展计划》	1986	1986—1990	国家测绘局
《测绘事业"八五"计划和十年(1991—2000 年)规划设想要点》	1990	1991—2000	国家测绘局
《国家测绘局事业发展"九五"计划和 2010 年远景目标纲要》	1996	1995—2010	国家测绘局
《测绘事业发展第十个五年计划纲要》	2001	2001—2005	国家测绘局
《测绘事业发展第十一个五年规划纲要》	2006	2006—2010	国家测绘局
《全国基础测绘中长期规划纲要》	2006	2006—2020	国务院
《测绘地理信息"十二五"总体规划纲要》	2011	2011—2015	国家测绘地理信息局
《全国基础测绘"十二五"规划》	2011	2011—2015	国家测绘地理信息局等 9 部门
《全国基础测绘中长期规划纲要(2015—2030 年)》	2015	2015—2030	国家测绘地理信息局

1997 年,国家测绘局总结了 40 多年测绘工作经验与教训,将相关内容纳入基础测绘中,接着,与原国家计委商量,将基础测绘纳入国民经济和社会发展年度计划进行管理,从而使基础测绘成为政府部门正式的行政工作,确立了基础测绘重要的业务地位。与此同时,与目前内涵一致的"基础测绘"一词开始出现,这在当时实际上也是测绘工作的全部。这是我国测绘事业发展史上的一个里程碑,标志着基础测绘工作在国民经济和社会发展进程中具有明显的基础性地位,对促进测绘事业的持续健康发展具有十分重要的意义。

(三)二元化服务阶段

2000—2010 年,是测绘地理信息服务发展的第二个阶段。这个阶段的最大特征是,测绘地理信息服务顺应改革开放的大形势,由单一化业务向二元化业务格局发展，地理信息产业快速发展。

21世纪初，我国信息技术飞速发展，测绘地理信息技术在融合相关技术后也得到快速发展，包括遥感技术、卫星导航技术和信息技术的融合。另外，随着改革开放步伐的加快，市场经济在各个领域开花结果，共同推动我国经济的快速稳定发展。在这种大形势之下，测绘地理信息领域的市场化需求越来越强烈。通过检索相关文献可知，“地理信息产业”一词最早公开出现是在1990年国家测绘科技情报研究所的唐棣发表的《空间技术和测绘行业的发展》一文中①。1993年1月22日的《中国测绘报》上刊登了1992年中国测绘10大新闻，其中的第七条是：“我国测绘工作被纳入国家加快发展的第三产业中的地理信息产业。”然而，由于测绘脱胎于军事领域，地理信息中有一部分涉及国家安全，是否可以进行市场化成为一个政策难题。直到1996年11月，在国家测绘局建局40周年之际，江泽民作了“加强测绘工作，发展地理信息产业”的题词。自此，“地理信息产业”一词开始在政府有关文件和研究报告中广泛使用。之后，在国家测绘局组织的第一轮测绘发展战略研究中，设立了地理信息产业发展战略研究专题，对地理信息产业的内涵和特点，现状与趋势，地位和作用，战略思想、战略目标、重点任务和战略对策等进行了深入研究②。这次战略研究对地理信息产业的相关问题取得了重要突破。

之后，地理信息产业在市场化的春风中快速发展起来。这可以从测绘部门“十五”计划到“十二五”规划的内容中得到充分体现。因为地理信息产业的快速发展，在经济社会发展中越来越重要，也需要政府加强这方面的宏观调控，维护良好的市场环境。规划编制指导范围发生了较为明显的变化，从系统内逐步扩大到全行业。“十五”计划中，产业

---

① 唐棣：《空间技术和测绘行业的发展》，载于《测绘科技动态》，发表于1990年第2期。

② 测绘发展战略研究项目组：《中国测绘事业发展战略研究报告》，测绘出版社，2005。

的内容只是作为完善测绘管理体系和运行机制的一点来阐述的，也没有出现“产业”一词，只是从市场管理的角度，突出对测绘市场的培育和规范，从测绘资格审查制度、地图市场的监督管理、重要地理信息审核发布管理、测绘产品价格机制，以及地籍、房产测绘管理等方面，突出了政府的监督管理职能。“十一五”规划中，“地理信息产业”一词正式出现，规划的目标从对市场的管理转变为推动地理信息产业健康快速发展。规划重点从管理性内容逐步向指导性转变，重点提出了地理信息增值服务需重点加强的领域以及对地理信息企业的培育。再到“十二五”规划中，地理信息产业的发展作为测绘地理信息 24 字战略方向之一，规划目标更加明确——促进地理信息产业繁荣。规划的性质从管理转为服务，体现了向服务型政府转变的方向。从提升产业整体实力、优化产业布局、完善产业发展政策三大方面进行了系统的论述。

这个时期，因为提供主体服务的不同，地理信息产业成为测绘地理信息服务中与公益性服务相对的另一极而迅速崛起，最终构成二元化格局。这一时期的公益性服务主要是以传统基础测绘为主。2002 年，《测绘法》修订，确立了基础测绘在经济社会发展中的法定地位。这一时期，由国家级、省级和省以下级基础测绘组成的完整的业务体系逐步健全。基础测绘产品类型、标准规范、技术体系、服务内容、生产组织方式等趋于成熟，对经济社会各领域提供服务的能力越来越强，效果越来越明显。相关企业发挥资本、技术、创新优势，不断推出新型业务，例如互联网地图服务、车载导航服务、各类监控服务等。

（四）多元化服务阶段

2013 年至今，是测绘地理信息多元化服务阶段。2013 年 2 月 28 日，以国务院印发的《国务院关于开展第一次全国地理国情普查的通知》（国发〔2013〕9 号）为标志，测绘地理信息服务发展进入第三个阶段。这个时期的最大特征是公益性新业务不断涌现，并朝着各自的方向拓展，呈现多元化发展格局。市场化服务因为国务院文件的印发而拥有了更好的政策环境，发展更为强劲。

2009 年，国务院要求国土资源部开展国土资源发展战略研究，国家测绘局提出了地理国情监测的设想。地理国情监测的提出是基础测绘服务的延伸，是按需测绘理念的集中体现，是服务于经济社会主战场的主要手段。2013—2016 年，开展了全国第一次地理国情普查工作，之后，地理国情监测常态化工作开始开展。在这 3 年间，全国 31 个省(自治区、直辖市)落实普查经费约 55.69 亿元，中央财政投入 127 亿元，体现了全国上下对地理国情监测这一工作的重视和认可程度。体制机制方面也取得进展，提出了“进法律”“进职责”“进规划”“进预算”的“四进”措施。2017 年 7 月实施的新《测绘法》中已将地理国情监测相关内容写入。地理国情监测也写入了《国民经济和社会发展第十三个五年规划纲要》，已列入中央财政一级常设项目，预算问题得到解决。

同时，应急测绘、航空航天遥感测绘、全球地理信息资源建设等业务的快速发展，成为测绘地理信息服务的重要组成部分。应急测绘保障经过数十年的体制机制和能力水平的不断完善和提升，“十二五”期间在重大自然灾害等突发事件处置上作用日益凸显。在四川芦山地震、天津滨海新区爆炸、陕西山阳和深圳山体滑坡等突发事件中，测绘地理信息部门充分发挥技术优势、资源优势、人才优势，能在灾害发生第一时间启动测绘地理信息应急保障预案，积极响应、紧急行动、超常运作，迅速投身于抗灾救灾应急保障服务中，被誉为“灾区上空的眼睛”。2011 年 7 月 20 日，时任国务院副总理李克强就汶川地震灾后重建测绘地理信息保障工作做出重要批示：“测绘系统开展全程全方位高质量的测绘保障工作，为灾区人民重建家园做出了特有贡献。谨向同志们表示感谢和慰问。”现在的应急测绘保障业务已经成为测绘地理信息服务的重要组成部分。

航空航天遥感测绘成为测绘地理信息发展的前沿，也逐渐成为测绘地理信息服务的重要发展方向。《测绘法》第三十条明确规定：“使用财政资金的测绘项目和使用财政资金的建设工程测绘项目，有关部门在批准立项前应当征求本级人民政府测绘行政主管部门的意见，有适宜测绘成果的，应当充分利用已有的测绘成果，避免重复测绘。”第十一条对基础测绘进行了定义：“本法所称基础测绘，是指建立全国统一的测绘基准和测绘系统，进行基础航空摄影，获取基础地理信息的遥感资料，测制和更新国家基本比例尺地图、影像图和数字化产品，建立、更新基础地理信息系统。”通过这两条可以看出，测绘地理信息部门应负责统筹全国航空航天遥感影像，负责影像的统一获取、分发和服务。近年来测绘地理信息部门加强了自主航空航天遥感影像的获取能力。2012 年 1 月 9 日，资源三号在太原发射中心成功发射升空，我国卫星测绘实现从依靠国外到自主发展的本质转变，测绘卫星实现从科学研究到业务化运行的全面升级。2016 年 5 月 30 日，资源三号 02 星顺利发射，首次实现自主民用立体测绘双星组网运行，可以更加快速地获取覆盖全国乃至全球的高分辨率立体影像和多光谱影像。目前，资源三号 03 和 04 星的立项和发射也已积极准备，届时将实现以国产高分辨率遥感卫星、北斗导航卫星为主，相关商业遥感卫星为辅的多类型、多型号卫星测绘对地观测体系，实现高分辨率遥感影像自给自足。从需求来看，自 2001 年起，对航摄影像成果的需求就越来越多，呈现不断上升趋势，尤其是 2009 年与 2008 年相比较，增长了 53%（见图 4-1）。因此，从航空航天遥感影像的职权职责划分、测绘地理信息部门的获取能力、现有需求来看，航空航天影像都不仅仅是基础测绘的一个生产环节，其作为一项独立服务的时机已经成熟。

随着我国大国地位不断彰显，参与全球国际事务不断增多，全球地理信息资源建设越来越迫切。国家“走出去”战略顺利实施迫切需要全球范围地理信息资源支持，尤其是近年来“一带一路”发展愿景、国家总体安全观等的提出，对全球范围的地理信息资源需求空前迫切。同时，

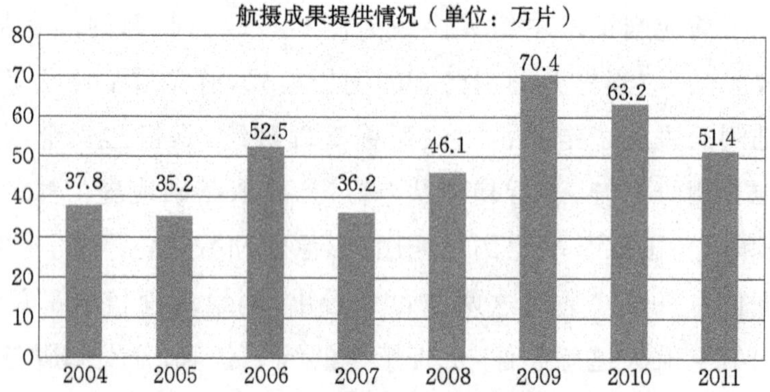

图 4-1　2004—2011 年航摄影像成果提供情况①

各行业、各领域“走出去”也急需全球地理信息资源，目前，我国企业在进行国际贸易时常常因为地理信息资源的短缺而处于不利地位。相关部门在国际河流开发、推进对外援助项目建设等方面普遍感觉缺乏地理信息资源支持，相继向国家测绘地理信息局提出加快相关工作的建议。这要求必须从维护我国利益出发，加快测绘地理信息“走出去”步伐，根据我国政治、经济、军事、外交等方面的全球战略布局，有重点、有计划地建设全球地理信息资源，增强我国在解决领土领海争端、开展边界勘界谈判、应对全球性问题和国际突发事件中的话语权。国家测绘地理信息局从 2010 年初开始，与多个部委的十几家单位合作，历时 4 年，开展了全球地表覆盖遥感制图关键技术研究项目，在世界上首次研制完成了 2000 年和 2010 年 2 个时期 30 米分辨率的全球地表覆盖数据产品，并构建了全球首个高分辨率地表覆盖信息服务平台。这是良好的基础，也是获取更高分辨率地理信息的开始。2016 年，全球地理信息资源建设项目已经启动，此项目是以我国自主的高分辨率遥感卫星、全球高精度无控制测图与地理信息服务、北斗卫星导航定位技术与系统为支撑，建立全链条全球地理信息数据采集、管理、在线服务“互

① 2011 年后，航摄成果计量单位改为“平方千米”，故无法继续进行比较，但总体增长趋势仍不变。

联网＋新型基础测绘”信息化测绘技术体系，生产多时相、多尺度、多分辨率全球地理空间数据产品，提供全球高精度地理信息综合服务，显著提升我国掌握全球资源布局、制定可持续发展决策的能力，为实施“一带一路”倡议、维护国家主权与国家安全提供地理信息支撑。这些工作的开展，使得全球地理信息资源建设成为一项重要的业务，并从国家安全、企业发展等多个角度凸显了测绘地理信息公益性服务的重要作用。

这一时期，市场化服务更加巩固了其作为一个专门产业的地位，“十二五”时期已经形成了丰富的市场化服务。2015 年库热西·买合苏提在地理信息产业企业家座谈会上的讲话数据显示，我国 23 家地理信息企业上市公司 2014 年营业总收入合计 150.11 亿元，净利润合计 16.87 亿元。截至 2015 年末，全国共有甲级测绘资质单位 898 家，乙级测绘资质单位 3122 家。

公益性测绘地理信息新业务的快速涌现，加上地理信息产业的蓬勃发展，形成了测绘地理信息服务的多元化发展趋势，构成了“5＋1”测绘地理信息服务格局。

二、新时期测绘地理信息服务格局

测绘地理信息服务从一开始的单一基础测绘业务，之后市场化服务发展壮大，到现在形成了多元化服务格局(见图 4-2)，服务水平不断提高，服务内容更加丰富。新型基础测绘、地理国情监测、应急测绘、航空航天遥感测绘、全球地理信息资源建设和地理信息产业既相互独立，又紧密联系，各个业务在整个测绘地理信息服务格局中都有自己独特的定位和功能，相互支撑，缺一不可。

(一)新型基础测绘

1. 主要内容

根据大多数应用的通用需要，基础测绘生产了包含七大类要素的标准化数据和产品，供用户以这些数据为基础，叠加、生产自己需要的数据。基础测绘主要成果是测绘基准、4D产品、地名数据库、地图集等内容，主要满足国家经济建设、国防建设、科学研究、人民生活等各个领域的需求。

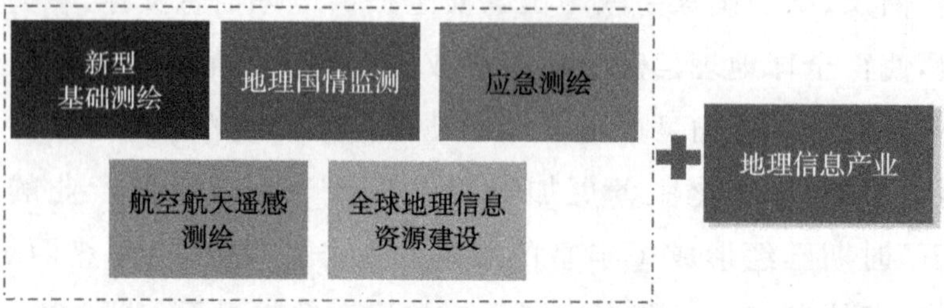

图 4-2　新时期测绘地理信息业务格局

随着现代测绘技术和信息技术的飞跃发展，基础测绘的发展理念、技术体系、成果服务等面临着转型升级。原有以生产建设为主的发展理念已不能适合新时期的特点，从生产建设转向应用服务已成为共识。技术上，以卫星遥感和卫星导航定位为基础，充分融合大数据、云计算等信息化技术新手段来进行数据采集和更新，并在数据更新频率、要素类型、生产范围、服务方式、产品内容等方面尽最大可能拓展成为主要发展方向。另外，经济社会发展对基础测绘的需求在范围、方式、内容上都有了很大变化，如国土开发与规划管理、城市规划和管理、国防建设、社会大众及其他地理分析等对基础地理信息成果类型需求不断增加，对地下基础地理信息的需求也日益迫切等。需求牵引和技术推动的双重作用，促成了基础测绘的转型升级。新型基础测绘成为新时期基础测绘的发展方向。

新型基础测绘工作对象从陆地拓展到海洋，范围从国内拓展到全球；技术手段主要依靠卫星遥感和导航定位等；工作内容主要是对现有数据库的升级、维护更新和全球、海洋以及重点地区动态测绘；成果内容主要包括现代测绘基准体系和数字地理空间框架等；生产服务方面除了保持其服务的标准化、精准化特征外，还需要满足多样化的网络化定制服务。

2. 定位和功能

新型基础测绘是测绘地理信息新型服务格局的基础和核心。在整个测绘地理信息服务链条中具有基础性和先导性，对国防建设也具有十分重要的作用。新型基础测绘集中体现了测绘地理信息服务的规范化、标准化。

新型基础测绘的功能主要体现在以下两个方面：一是为经济社会发展提供基准信息服务。随着导航定位基础设施的发展和数字化程度的提高，对位置信息的服务需求增加，任何人在任何时间任何地点都能确定自身及其相关事物所处精确地理位置的需求越来越强烈。测绘基准是调查、测绘、制图和定位活动的基础，测绘基准服务主要是在我国领土范围内为所有满足要求的用户提供全方位的高精度位置和海拔定位需求。产品主要包括具有可靠性、安全性、便利性、实用性和准确性的经纬度、高程、速度、海岸线、重力，以及随着时间变化的国家参考基准数据。同时需要开发相应的软件工具，方便数据的分发。二是提供基础地理信息资源服务。新时期，国家经济建设、国防建设及大众等各行业、各领域对基础地理信息资源的需求不断增加。为了保障基础地理信息数据更新的频率，保持数据良好的现势性和可加工性，减少重复建设和成本开支，统一数据标准，需要综合考虑环境保护、国土开发与规划管理、灾害预防防治、城市规划和管理、国防建设、社会大众及其他地理分析对基础地理信息成果的需求，生产提供最基本、公用的基础地理信息数据集，为用户整合各种与空间位置有关的信息提供空间地理参考。这就需要基础测绘转型升级，形成新型基础测绘体系，在以往4D产品的基础上，为了提高服务的便捷性、适用性和使用率，结合现势需求，完善产品内容和服务体系。

3. 未来建设重点

随着测绘基准体系基础设施建设、西部测图工程、国家1：5万数据库更新工程、海岛(礁)测绘工程的陆续收官,基础地理信息资源建设成绩显著。全国 1∶5 万数据库实现对陆地国土的全面覆盖和按年度的动态更新,1∶1 万数字线划图数据覆盖范围占我国陆地国土面积的58%,建成了由 1879 个基准站组成的全国卫星导航定位基准服务系统,布设了由 4500 个点组成的卫星大地控制网。对这些重大项目成果的运营、维护、应用成为下一个阶段的重要工作。

在维护好现有数据资源方面,需要重点开展以下五个方面的工作:一是统筹陆地与海洋基础测绘,实现海洋和陆地的基准统筹,同时,还要统筹海洋和陆地的数据采集要素。二是统筹开展全球测绘工作,形成与国际衔接的全球数字地理空间框架,形成全球地理信息数据规模化业务化生产能力,并根据国家重大战略需求和对外经济贸易发展需求,实现重点维护和更新。三是建设新型基础地理信息数据库。统筹设计国家地理框架数据库的模型结构、数据内容、地理编码、采集指标等;实现融合建库,建立国省地的多级数据库、多类型数据库,以及专业部门数据库等,建立统一的多尺度多类型融合的国家地理空间框架数据库;内容上要丰富扩展数据范围、产品形式、要素内容、属性信息等。四是建立基础测绘新型联动更新机制及技术体系。首先要实现基础测绘技术标准与其他行业标准进行对接,在标准联动的基础上,实现数据库联动和机制联动,从而最终实现基础地理信息数据部门间横向协同更新、行业内纵向联动更新的良好局面。五是形成全国统筹、分级负责的共享服务机制及技术平台。对现有的分级管理制度进行调整和完善,改变以比例尺为标准进行的事权划分,建立以生产环节为主要标准的新的管理制度,加强中央对全国的宏观统筹能力,利用国家级现有的信息共享平台,建立统筹协同、分工负责的共享服务机制。

(二)地理国情监测

1. 主要内容

《国务院关于开展第一次全国地理国情普查的通知》(国发〔2013〕

9号）明确指出："地理国情主要是指地表自然和人文地理要素的空间分布、特征及其相互关系。"根据这个定义，国家测绘地理信息局测绘发展研究中心研究认为："地理国情监测是对地表自然和人文地理要素的空间分布、特征、相互关系及其时空演变进行的调查、统计、分析、评价和预测活动。"①

地理国情监测是了解国情、把握国势、制定国策的重要基础性工作，监测成果是科学、全面和准确地反映整个国家或特定区域自然资源、环境和人类活动等现实或历史情况的基础信息，成果主要包括有统计分析报告、图集及数据库等。成果以需求为前提，提供的是动态变化的测绘地理信息成果，属于动态测绘的工作。主要作用是为政府决策提供支撑和支持。目前地理国情监测的试点成果已经在生态文明建设、全国主体功能区规划落实、自然资源资产管理、干部离任审计、资源与生态环境保护、区域协调发展、"多规合一"等方面提供了有力支撑。

地理国情监测业务由监测任务、监测系统、工艺流程、组织队伍四个部分组成，有两个类型三个层级。两个类型就是基础性地理国情监测和专题性地理国情监测。基础性地理国情监测就是地理国情普查，通过基础性地理国情监测对普查数据进行分析。同时，地理国情监测是按需的，所以还得顾及需求和应用。专题性地理国情监测就是坚持用户导向，任务来源于用户，产品服务于用户，效果由用户进行评价。要实现这三个原则，需要通过以下两种方式形成稳定的工作对接机制。第一个方式就是与相关部门和地区签署的合作协议；第二个方式是向相关部门征求年度地理国情监测的需求建议，包括编制规划、需求项目征集、项目论证、组织实施和提供服务。强调基础性监测重点，每年对全国进行一次普遍性监测，明确不同层级的专题监测任务重点。监测

① 国家测绘地理信息局测绘发展研究中心：《常态化地理国情监测的业务体系建设总体方案研究报告》，2016年。

系统包括技术体系、标准规范、质检体系和成果体系这四个方面。测绘地理信息部门在推进地理国情监测的工作中要强化“服务”思想，在支撑相关部门的资源环境调查中处于一个“协助”的角色。要进一步建立健全地理国情监测法规政策体系，实现其“进法律”“进规划”“进预算”“进职责”，确立地理国情监测的法定地位，列入各级专项规划序列，实行预算管理，争取纳入测绘地理信息部门职责，实现地理国情监测工作的法制化。

2. 定位和功能

地理国情监测是基础测绘的服务延伸和短板补充，是应测绘地理信息更好地服务经济社会发展需要而出现的；是以“应用”为特色的业务，是从地理空间的角度关注资源环境的一项业务；是按需测绘的集中体现，是服务经济社会发展的主战场。

测绘地理信息部门开展地理国情监测工作，是从地理空间的视角开展国情研究。其功能定位可以从“辅助支持、校正纠偏、监管检验”三个层次来概括。“辅助支持”是地理国情监测最基本的职能定位，主要服务于科学管理和决策，为国家宏观调控和可持续发展提供重要决策依据，为建设责任政府、服务政府提供重要支撑。“校正纠偏”是地理国情监测的最重要的职能定位，它是其他部门相关调查或监测成果的验证辅证、校正纠偏依据，是国家和地方重大战略、重要规划、重大工程实施的评估依据，以及地方政府和有关部门绩效评估考核的重要依据。“监管检验”是地理国情监测的高级功能定位，要联合发展改革委、审计署等部门，按照决策权、执行权、监督权既相互制约又相互协调的要求，上升为对相关部门履行职能的过程和成果进行监管，督促其在生产力布局、城镇化发展、重大项目建设中充分考虑自然条件和资源环境承载能力，监督其坚持节约资源优先和保护环境基本国策的贯彻落实，促进其共享信息、公开政务，从而减少和杜绝瞒报虚报，提高发展质量、增强发展效益，推进责任政府、阳光政府建设。

3. 未来建设重点

地理国情监测"十三五"期间的目标任务是:完成地理国情监测项目基础建设;进行业务化运行建设;形成定期常态地理国情信息监测机制,实施定期常规性监测;建成功能完备的地理国情动态监测和综合信息分析发布系统,提供地理信息业务化、常态化服务。国务院批复的《全国基础测绘中长期规划纲要(2015—2030 年)》中对工作机制提出了要求:"完善地理国情监测标准体系,优化部门协作机制,形成成熟的监测业务工作体系。"

未来地理国情监测要与经济社会发展深度融合,以满足和适应用户需求作为工作的出发点和落脚点,紧密围绕党中央、国务院、地方各级党委政府及其有关部门的业务工作,如开展空间规划编制、区域协调发展、生态环境保护、国土空间开发、城镇化发展、自然资源管理、重大灾害防治、重大工程建设等常态化监测。同时也要逐步拓展社会、经济和人文等地理要素内容和监测领域,面向领导决策、部门管理、社会化应用等不同服务对象,建立年度监测需求征求机制,依据需求调整业务。形成满足政务、公众需要的地理国情监测报告、数据、信息系统、图件等,并基于"天地图"提供应用开发和决策分析服务等。

(三)应急测绘

1. 主要内容

应急测绘保障工作是国家突发事件应急保障体系的重要组成部分,是基础测绘服务的延伸,是测绘地理信息工作与国家应急工作相结合的一个新业务。国家应急测绘服务保障主要是为国家应对突发自然灾害、事故灾难、公共卫生事件、社会安全事件高效有序地提供测绘成果和技术服务。通过建设高效的国家和省级联动的应急测绘体制机制、高素质的应急测绘专业队伍、高效率的应急测绘装备,形成高水平的应急测绘能力,实现对各种突发事件的快速应急响应。其产品类型、产品精度、表现方式以满足应急使用为原则,在保障时效性的前提下,尽可能提高精度。

2. 定位和功能

应急测绘保障业务是新型测绘地理信息业务格局中居于战略和特色的业务。它在平时主要处于战备状态,并提高自身能力,其人员、设备可参与基础测绘等业务的实施,而在灾时则能迅速响应,发挥其不可或缺的重要作用。其特色体现在其产品和服务的对象确定,主要对接防灾减灾相关政府部门,其服务时间和地点的确定,主要围绕灾害产生、灾前信息储备和灾后重建等时段,灾害发生以及高发的地段,因此与一般常态化业务有明显的区别。

应急测绘保障业务提供突发事件区域的事发前、中、后的各类应急测绘成果,属于应需测绘工作。应急测绘的产品紧密围绕突发事件处置的工作需要,完成包括现场监测、应急决策、应急救援、灾情评估、救援安置、重建规划等保障产品的制作。应急测绘保障的任务主要包括快速获取和处理灾情地理信息、维护建设国家公共应急地理信息平台、收集整理应急所需地理信息资源、负责快速提供突发公共事件应急测绘服务以及负责快速提供经常性应急测绘服务。

3. 未来建设重点

未来,应急测绘需要在综合利用各部门已有应急测绘装备的基础上,重点加强应急测绘能力建设。主要包括:①国家航空应急测绘能力建设。通过加强有人机航空应急测绘系统、无人机航空应急测绘系统以及相关配套处理装备建设,建立覆盖我国陆地国土和沿海重点海域应急现场光学影像和多源遥感图像的能力,提高突发事件发生后第一时间获取现场航空影像的能力,为应急救援指挥决策提供突发事件现场真实全貌,为灾情评估提供基础影像数据源。②突发事件现场信息快速获取能力建设。主要包括现场勘探、数据快速处理、灾情解译与分析、地图快速制印、信息服务、数据管理等方面。③应急测绘数据快速传输能力建设。通过加强国家应急测绘数据采集、生产、服务的有关有线和无线网络设备的建设，建立与中办、国办、各级救援指挥部门，各区域航空应急测绘中心等部门和机构有线应急测绘数据的传输能力，与各区域航空应急测绘中心、各级救援力量、前线指挥部等机构无线应急测绘数据的传输能力，支撑随时随地开展应急测绘保障服务。④应急测绘指挥调度能力建设。通过加强应急测绘指挥平台、视频会议等相关设备的建设，建立高度集成的、与国家各应急测绘力量互联互通的国家应急测绘指挥系统，实现应急测绘任务的快速部署与远程协调、执行信息实时收集与汇总、有关状态与信息随时动态在线显示，全面提高国家应急测绘的反应能力和执行能力。通过以上能力建设，形成高适应性、高机动性的综合应急测绘能力，有效应对突发事件时的“第一时间”现场信息快速获取、分析、处理、服务和共享能力，为各类重大自然灾害、社会公共事件等的防灾减灾、应急指挥、快速救援等提供决策支撑服务。

(四)航空航天遥感测绘

1. 主要内容

航空航天遥感测绘是为测绘地理信息工作开展的重要数据保障。随着测绘地理信息更新频次的加快、覆盖范围的不断拓展，对航空航天影像的需求越来越紧迫。同时航空航天遥感测绘资料也是国土、环境、交通、水利、林业等行业发展不可或缺的资料，各行业对影像资料的需求十分旺盛。测绘地理信息部门负责开展国家航空航天数据影像获取工作，积累了海量的影像数据成果。国家印发的《民用空间基础设施规划》，将有步骤地推进航空航天基础设施建设，到2030年，规划有138颗卫星。目前遥感卫星有88颗，高分专项有十几颗卫星。另外，吉林卫星等商业卫星发展也很快。根据国务院办公厅印发的《关于促进地理信息产业发展的意见》要求，将进一步提升遥感数据获取和处理能力，加强遥感影像获取统一监管，建立影像获取共享机制。为此，测绘地理信息部门要进一步履行好职能职责，大力发展航空航天遥感测绘，为各行业发展提供数据保障，为经济社会发展保驾护航。

2. 定位和功能

航空航天遥感测绘业务与新型基础测绘业务一样，是满足“保基本公共需求”的定位，这也是符合中央关于供给侧改革的要求，即加强标准化的、权威的、更具普惠性特征的测绘地理信息公共产品。

航空航天遥感测绘所发挥的功能和作用表现在两个方面。从业务角度，航空航天遥感摄影成果资料是国家的基础测绘资料，是测绘地理信息部门测制和更新国家基本比例尺地形图、数字线划图、数字高程模型、正射影像图和基础地理信息数据库的资料源。同时还广泛应用于国土资源管理、水利交通建设、城市规划设计、生态环境建设和可持续发展、防灾减灾和科学研究、国防建设等方面。据不完全统计，测绘地理信息部门 2015 年向铁路、地质、水利等部门提供数据 39 批次，提供航片数据近 1 万片，数据量 4.6 TB。

从工作理念的角度，航空航天遥感测绘作为获取地理信息的重要技术手段，从理念上大大影响了测绘地理信息工作和其他工作的发展。利用航空摄影资料施测国家基本地形图，只需施测少量的平面控制点和高程控制点及像片调绘，大量的野外测量工作都可通过精密的摄影测量仪器和数据处理在室内完成，将艰苦的野外测量工作压缩到最低程度，减轻了劳动强度，变季节性作业为常年作业，提高了工作效率和成图质量，缩短了成图周期，具有极其明显的优越性。卫星遥感影像具有实时性强、覆盖面广的特点。随着空间分辨率的大幅度提高和影像处理技术的日趋完善，从卫星遥感影像上提取有效信息正逐渐成为获取和更新基础地理信息的重要手段，同时弥补国家基础航空摄影的不足，保障国家基础测绘数据的获取能力。航空航天遥感技术手段的出现，使得地理信息的生产流程化、环节化发生重大变化，继而影响整个队伍的结构和布局。在传统测绘手段下，测绘的生产以地形图的出版为最终目标，生产流程和环节包括大地测量、实地外业调绘、内业处理成图、地图出版、应用服务。由于航空航天遥感测绘的出现，大地测量已经慢慢为现代测绘基准所取代，地理信息的获取和处理越来越一体化发展，其最终目标也并非为地形图出版，而是多样化的地理信息和位置服务。数据融合、统计、分析和挖掘的环节也越来越凸显其重要性，测绘真正实现了由地形图生产向地理信息服务的转变。

3. 未来建设重点

未来一段时间，航空航天遥感测绘业务要重点完成以下三项任务：一是加强航空遥感影像的获取。结合国家应急测绘保障能力建设项目，提高我国航空影像的覆盖范围，形成平战结合能力，在“平时”做好信息储备，以保证“战时”有备无患、未雨绸缪。二是加快航天遥感测绘的发展。根据经济社会和测绘地理信息发展的实际需要，全面推进，重点保障，合理布局。围绕光学、雷达、激光、重力、导航等系列卫星测绘，开展顶层设计、统筹谋划、技术创新、业务能力建设和应用推广，并构建卫星测绘的政策标准体系、对地观测体系、技术体系、产品体系和服务体系。三是加强统筹。强化部门内部和部门之间的统筹协调。按照“系统内以统筹促共享，部门间以共享促统筹；搭建平台主动服务，自上而下扩大影响力；省内统筹先行先试，自下而上汇聚推动力”的总体思路，推进航空航天遥感影像统筹获取和综合利用工作。系统内要加强国家测绘地理信息局的统筹能力，借鉴地理国情普查工作中影像的获取统筹模式，通过中央与地方事权的优化分工，将影像获取权通归国家测绘地理信息局，实现航空航天影像的顶层规划、统一获取和按需分发。部门间通过签订战略合作协议、搭建共享平台等方式，推广已有可行的经验，促进部门间形成共享应用共识。

(五)全球地理信息资源建设

1. 主要内容

随着我国融入全球化进程的加快，对全球测绘地理信息资源建设的需求越来越迫切。国家总体安全观、实施“一带一路”倡议、“互联网+”行动、推进企业“走出去”、军地融合发展、建设海洋强国等的实施，都需要全球地理信息资源提供保障。全球地理信息资源建设主要在充分利用已有测绘生产、管理与服务装备的基础上，建成覆盖全球海洋和陆地多元、多尺度、多分辨率、多种专题应用的地理信息数据库；建成集数据处理、管理、服务为一体的地理信息生产、管理与服务平台体系；建成深度融合、标准统一、配套完善的军民测绘发展共享机制。实现基础地理信息资源的全球覆盖，全球地理信息数据定期更新，重点区域动态更新，实现基于“天地图”与“北斗”的全球位置服务，满足我国全球能源资源、环境保护、远洋渔业、海洋运输、对外投资和海洋权益维护等方面的全球地理信息服务需求，支持“一带一路”倡议实施，具备遂行应急救援、远洋护航、通道控制、联合反恐和遏制危机等多样化军事任务的全球地理信息保障能力。

2. 定位和功能

全球地理信息资源建设在整体业务布局中具有按需定制服务和基础战略储备的双重角色。一方面，我国经济融入全球化发展步伐加快，“一带一路”倡议要求大力推进沿线国家基础设施互联互通、贸易投资、“绿色”能源、人文交流、联合反恐等合作，拓展北斗卫星导航卫星系统的国际应用市场，全球一体化高精度地理空间信息资源和位置服务能为其提供坚实支撑和保障。据统计，2015 年，我国非金融领域对外直接投资为 1180.2 亿美元①，对外工程业务完成营业额为 1540.7 亿美元②。目前我国在海外已拥有 2 万多家企业、4 万亿美元资产存量、几百万海外务工人员，“走出去”战略的加快实施将不断扩大这些数据，境外地理信息资源在对外投资和工程建设中起着基础和保障作用，是不

① 参见中华人民共和国商务部网站。
② 参见中华人民共和国商务部网站。

可或缺的基础信息。另一方面，从维护国家主权和安全的角度，全球地理信息资源建设起着战略储备作用。世界政治局势复杂多变，我国周边及诸多热点地区大国利益交汇、各种矛盾交织、问题汇聚，恐怖主义威胁、大规模群体性事件、重大自然灾害、生态环境安全等方面安全威胁持续上升。全球地理信息资源是维护国家主权与国家安全急需的战略储备资源，可为其提供多方位地理信息与位置服务保障。

3. 未来建设重点

全球地理信息资源建设未来主要以我国自主的地理信息数据采集处理、高分辨率遥感卫星、北斗卫星导航定位、全球高精度无控制测图、地理信息网络化服务技术与系统为支撑，建立全链条全球地理信息数据采集、管理、在线服务方式“互联网＋新型基础测绘”信息化测绘技术体系，生产多时相、多尺度、多分辨率全球地理空间数据产品，提供全球高精度地理信息综合服务，显著提升我国掌握全球资源布局、制定可持续发展决策的能力，为实施“一带一路”倡议、维护国家主权与国家安全提供地理信息支撑。“十三五”期间的主要任务主要有以下五项[①]：一是开展顶层设计。要进一步明确全球地理信息资源开发的内容、策略，制定相关标准规范、管理办法，开展建设与应用技术培训。二是建设全球测图技术支撑系统。构建全球多尺度地理空间数据快速采集、更新与服务技术系统，支持全球空间信息产品的快速生产、高效管理、动态更新、深度分析、在线应用。三是建立我国全球高精度立体测图基准框架。开展时序化定标处理，形成基于大地高的全球统一多元影像三维参考框架，支持高精度的全球数据平面与高程控制。四是生产全球地理信息数据产品。利用国产测绘卫星影像和相关参考资料，生产“一带一路”区域、非洲重点区域的数字正射影像图、数字表面模型、核

① 李志刚：《依托自主资源与技术，加快全球地理信息资源开发》，引自《测绘地理信息供给侧结构性改革研究报告（2016）》，社会科学文献出版社，2016。

心矢量要素，以及局部区域的数字高程模型、地表覆盖分类、三维模型等。五是全球地理信息资源成果提供与服务。以离线服务、在线服务，基于国家地理信息公共服务平台“天地图”形成全球地理信息服务能力，为“一带一路”项目管理提供基于全球地理信息的空间化决策支持，为“一带一路”重大工程提供全球地理信息数据支持及位置服务支持，为全球对地观测、可持续发展、联合国“后 2015 年可持续发展议程”相关计划实施以及公民出行等，提供地理信息服务支持。

（六）地理信息产业

1. 主要内容

地理信息产业是测绘地理信息技术开发和市场化相结合的产物。地理信息产业是测绘地理信息事业的重要组成部分。测绘地理信息领域出现市场化服务相比其他行业较晚，但其发展非常迅速，到“十一五”规划时期“地理信息产业”一词已经正式出现在规划中。2014 年 1 月，国务院办公厅印发的《关于促进地理信息产业发展的意见》中明确提出：“地理信息产业是以现代测绘和地理信息系统、遥感、卫星导航定位等技术为基础，以地理信息开发利用为核心，从事地理信息获取、处理、应用的高技术服务业。”从此定义可以看到，地理信息产业的对象是地理信息资源，是对其进行开发的企业活动。离开了地理信息资源，地理信息产业发展就将成为无本之木、无源之水。地理信息产业的支撑技术是以现代测绘技术、地理信息系统技术、遥感技术、卫星导航定位技术为核心，也是地理信息产业发展和变革的动力。地理信息产业链主要有地理信息获取、处理和应用三个核心环节。

2. 定位和功能

地理信息产业在整个事业总体布局中处于市场化与公益化两翼划分的重要一翼，是测绘地理信息事业发展的重要组成部分，也是践行“大测绘”理念的重要体现。测绘地理信息行业以市场机制来推动地理信息服务也是十分重要的方面。

地理信息产业在国民经济发展中被定义为高技术服务业和战略新兴产业。李克强总理曾指出:“地理信息产业具有科技含量高、环境污染少、市场前景广阔、吸纳就业能力较强的特点,是战略型新兴产业和生产型服务业的重要结合点。”地理信息产业为科学发展提供重要支撑,有利于促进地理信息与其他信息在多个领域更广泛、更深入的集成应用,通过多种信息的综合分析,准确把握自然、经济和人文要素的现状和变化趋势,有利于以最低的资源消耗和环境代价达到最好的效益,为资源节约集约利用、保护环境以及人口的科学管理和合理分布提供新的解决方案,为解决人口、资源、环境、灾害等问题提供新的思路,为我国的可持续发展提供科学支撑。发展地理信息产业为维护国家安全利益提供保障,不仅能进一步丰富高分辨率遥感信息、高精度导航定位信息、敏感地区地理信息等战略性地理信息资源,而且能最大限度地促进核心地理信息技术的创新和发展。地理信息产业为优化经济发展结构提供了手段。地理信息产业具有智力要素密集度高、产出附加值高、资源消耗少、无环境污染等高技术产业特点,其发展有利于促进信息消费,扩大内需,有利于促进服务业比重提高,有利于促进城市和生产力布局优化。地理信息产业可为保障和改善民生发挥重要作用。其发展可以推动民生信息与地理信息的集成与融合,促进教育资源、医疗卫生资源、体育公共设施等空间配置的合理化;可为公安、交通、城市管理、气象、旅游等各类民生服务信息以位置相关的方式直观推送;可为公众优化出行路线,节约出行时间和成本,通过基于位置的各类生活信息查询,以及打车、代驾、团购、比价、快递等应用服务,不断丰富和拓展大众消费渠道,大大改善公众衣、食、住、行的方式。

3. 未来建设重点

2014 年 8 月,国家发展和改革委员会、国家测绘地理信息局联合印发《国家地理信息产业发展规划(2014—2020 年)》,对地理信息产业未来一段时间的建设重点进行了具体部署,提出了重点的领域和任务。

重点领域包括测绘遥感数据服务、测绘地理信息装备制造、地理信息软件、地理信息与导航定位融合服务、地理信息应用服务、地图出版与服务。从推进的具体措施来看,主要包括夯实基础、洞察需求、优化市场、明确重点四个方面①。

第一,夯实基础。一要强化创新。通过多个创新平台的建设,明确企业在创新体系建设中的核心地位,提升企业的自主创新能力。二要加强技术应用。运用新技术,进一步推进测绘地理信息的发展。测绘现代化的演变过程对地理信息产业的发展影响深远,云计算、大数据与3S技术融合催生市场上的新服务,如百度、阿里巴巴、腾讯采用大数据技术为社会提供的地理信息服务等。三要推进基础设施建设。从北斗星座的完善和全球服务能力的构建、遥感卫星的多元化发展等方面,为产业快速发展提供基础条件。

第二,洞察需求。需要对产业发展面临的需求进行全面的解读:一是经济发展新常态。经济发展进入新常态后,我国更加重视生态环境问题,各方面发展都将环境作为重要考量因素。另外,在国土空间应用上更加注重综合性的空间规划理念。二是国家总体安全观的要求。国家总体安全观涉及11个领域,地理信息产业发展要把维护国家安全作为事业发展的重要内容纳入总体发展战略,同时,为国家安全管理提供服务也是需要加紧研究解决的问题。三是全面深化改革的要求。四是军民融合深度发展的需求。未来军民融合手段由依靠行政指令向市场运作拓展,这将成为未来地理信息产业的重要市场之一。

第三,优化市场。加强测绘资质、注册测绘师职业资格、地图技术审查及互联网地图管理、测绘地理信息市场信用管理、保密管理、地理信息质量管理和产业发展国际合作管理等。通过测绘地理信息事业单位的持续改革,推进市场的优化。

---

① 参见《国家地理信息产业发展规划(2014—2020年)》。

第四，明确重点。即按照产业发展规划的要求，多措并举推进重点领域的地理信息产业发展。

(七)各大业务之间的关系

根据中央关于供给侧结构性改革要求，测绘地理信息工作提出了“5＋1”新时期事业总体布局，构建市场服务与公益性服务有机统一、共同发展的良好格局。在公益性服务领域，按照保基本公共需求和增强按需定制服务相协调的思路打造五大公共服务格局。保基本公共需求，就是发展新型基础测绘和航空航天遥感测绘两类公益业务，形成标准化的、权威的、更具普惠性特征的测绘地理信息公共产品。增强按需定制服务，就是推进地理国情监测、应急测绘和全球地理信息资源开发建设，拓展服务空间，提供更具针对性、满足特定需求的服务和产品。五大业务有许多共通点，其对象都是获取和处理地表要素，所依赖的技术、装备也有一定的重合性，相互之间的信息资源也有一定的互补性，同时，各个业务之间又都有其独立的业务领域和发展方向。

新型基础测绘的特点体现在基础性、标准性、规范性方面。基础性从两个方面理解。一方面，基础测绘是经济社会发展的基础，是保障国家安全、维护国家主权、实现经济社会发展的基础性工作，获取的地理信息资源是国家重要的基础性、战略性信息资源。其成果具有普遍适用性。另一方面，基础测绘也是其他测绘地理信息服务的基础，其成果可以为地理国情监测、应急测绘等提供基础信息。其人才队伍、技术装备也可以为其他业务所用。标准性和规范性体现在其所获取的信息可以加载其他业务的内容、其他部门的专业信息，所形成的成果类型有确定的标准。从联系来看，新型基础测绘可以为地理国情监测、应急测绘提供基础地理信息，提供数据的空间基底。反过来，其他业务也可以为新型基础测绘业务提供数据源。新型基础测绘的要素类型也在不断拓展，要按照经济社会发展的需求，对现有的七大要素进行丰富。可以从地理国情监测数据库中提取应用频次高、应用领域广的地理要素数据，作为新型基础测绘数据库的补充,同时与基础地理信息数据库融合整合,形成综合性强、标准化程度高的数字地理空间框架。应急测绘能力在日常值守时可以参与新型基础测绘的有关工作,应急测绘成果的积累与储备过程中,部分数据可以应用到新型基础测绘的建设和更新中。从区别来看,新型基础测绘与地理国情监测的业务范围、成果形式、服务方式都截然不同。新型基础测绘与应急测绘分工明确,任务不重叠,在一个突发事件中两者是相互合作的关系。应急测绘主要承担决策指挥、抢险救援、过渡安置、灾情评估、重建规划等阶段的紧急测绘工作。基础测绘主要承担灾后重建和应急测绘数据储备等阶段的工作。新型基础测绘与全球地理信息资源建设任务内容相类似,但是作业范围迥然不同。前者主要解决中国国土范围的地理信息资源建设,后者主要是中国以外地理信息资源的获取和开发。在成果和服务对象上,两者是独立的。

航空航天遥感测绘是为开展基础地理信息数据更新、提升基础地理信息数据覆盖率、地理国情监测、应急测绘保障体系建设等提供影像数据源的前期基础性工作,是这些工作开展的重要数据保障。航空航天遥感测绘也已经成为一项独立的业务,其获取的影像产品本身就是一种成熟的产品,不仅为其他公益性业务提供数据源,也可以作为地理信息产业发展的重要支撑。航空航天遥感测绘作为一种重要的技术手段,从理念上也影响着测绘地理信息的发展。

地理国情监测业务在新时期测绘地理信息业务格局中是升级化、综合化的代表,它集中体现了按需测绘的具体内涵,可以满足定制化、多样化服务需求。它是以基础测绘的数据资源、技术装备、队伍人才为基础,同时在产品和服务上又截然不同的一种业务。地理国情监测的数据资源可以为应急测绘提供重要数据源,同时,专题监测是应急测绘的事前数据储备和分析的重要来源。地理国情监测可以为全球地理信息资源建设提供技术装备、人才支撑。反过来,全球地理信息资源建设能为开展全球地理国情监测提供数据源，地理国情监测可围绕全球地理信息数据资源，利用其技术开展局部专题监测，如开展全球粮食主产区监测、全球冰川变化监测、国际重要河流变化监测、周边国家区域生态环境状况变化监测等，为国家参与国际事务提供决策支持。

应急测绘主要是服务于各类突发事件处置的需要，与应急阶段密切相关。应急测绘和全球地理信息资源建设也关系密切。在国际上开展应急救灾，彰显我国负责任大国的形象十分必要而迫切。开展国际应急救灾需要全球地理信息资源建设的成果数据。全球地理信息资源建设可以为全球突发事件的应急救灾做好地理信息资源储备，提高应急救援的时效性和成果的可利用性。

地理信息产业则需要以基础测绘、地理国情监测、全球地理信息资源建设、航空航天遥感测绘为数据基础，是依赖测绘地理信息技术发展起来的；反过来，因为地理信息产业的快速发展，不断拓展和深化地理信息的应用，丰富了地理信息产品。也因为企业成为创新的核心和主体，地理信息产业的发展为整个地理信息技术的进步和发展提供了不竭动力。

第五章　地理国情监测发展现状

国务院批复第一次全国地理国情普查正式立项时指出"十二五"期间的目标任务是："开展重要地理国情信息普查，建设地理国情动态监测信息系统；基本建成地理国情监测技术体系、指标体系和标准体系，基本具备常态化监测重要、典型地理国情信息的能力；开展相关试点和示范工作，完成对地形地貌、地表覆盖、地理界线等基本地理国情信息的统计、分析工作；形成重要与典型地理国情监测信息统计分析报告和多样化地理国情信息产品，逐步建立地理国情监测工作机制。"按照国务院要求，经过各级测绘地理信息部门的不懈努力，地理国情监测业务建设和制度建设进展迅速。

一、业务建设扎实起步

全国第一次地理国情普查已经结束，形成了相对健全的技术体系、组织保障、工作制度。

(一)构建了地理国情普查核心数据库及相应子库

地理国情普查实行全国统一领导，避免了区域间的信息孤岛和中央地方间的重复测绘，建立了包括 12 个一级类、58 个二级类和 133 个三级类的地理国情普查内容与指标，采用基于地理实体的方式进行数据采集与管理，形成了数据体量超 600 TB、整体现势性反映 2016 年 6 月 30 日前后、标准统一、互联互通的地理国情普查数据库。同时，各地根据本地实际，按照"一级类不做扩展，二级类限制扩展，三级及更细的类别可根据需要扩展"的原则，在国家规定的三级内容与指标的基础上扩展细化，并探索基于地理国情普查数据库，通过选择、综合、缩编等方式形成其他系列成果。这些成果既是技术成果，也将成为行政管理、对外交流、教育科研等活动中与地理空间相关信息的标准。

国家测绘地理信息局在普查的基础上，开展了重点专题性地理国情监测，形成了京津冀协同发展重要地理国情监测、国家级新区空间格局变化监测、全国海岸带开发利用变化监测等一批成果，有些得到了国务院领导的高度关注，有些已作为国家重大规划制定的依据，有些已纳入直报党中央国务院的相关报告。通过主动服务于国家重大战略规划和深化改革任务，不仅逐步确立了地理国情监测的工作方向，更重要的是建立了测绘地理信息主动服务经济社会发展的畅通渠道和有效工作机制。

(二)探索出新的中央与地方任务组织模式①

新的模式进一步加强了中央的统筹，并在实施过程中得到验证，具有以下特点。

一是事权划分标准参照生产服务环节。中央任务主要在影像获取、后期建库、质量检查以及统计分析服务等生产流程前端和后端，地方任务主要在数据采集、处理等生产流程中间端(见表 5-1)。这符合《国务院关于推进中央与地方财政事权和支出责任划分改革的指导意见》(国发〔2016〕49 号)中“将所需信息量大、信息复杂且获取困难的基本公共服务优先作为地方的财政事权”的改革方向。

表 5-1 地理国情普查工作中国家测绘地理信息局负责任务

任务类型	具体任务
航空航天遥感影像数据获取	国产卫星遥感影像收集
	遥感影像获取与分发
数据资料收集整合	基础地理信息数据整合收集
	专题数据资料收集与整理

① 参见《国务院关于推进中央与地方财政事权和支出责任划分改革的指导意见》(国发〔2016〕49 号)。

续表

任务类型	具体任务
地理国情信息普查	支持欠发达地区地理国情普查(新疆、西藏、青海、内蒙古、甘肃、云南)
	地理国情普查质量抽查
地理国情成果数据库建设	遥感影像数据库
	数字高程模型数据库
	地表覆盖数据库(地表覆盖和地理要素两种采集方式)
地理国情信息统计分析	普查信息基本统计
	普查信息综合统计分析
	普查基本统计成果数据库
重要地理国情监测	基础性地理国情监测
	专题性地理国情监测
项目实施管理与生产技术体系构建	技术体系构建
	生产组织管理
	质量控制

二是国家测绘地理信息局职能由生产转向全面统筹和质量监督。国家测绘地理信息局主要承担规划编制、标准制定、质量监督、成果分析等体现宏观统筹、监督管理方面的职责。这充分体现了适度加强中央在战略规划、政策决定、执行实施、监督评价等方面的事权要求。

三是注重统筹的同时体现了地方差异,确定国家对省、省对市的援助地区和援助方式。截至2016年6月底,全国31个省(自治区、直辖市)落实地理国情普查经费约73.7亿元(省级62.3亿元,市县级11.9亿元),中央财政投入12.7亿元(见图5-1、图5-2)[①]。按照财权和事权相统一的原则,中央和地方按承担任务分级投入,在加强中央统筹的同时注重地方的差异。

从图5-1和图5-2中可发现,各省(自治区、直辖市)普查经费投入不均衡,单位面积普查经费投入最高与最低比近100∶1。其原因主要包括两个方面:一是东部发达地区地表破碎度大,生产作业成本高;二

① 全国第一次地理国情普查办公室:《地理国情普查分省统计表》,2016年。

是这些地区从需求和应用的角度，按照“能采尽采”的原则，探索“无比例尺数据采集”[①]。以北京为例，将整个城市划分为核心区（东西城，1∶500）、平原区（1∶2000）、山区（1∶1万）三个区域，基于地理实体的方式采用不同的采集精度构建地理实体库，并基于缩编的方式形成1∶1万比例尺的地理国情普查数据以及其他成果。

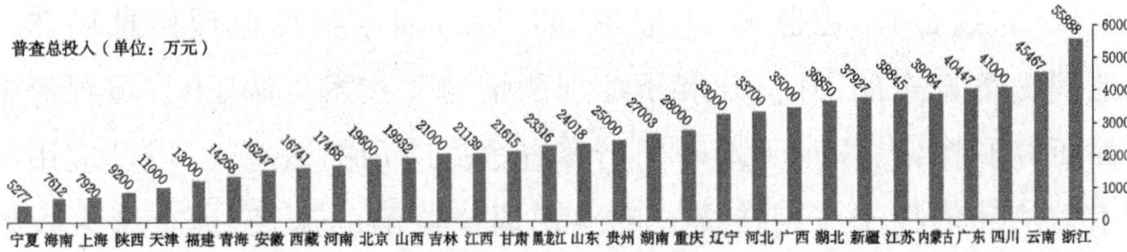

图 5-1　各省（自治区、直辖市）普查经费总投入

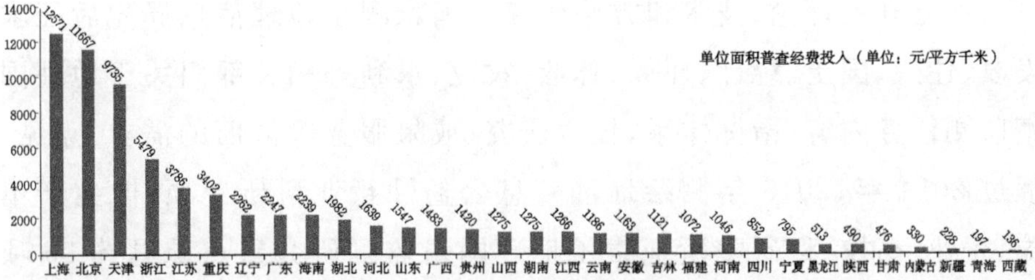

图 5-2　各省（自治区、直辖市）单位面积普查经费投入

同时，在中央和地方任务分工方面：中央经费主要负责前期影像资料分发和获取、相关软件开发、标准制定、质量控制、后期的成果验收、国家重要地理信息统计分析、分发服务等环节；地方经费主要负责数据生产环节。同时，根据不同地区的经济发展现状，确定国家对省、省对市的援助地区和援助方式。具体来说，包括以下三种类型：①中央财政承担边远少数民族地区、贫困地区的数据采集生产和更新（包括云南、宁夏、甘肃、内蒙古、青海、西藏、新疆 7 省份），按照就近原则安排国家

① “比例尺无关的数据采集”或称“无比例尺数据采集”并非绝对没有比例尺的内涵，只不过取而代之的是坐标精度、分辨率和可靠性，只有在变成幅面固定的地图时，比例尺的概念才有确切意义。（周旭）

测绘地理信息局直属局(院)承担(包括辽宁、河北等16省份);②省级财政承担本省较落后地区但未达国家贫困标准的地区任务;③部分经济发达地区则由省级、市县级财政按比例分级承担(包括江苏、浙江、广东、湖北4省份)。

1. **初步形成技术方法**

按照"边普查、边监测、边应用"的思路,国家测绘地理信息局在开展地理国情普查的同时,开展了地理国情监测技术方法、工艺流程等多方面研究和探索,探索了地理国情普查数据应用的适宜性,以及应用的技术方法和依托于应用持续开展地理国情监测的途径,为全国大规模开展地理国情监测工作提供了借鉴。

一是开展理论、技术和方法研究。国家测绘地理信息局先后征求发改、住建、国土、统计、环保、林业、农业、水利等相关部门关于地理国情监测任务内容、指标体系、技术研究、成果服务等方面的需求、意见;通过2014年、2015年测绘地理信息公益性行业科研专项,向生产单位、企业、高校、科研院所征集了地理国情监测研究重点课题约35项(见表5-2),主要围绕"专题性地理国情监测技术方法""地理国情监测基础理论研究"等开展关键技术研究。

表5-2 测绘地理信息公益性科研专项"地理国情监测"研究需求征集情况

序号	专题性监测技术方法类研究	
	名称	牵头单位
1	海岸带生态环境遥感监测指标体系、技术与规范	深圳大学
2	南北极地理世情监测技术研究	武汉大学
3	滩涂湿地生态红线的地理国情监测与定量标定	同济大学
4	南海岛礁遥感监测与情势推演	南京大学
5	黑龙江省两大平原耕地形态与质量监测	黑龙江省测绘地理信息局
6	流域生态环境监测关键技术研究与应用示范	江西省测绘地理信息局
7	面向地理国情服务的河北省大气气溶胶遥感监测	河北省测绘地理信息局
8	草原生态系统监测、时空演变及其驱动力分析	武汉大学
9	基于"天地图"的生态环境动态监测关键技术及其应用示范	武汉大学

续表

序号	专题性监测技术方法类研究	
	名称	牵头单位
10	多空域地理国情监测时空双态云服务及示范	浙江大学
11	典型流域立体监测与环境风险管理决策	湖南科技大学
12	基于国产卫星的全球煤炭主产区地表环境遥感监测	中国矿业大学
13	地理国情监测成果在生态文明建设考核中应用	黑龙江省测绘地理信息局
14	重点生态功能区地理国情监测指标体系建立	黑龙江省测绘地理信息局
15	贵州地理国情普查大数据分析和决策支持应用研究	武汉大学
16	藏东南生态功能区监测与发布应用示范研究	重庆测绘院
17	地理矿情天空地一体化监测关键技术	河南理工大学
18	水体与湿地资源常态化遥感监测及示范应用	河北省测绘地理信息局
19	土壤重金属污染遥感诊断关键技术及示范	武汉大学
20	长江三角洲生态系统服务制图与建模研究	河海大学
21	丝绸之路经济带重要地理要素监测技术及示范	新疆维吾尔自治区测绘地理信息局
22	自然生态空间监测研究	黑龙江省测绘地理信息局
序号	基础理论类研究	
	名称	牵头单位
1	地理国情监测框架与时空分析技术及其应用示范	中国测绘科学研究院
2	地理国情监测应用服务体系研究及其示范应用	四川省测绘地理信息局
3	地理国情监测统计分析关键技术研究	北京超图软件股份有限公司
4	用于发布的地理国情监测指标体系研究	武汉大学
5	重要地理国情数据变化自动检测	兰州交通大学
6	地理世情高分辨率遥感监测关键技术研究	武汉大学
7	地理国情监测类别信息的精度验证与分析	武汉大学
8	地理国情动态监测管理平台	北京苍穹数码测绘有限公司
9	地理国情空间数据自动提取与动态更新机制研究	中山大学
10	地理国情监测云平台构建与应用	重庆测绘院
11	时空统计模型及广义估计方程	武汉大学
12	地理国情时空数据挖掘关键技术与典型示范应用	武汉大学
13	地理国情动态监测技术与应用研究	广州市中海达测绘仪器有限公司

同时，国家测绘地理信息局专门设立自然生态空间监测等课题，通过生产性示范应用，探索建立地理国情普查成果和技术为市县空间规

划编制、自然资源资产管理、生态环境保护等提供服务的技术方法、工作机制等；参与宁津生、王家耀等院士牵头开展的中国工程院重点咨询课题“地理世情监测的战略研究”等。

二是开展多层次、多领域试点示范。从2011年起，国家测绘地理信息局在陕西、黑龙江、四川、浙江等省先后开展了地理国情监测试点，并于2013年11月向社会公布了首批监测成果——陕北地区植被覆盖变化、四川松潘县地表覆盖变化。随后，国家测绘地理信息局为进一步探索和总结经验，于2014年、2015年又下达了一批监测试点任务，并由中国测绘科学研究院发布了京津冀城市空间扩展、重点大气颗粒物污染源、地表植被覆盖、地表沉降以及青海湖湖泊变化、青海三江源植被覆盖等监测成果。形成了京津冀协同发展重要地理国情监测、国家级新区空间格局变化监测、全国海岸带开发利用变化监测等一批成果，有些受到了国务院领导的高度关注，有些已作为国家重大规划制定的依据，有些已纳入直报党中央国务院的相关报告。

与此同时，各省(自治区、直辖市)结合当地经济社会发展实际需要，积极组织开展地理国情监测实践，对监测需求、监测范围、监测对象、技术方法和工作机制等方面进行了探索研究。据调查，各地主要围绕空间规划编制、国土空间开发、生态环境保护、城镇化发展、自然资源管理、海岸带变化、地面沉降防治、地理周边情势等8方面积极开展了近100多项地理国情监测试点示范项目。根据地方测绘地理信息“十三五”规划，将继续深化并结合新的发展要求开展重点领域专题性监测。

2. 建立相关标准规范

制定了20多项普查(监测)行业标准以及47项普查(监测)地方标准(见表5-3)，基本形成了由定义与描述、获取与处理、检验与测试、成果与服务、管理等组成的地理国情监测标准体系[①]，保证不同层级地理

---

① 参见国家测绘地理信息局于2009年5月发布的《测绘标准体系》。

国情监测的信息共享、业务协同、互联互通。同时，出台了《地理国情普查质量管理细则》《普查过程质量监督抽查规定》《普查成果检查验收与质量评定规定》等系列质量管控文件，建立了“两级检查，一级验收”制度，有力保障了普查成果质量。

表 5-3 地理国情普查有关情况(截至 2015 年 6 月底)[①]

省份	普查(监测)地方标准/项	建立合作机制/项	省份	普查(监测)地方标准/项	普查(监测)合作机制/项
北京	0	26	湖北	0	25
天津	13	27	湖南	0	0
河北	0	23	广东	0	1
山西	0	19	广西	1	0
内蒙古	0	0	海南	0	0
辽宁	3	2	重庆	0	2
吉林	0	40	四川	1	2
黑龙江	3	33	贵州	3	26
上海	0	1	云南	0	0
江苏	0	30	西藏	0	3
浙江	0	26	陕西	8	14
安徽	1	0	甘肃	1	4
福建	2	2	青海	0	2
江西	0	0	宁夏	0	3
山东	3	22	新疆	8	0
河南	0	2	**总计**	**47**	**335**

3. 探索建立合作机制

测绘地理信息部门积极寻求与应用部门建立合作机制，与发改、环保、国土、统计、建设等部门加强合作，积极推进地理国情监测应用，在深化应用中探索形成地理国情监测稳定业务。其中，国家测绘地理信息局与国家发展改革委签订了《地理国情监测服务于区域协调发展总体战略合作协议》，围绕京津冀一体化以及区域协调发展战略实施，开展资源生

① 参见《测绘地理信息发展“十二五”总体规划纲要》实施情况调研表。

态环境评价以及13个国家级新区建设变化监测;国家测绘地理信息局与国家发展改革委以及浙江、贵州、广西、福建、湖北5个省份签订了《省级空间性规划"多规合一"试点》,结合国民经济和社会发展"十三五"规划编制,开展市县规划编制创新试点,编制并印发了《市县经济社会发展总体规划技术规范与编制导则(试行)》,开展应用示范与推广,并就合作开展主体功能区规划实施评估及建立国土空间监测系统等工作进行了磋商。同时,近期将与住房和城乡建设部签署战略合作框架协议,推动地理国情监测进一步服务新型城镇化建设和中央城市工作会议战略部署。

二、制度建设有序推进

(一)"进法律"

随着地理国情监测活动的日趋增多,规范监测活动、实现依法监测的立法需求日趋迫切。为此,国家和地方积极探索制定专门的法规规章或在相关法律法规中纳入有关条款。在国家层面,2017年7月实施的新《测绘法》中已将地理国情监测相关内容写入。目前,国家测绘地理信息局正积极推动《地理国情监测条例》的制定。在地方层面,浙江省在2013年新修订的《浙江省基础测绘管理办法》中明确要求:"测绘与地理信息管理部门应当会同有关部门,利用基础测绘成果和相关地理信息,对一定区域内重要的自然、经济、社会要素进行定量化、空间化的动态监测和分析,为政府管理决策和经济社会发展服务。"同时,浙江省将制定《浙江省地理国情监测管理办法》列入2016年省政府二类立法计划等。所有这些为地理国情监测法规建设开了好头。

(二)"进规划"

地理国情监测规划是审批、核准地理国情监测重大项目,安排政府投资和财政支出预算,制定发展政策的依据。建立地理国情监测规划管理制度,滚动编制地理国情监测规划,并促进长期规划、年度计划、预算有机衔接，推进地理国情监测从项目管理向规划管理发展。

在当前地理国情监测尚未纳入专项规划序列的背景下，通过将其纳入各类规划予以积极推进。如在《全国基础测绘中长期规划纲要(2015—2030年)》中写入“完善地理国情监测标准体系，优化部门协作机制，形成成熟的监测业务工作体系”；在《国民经济和社会发展第十三个五年规划纲要》中写入“开展地理国情常态化监测”。同时，各地将地理国情监测的重点任务纳入本地区测绘地理信息“十三五”规划等相关规划的同时，积极开展地理国情监测专项规划编制，探索测绘地理信息规划体系的改革创新，如云南、江西等省份编制了省级“十三五”地理国情监测规划。其中，云南省编制了地理国情监测“十三五”规划，并经云南省人民政府同意，由云南省测绘地理信息局正式印发各州、市人民政府，省直各委、办、厅、局实施。表5-4为部分省级测绘地理信息“十三五”规划中有关地理国情监测的内容摘录，从中可以了解各地监测工作的主要设想。

表5-4 省级测绘地理信息“十三五”规划关于地理国情监测工作设想①

省份	内容	省份	内容
北京	1. 京津冀地区重点大气颗粒物污染源空间分布监测； 2. 地面沉降监测； 3. 城市扩展监测	天津	1. 自然生态空间变化监测； 2. 地表沉降监测； 3. 高等级公路和铁路交通网络变化监测； 4. 重点大气污染源遥感监测； 5. 城市空间扩展监测； 6. 城市群形态与结构变化分析
上海	1. 土地资源利用监测； 2. 城市地表资源形态监测； 3. 绿地变化及绿化覆盖监测； 4. 重要水源地监测； 5. 热点区域环境影响源监测	辽宁	1. 基础性地理国情监测； 2. 专题性地理国情监测(城市空间格局变化、森林覆盖、土地沙化、地面沉降、生态环境等专题性地理国情监测，开展自然资源资产离任审计监测试点工程)； 3. 全省主体功能区监测

① 摘录的是已经印发的省级测绘地理信息“十三五”规划或基础测绘“十三五”规划。

续表

省份	内容	省份	内容
河北	1. 基础性地理国情监测； 2. 专题性地理国情监测（重点开展京津冀协同发展（交通一体化、城镇空间格局、污染源空间分布等）、自然生态变化（植被覆盖度、重要湿地变化、危化源分布等）、国土空间格局（矿山空间资源、海岸带综合国情、重要水域等）及国家重大工程（冬奥会、长城保护等）等专题监测项目）	黑龙江	1. 基础性地理国情监测； 2. 专题性地理国情监测（县级及以上重点城市发展、矿产资源型城市沉降、界河水土流失保护、退耕还林还湿管理、土地沙化和盐碱化治理、生态保护红线划定、“多规合一”、自然资源资产监管等，开展“中蒙俄经济走廊”地理信息资源监测示范）
江苏	1. 基础性地理国情监测（围绕资源承载能力、生态协调性、基本公共服务均等化、城镇发展格局等方面，对重要交通、水利、能源工程、大型工矿、地表水、重要植被等要素实施动态变化监测）； 2. 专题性地理国情监测（全省重点区域的地面沉降、沿海滩涂开发利用、城镇发展空间格局、江苏海岸带地形、省沿海防护林等专项监测）	浙江	1. 基础性地理国情监测； 2. 专题性地理国情监测（城市建成区绿化覆盖率及绿地率监测，每 1～3 年开展 1 次全省大陆海岸线、陆域面积、森林覆盖和平原绿化、国家及省级公益林、水土流失、湿地资源、重点区域及重大工程沉降监测，全省主体功能区、15 个省级产业集聚区、四大都市区、舟山群岛新区规划实施情况动态监测，每 5 年开展 1 次全省海岛（礁）、深水岸线、沿海滩涂资源监测）
安徽	1. 巢湖生态环境监测； 2. 皖江城市群监测	福建	主体功能区监测、海岸线变迁监测、43 个小城镇建设格局监测等 10 个专题监测项目
江西	1. 主要城市地表沉降监测； 2. 鄱阳湖生态环境监测； 3. 各县市主城区面积变化监测； 4. 江河水系监测； 5. 旱情动态监测	山东	1. 基础性地理省情监测； 2. 专题性地理省情监测（围绕新型城镇化建设、自然资源资产离任审计、主体功能区规划实施、生态保护红线区域规划实施、现代农业发展等专题监测）

续表

省份	内容	省份	内容
河南	1. 基础性地理国情监测； 2. 专题性地理国情监测（地级以上城市空间格局变化、全省180个产业集聚区双服区及特色商业区空间分布与发展潜力监测、生态环境保护、主体功能区规划与实施、领导干部自然资源资产离任审计及精准扶贫脱贫等领域的应用和专题性监测）	湖北	1. 城市变迁监测； 2. 东湖高新技术开发区建成区范围监测； 3. 水资源湖泊监测； 4. 主体功能区规划实施监测
云南	1. 基础性地理国情监测； 2. 重要专题性地理国情监测（地质灾害隐患点监测、重点地区违法用地监测、主体功能区监测、九大高原湖泊生态环境监测、特色农业产区监测、地理周边情势监测（跨境能源管道、国际通道、跨境流域等）、冰川资源监测）	陕西	1. 基础性地理省情动态监测（持续对陕西省范围内的自然和人文地理要素定期开展基础性监测）； 2. 全省主体功能区建设专题监测，建设基于测绘地理信息“多规合一”平台； 3. 城镇化发展格局监测； 4. 省内重要水体地形信息普查与监测； 5. 领导干部自然资源资产离任审计监测试点
广西	对贫困地区人口、资源环境、基础与公共服务设施等方面的动态监测	四川	针对地表覆盖、城市扩张、生态环境、重大工程建设进展等地理省情，同步开展常态化监测
重庆	1. 基础性地理国情监测； 2. 两江新区监测； 3. 城市扩展监测	海南	1. 沿海地表覆盖变化监测； 2. 海岸带动态监测； 3. 主体功能区实施监测
甘肃	1. 开展国土空间开发、资源节约利用、生态环境保护与审计、城市变迁、城镇化发展等专题性地理国情监测； 2. 开展区域发展规划、主体功能区规划实施等重点区域或重点领域综合性地理国情监测	青海	1. 基础性地理国情监测； 2. 重点地区的专题地理国（省）情监测（对湿地、湖泊、冰川、森林、草地、植被覆盖和草原生产力等重点要素进行专题监测，对重点开发区内居民地、工业与交通设施、水域等与城市空间格局发展变化密切相关的要素进行专题监测）

续表

省份	内容	省份	内容
宁夏	1. 重要地理国情要素定期监测； 2. 重点区域地理国情动态监测（结合全区重大战略和重点工程实施，对宁夏沿黄经济区、贺兰山东麓葡萄文化长廊、银川滨河新区、宁东能源化工基地等重点区域开展地理国情信息动态监测，开展相应的关键技术研究与应用服务）； 3. 专题地理国情调查监测（开展水域湿地和城市扩展动态变化、沙漠化盐渍化、重大工程建设、环境综合治理、生态移民、主体功能区、城市综合等专题地理国情调查监测，开展相应的关键技术研究与应用服务）	吉林	1. 基础性地理国情监测； 2. 专题性地理国情监测（开展主体功能区变化、城市空间格局变化、大中城市（开发区）地表覆盖、重要湿地、长白山自然保护区生态、农田耕地分布专题监测）
湖南	1. 基础性地理国情监测； 2. 专题性地理国情监测（主体功能区规划实施、湘江新区地理国情监测、生态红线等重点生态功能区监测、洞庭湖生态经济区地理国情监测、全省4A级以上旅游景区与地质公园生态环境监测、重大水源地、重要公益林和矿山复绿地理国情监测、湘江流域生态与地理环境监测、湘西南石漠化与水土流失地理国情监测、长江经济带和中三角城市群监测）； 3. 预警性监测	山西	1. 开展地理省情基础性监测； 2. 开展省内采煤区、采矿区生态环境地理国情监测； 3. 开展省内六大盆地地面沉降变形的普查与监测； 4. 开展城镇化进程监测，定期做好11个地级市城镇建设进程范围、布局、地表覆盖、交通网络、生态环境等变化情况的监测； 5. 开展主体功能区专题监测，重点对优化开发区、重点开发区、限制开发区和禁止开发区进行全面监测分析

续表

省份	内容	省份	内容
新疆	1. 基础性地理区情监测； 2. 专题性地理区情监测(重点开展主体功能区规划实施动态监测，城市空间格局扩展和沙漠、坎儿井、冰川等生态状况监测，塔里木河流水土流失变化监测，地质灾害和变化监测等)；	内蒙古	1. 主体功能区建设； 2. 自然生态系统保护和建设； 3. 环境保护和资源综合利用； 4. 生态文明制度体系； 5. 市县经济社会发展“多规合一”平台建设
贵州	贵安新区监测	西藏	青藏高原生态环境监测

(三)“进预算”

为了确保测绘地理信息事业的持续健康发展，财政资金的支撑渠道须与事业发展的需要相一致。针对事业发展的趋势和特点，在事业结构调整的同时，要使预算结构与之相匹配。简单地在基础测绘经费渠道上提高增量，不仅厘不清基础测绘与地理国情监测的关系，也反映不出事业结构调整和转型升级的新态势。因此，在中央财政收入增长下降和支出刚性增长的矛盾下，按照公益性测绘地理信息事业新格局的思路，将“五大业务”列为部门预算的专用一级项目，从而实现既增加渠道又提高增量的目标。

2015 年 7 月，在中央财政组织开展财政三年中期计划编制工作期间，国家测绘地理信息局提出将地理国情监测纳入中央财政一级预算项目的建议被财政部采纳，为监测工作提供了稳定的财政投入。海南、四川等省份分别参照财政部 2012 年印发的《国家地理国情监测专项资金管理办法》，对本地区地理国情监测专项资金从适用范围、管理职责、预算管理、财务管理和监督检查等方面做了详细规定。同时，结合《国务院关于推进中央与地方财政事权和支出责任划分改革的指导意见》(国发〔2016〕49 号)的要求，基于普查工作中的中央和地方投入模式，在 2016 年基础性地理国情监测实施中进行探索和实践。所有这些为监测的发展奠定了较好的投入机制保障。

(四)"进职能"

随着地理国情监测、应急测绘、海洋测绘等新型测绘地理信息工作的逐步业务化,正在悄然推动测绘地理信息管理职能的"自然拓展"和生产服务组织体系的"兼并重组",数字化测绘时代下的"内外业一体化"导致的事业单位业务同质化、相互间依存度降低的问题正通过测绘地理信息业务多元化发展得到平衡和解决。

目前,北京、宁夏、广西测绘地理信息行政主管部门已赋予地理国情监测职能;河北、重庆、四川、陕西测绘地理信息行政主管部门内设了地理国情监测管理处室;浙江、湖北、江西、广西、陕西测绘地理信息行政主管部门调整了相关直属事业单位,并赋予具体承担地理国情监测工作职责等,具体见表 5-5。

表 5-5　省级测绘地信部门地理国情监测职能和机构设置概况

省份	赋予职能	内设处室	调整直属单位	备注
北京	√	×	×	北京市勘测管理办公室已赋予"负责权限范围内的地理国情监测"的职能
宁夏	√	×	×	宁夏回族自治区国土资源厅已赋予"组织实施自治区地理国情普查和动态监测"的职能
江西	√	×	√	江西省测绘地理信息局已赋予"负责全省地理国情监测工作"的职能;江西省第二测绘院更名江西省地理国情监测遥感院,但未明确其职能
河北	×	√	×	河北省地理信息局增设遥感信息管理处,组织实施省级地理国情监测工作
重庆	×	√	×	局机关增设地理国情监测应用处
四川	×	√	×	挂牌地理国情监测处,但未明确其具体职责内容
陕西	×	√	√	挂牌地理国情监测处,但未明确其具体职责内容
浙江	×	×	√	联合武汉大学成立了国家测绘地理信息局地理国情监测重点实验室
湖北	×	×	√	成立湖北省地理国情监测中心,明确承担全省地理国情监测项目研究与方案编制等职责
广西	×	×	√	广西第一测绘院更名广西地理国情监测院,明确其承担全区地理国情监测的相关技术性工作的职能

三、存在的不足

总体来说，地理国情监测作为一项创新性工作，虽取得显著进展，但尚存在以下不足。

（一）业务范围不够明确

专题性地理国情监测领域仍在探索中，各地“十二五”“十三五”地理国情监测内容差异较大，与基础测绘以及有关部门资源环境监测评估工作的业务边界不够清晰，需要结合经济发展新常态、全面深化改革大背景、国家总体安全战略新布局、国家“走出去”新形势，综合考虑国家关于资源环境相关工作部署、各地区普查监测工作实际，研究地理国情监测的服务对象、服务内容，促进形成稳定的地理国情监测领域。

（二）未充分体现按需监测理念

当前，地理国情监测尚未完全体现按需监测的思想理念，仍沿用基础测绘工作模式。研究如何实现地理国情监测需求对接，形成稳定的需求来源机制，并将需求规范化分解，使其制度化地纳入测绘地理信息生产服务体系，成为地理国情监测常态化的关键。

（三）业务组织方式尚在探索

现有测绘地理信息存在生产组织体系和机构布局不太合理、功能上存在短板、机构资源整合利用不够、部分单位的职能定位和职责分工不够明确等问题，需要建立适应地理国情监测要求的组织体系。据调查，目前国家测绘地理信息局 4 个直属省局所属的 43 个事业单位中只有 1 个（陕西基础地理信息中心）、地方省局所属的 186 个[①]事业单位中只有 3 个（湖北、江西、浙江）被确定为主要开展地理国情监测分析工作，绝大多数地区尚未成立地理国情监测专门事业单位。

① 参见 2013 年《测绘地理信息统计年报》。

同时，地理国情监测业务组织方式尚在探索中，需要研究如何做好地理国情监测与基础测绘等业务协同，以及测绘地理信息部门与其他有关部门、不同层级测绘地理信息部门之间开展地理国情监测的业务关系，从而形成成熟的地理国情监测业务体系。

(四)监测成果应用仍需加强

成果应用是地理国情监测的生命力所在。促进地理国情监测技术、标准、产品、服务尽可能与有关部门衔接，最大化发挥监测应用价值，成为比生产本身更重要的工作。同时，国家实施大数据战略，推进数据资源开放共享和信息消费，也对地理国情监测提出明确要求。当前，地理国情监测成果形式和服务模式仍然处于探索之中，满足相关部门业务要求的产品尚未最终形成。应用地理国情监测成果的良好环境仍未形成，地理国情监测应用推广还须加大力度。地理国情监测技术及成果应用机制尚未实现规范化、制度化。

(五)监测制度尚未完全建立

地理国情监测"进法律""进职责""进规划""进预算"的"四进"措施已经取得积极进展，但仍存在如下不足。

在"进法律"方面，地理国情监测的法定定义、投入体制、组织实施、工作机制等相关政策分散在国务院立项批复文件、普查通知(国发〔2013〕9号)以及相关规划中，内容比较分散且部分阐述过于原则，立法位阶不高，法律效力不强。随着地理国情监测的持续开展，出台专门的监测管理办法日益迫切。

在"进规划"方面，大部分省份未将地理国情监测列入地方国民经济与社会发展"十三五"规划。只有云南、江西开展探索编制省级地理国情监测规划，且存在规划编制工作中国省联动不够，规划内容、重点任务衔接不强等问题。

在"进职责"方面，虽然部分省级测绘地理信息行政主管部门赋予地理国情监测职责并增设了地理国情监测管理处室，调整了相关直属事业单位，但仍然属少数，在所属事业单位中占比不高。目前国家测绘地理信息局 4 个直属局所属的 43 个事业单位中只有 1 个（陕西基础地理信息中心）、地方省局所属的 186 个事业单位中只有 3 个（湖北、江西、浙江）通过改名或被赋予开展监测工作职能。同时，作为一项新型测绘地理信息工作，地理国情监测与基础测绘等业务边界不够清晰。作为全国成立的第一家专门从事地理国情监测的事业单位——湖北省地理国情监测中心，成立之初由于任务不饱满，面临“求生存”和“谋发展”的窘况，而前者更为迫切。

在“进预算”方面，省级测绘地理信息部门在省级财政预算科目单列地理国情监测条目尚未取得突破。绝大部分省份 2016 年度地理国情监测项目没有立项，对普查完成后转入常态化监测准备不足，存在“断档期”，普查与监测尚未有效衔接。从长远来看，需要根据国家关于不同层级政府事权、财权划分的基本原则和标准，研究提出不同层级政府测绘地理信息部门之间在地理国情监测业务建设、业务管理、服务等方面的责任，以及与这些责任相配套的投入责任。

第二篇　地理国情监测业务体系和应用机制建设

国务院批复地理国情监测正式立项时明确了地理国情监测的发展目标：在完成地理国情监测项目基础建设后，主要进行业务化运行建设，形成定期常态地理国情信息监测机制，实施定期常规性监测，建成功能完备的地理国情动态监测与综合信息分析发布系统，提供地理国情信息业务化、常态化服务。根据国务院的要求，地理国情监测目标主要包括两个方面：一方面，完成地理国情监测业务体系建设，构建支撑业务开展的基本能力，形成体现地理国情监测作用的服务模式；另一方面，完成地理国情监测制度建设，实现地理国情监测“四进”：“进法律”“进职责”“进规划”“进预算”。

按照构建测绘地理信息“5＋1”服务格局的要求，处理好测绘地理信息部门与其他有关部门、不同层级测绘地理信息部门之间开展地理国情监测的业务关系，形成成熟的地理国情监测业务体系。同时，面对经济社会发展的强劲需求以及测绘地理信息事业改革创新发展的内在要求，测绘地理信息公益性服务由以基础测绘为主的“单极”模式向新型基础测绘、地理国情监测等多种业务并存的“多元化”模式发展。深刻理解各项业务的共性和差异，探索建立新型基础测绘、地理国情监测业务协同的组织模式，供各级测绘地理信息部门管理决策参考。

第六章　应用需求分析

地理国情监测是“按需”的测绘工作。要实现“按需”，重点须解决好三个主要问题：需求是什么、需求怎么来和需求怎么满足。为此，进行需求分析、做好需求对接和有效分解需求提供服务，并将这三个环节制度化地纳入测绘地理信息生产服务体系，成为地理国情监测业务建设的重要内容。其中，需求对接是成为打通“需求”与“供给”之间通道的关键。

一、需求分析

当前，经济社会发展和测绘地理信息转型都迫切需要推进常态化地理国情监测。

(一)经济社会转型发展需求强劲

我国经济建设、国家安全、深化改革、对外开放等领域呈现出新的发展趋势和发展特征，对地理国情监测需求越来越迫切。

1. 经济发展新常态对地理国情监测提出具体需求

当前，我国经济发展步入从高速增长转为中高速增长的新常态，经济发展战略也做出了适应性调整。

一是更加注重资源环境及生态、国土空间合理利用等刚性约束。在资源环境及生态方面，党中央、国务院先后印发了《关于加快推进生态文明建设的意见》《生态文明体制改革总体方案》等系列文件，强调制定经济发展战略、优化经济区域格局，须注重资源空间布局、生态环境地域差异，并就资源环境及生态监测评估等事项提出要求。例如，《生态文明体制改革总体方案》要求“探索建立资源环境承载能力监测预警机制”“对自然资源和生态环境保护状况开展全天候监测,健全覆盖所有资源环境要素的监测网络体系”“定期开展全国生态状况调查和评估”等。在国土空间合理利用方面,《中共中央关于制定国民经济和社会发展第十三个五年规划的建议》要求“发挥主体功能区作为国土空间开发保护基础制度的作用。发布全国主体功能区规划图和农产品主产区、重点生态功能区目录。以主体功能区规划为基础统筹各类空间性规划,推进‘多规合一’”。《国务院关于印发全国主体功能区规划的通知》要求:“整合国家基础地理框架数据,建立国家地理信息公共服务平台,促进各类空间信息之间测绘基准的统一和信息资源的共享”“建立覆盖全国、统一协调、更新及时、反应迅速、功能完善的国土空间动态监测管理系统,对规划实施情况进行全面监测、分析和评估”。这就要求要基于基础测绘和地理国情普查等地理框架数据,统一地理空间的定义和边界,融合各类空间信息,促进主体功能区、土地利用、城镇、生态等空间规划的“多规合一”,努力形成统一的空间规划体系,实现对国土空间的管控。党中央、国务院的相关部署表明:资源环境约束、国土空间的合理开发利用已经成为制定经济社会发展战略的重要考量要素,其对战略目标、战略任务、战略行动等影响越来越大。这为地理国情监测支撑空间规划实施、自然资源管理、生态环境保护等提出了新的更高要求。

二是更加注重高新技术产业的发展。当前,我国经济增长由要素驱动、投资驱动向创新驱动转变,以技术创新为经济发展的主要驱动力。最近,国务院围绕调结构、促增长做出了一系列部署:“互联网+”行动计划、实施国家大数据战略、促进信息消费、中国制造 2025 等,所有这些均要求将信息资源开发利用作为重要的基础建设工作。地理国情普查及监测的本质是信息采集、处理及服务,是信息资源开发建设的重要组成。同时,经济全球一体化进程日益加快,把握世情国情、科学管理决策、新型城镇化发展等领域要求加强地理国情监测,在技术平台、调查评价、辅助决策等方面发挥积极作用。经济战略调整的长期制度安排对地理信息资源的开发利用有长期需求，要求地理国情监测工作制度化、常态化、业务化。

2. 总体国家安全观对地理国情监测赋予新使命

习近平提出要“坚持总体国家安全观，走出一条中国特色国家安全道路”。总体国家安全观涉及国土安全、经济安全、社会安全、生态安全、资源安全、信息安全等11个领域。贯彻总体国家安全观，健全国家安全体系，最紧迫的任务是加强政治、国土、经济、社会和信息安全，强化军事、科技、文化安全的基础支撑作用，并重视推进资源、生态领域的安全。这均对地理国情监测提出了明确的和全方位的要求。

当前，我国国家安全既面临外部风险，也面临内部风险，迫切需要对我国国情和各阶段国内外、不同地区发展态势做全面的立体分析。在国际上，我国正在向世界强国迈进，应对复杂的国际关系和地缘政治环境，维护国家主权、安全，拓展发展利益，需要不断加强对全球和重点地区的精细认知，并为相关战略研究制定工作提供支撑。在国内，30余年来改革开放，我国已经形成了较合理的区域发展格局，但也面临着资源禀赋空间不均衡、环境容量有限和生态系统承载力约束、需要差别化地制定不同地区经济社会发展方式以及资源生态环境政策等，调整优化空间结构，构建科学合理的城市化格局、农业发展格局、生态安全格局、自然岸线格局等①。目前，西部地区面临着繁重的维护统一、社会稳定、生态保护等任务；东部地区已经形成了长三角、环渤海、珠三角等三大经济区域，特别是沿海200千米区域集中了40%的人口、50%的大中城市，贡献了70%的国内生产总值，提供了90%的出口产品，这些区域注定会在未来全面建设小康社

① 参见《中国共产党第十八届中央委员会第五次全体会议公报》。

会中发挥关键作用；广大的海域地区既是经济发展的重要动力，也是海洋权益保护的重要区域。不同区域均需要统筹做好测绘地理信息服务保障。其中，西部地区主要做好基础地理信息资源建设与服务工作，重点开展资源环境生态、自然灾害防治等监测；东部地区做好基础地理信息更新和地理国情监测工作，重点开展城镇化发展、国土空间开发等监测；沿海地区要做好海洋测绘工作，重点开展海岸带变化监测等。

地理国情监测在国防建设中具有重要作用。军事是以准备和实施战争为中心的社会活动。一切军事行动都是在一定的地理环境中进行，地理环境对军事行动有着极其重要的影响与作用。随着人类社会信息化步伐的逐步加快，未来战争中信息对抗的含量将越来越高。特别是高技术条件下的局部战争，战争爆发突然，进程加快，战机稍纵即逝，这些特点对作战指挥的时效性有了更高要求。作战指挥自动化、指挥决策智能化、武器装备信息化成为未来战争取胜的关键。地理信息在其中发挥的作用具体为：

第一，地理信息数据是联合作战指挥系统的基础平台。对现代战场指挥系统来说，地理信息主要有两个功能：一是以电子地图作为基底，构建战场指挥系统及其他子系统的显示平台，在平台上融合影像、地形高程数据、大地测量数据、水文数据、航空数据和影像情报数据，形成具有时态特性的地理空间情报；以地理空间情报为基础框架，融合敌情、我情、后勤及作战命令等信息，构成通用作战图（COP）。指挥员利用通用作战图，连续近实时地感知态势，视察在作战空间上分散的部队，从而提高指挥控制能力。二是利用地理信息数据，定量分析战场环境，辅助军事决策。军事地理信息系统能够辅助指挥员选择打击目标、部队机动通道和机降地域，判断电磁信号的阻挡及通视范围，以及进行距离、面积的快速计算等。

第二，高精度地理信息数据是精确打击武器系统的重要构件。实施精确攻击需要十分精确的武器制导，而制导的精度又在很大程度上仰仗精确的数字地图，包括数字高程、数字正射影像和数字地形等。如远程巡航导弹所采用的地形匹配制导和数字式景象匹配制导方式，就是利用基础地理空间数据库中的地形数据或数字式地面景物图像，引导巡航导弹准确找到既定目标。

第三，基于地理信息的地形可视化和战场环境仿真系统为作战演练提供保障。数字化地图将传统地图上抽象的线划和符号形象化，还原出一个“真实”的世界，便于人们直观地认识和感知。地形可视化就是利用计算机技术，形成动态的多维数字地图并呈现在显示器上，使作战人员能够看到战场的每一个角落。近年来，多国军队以数字地图为基础、利用虚拟现实技术，建立仿真的虚拟战场并展现战场景观。作战人员可以对战场进行全方位 360°观察，实现真正意义的战场“勘察”；参战部队可以在虚拟的战场上进行“沙盘作业”，以作战模拟代替实战演习，减少演习中不必要的人员伤亡、节省大量开支，还可以反复演练、提高作战效能。

第四，地理信息数据既是其他战场情报的重要载体，也是战场情报的重要组成部分。美国等西方国家将地理空间信息数据作为“战场情报准备”的主要内容之一，称其为地理空间情报（Geospatial Intelligence）。2014 年，据中国国防科技信息网报道，第一批英国部署于战场的地理空间情报系统（GEOINT）已经具备初步作战能力[①]。

地理国情监测服务国防建设，要着重发挥地理国情监测的全要素、动态、按需等优势，为多样化的国防建设和战场保障提供服务：一是根据在全球、海洋、太空等空间维护国家安全的战略需要，加强对我国国土以及我国领土及其以外数千千米、其他重要国家利益相关区域等，特别是未来战场区域的地理空间监测，为军队在相关地区的

① 《英军首批战场地理空间情报系统形成初步战力》，参见地理国情监测云平台网站。

一切活动和行动提供重要战略性地理信息资源支撑。二是开展战场实时监测，并将信息实时同步到相关数据库，为战场可视化和战场态势感知、联合作战指挥系统、精确打击武器系统、地形可视化和战场环境仿真系统等提供最实时、最精确的地理信息。三是研发全球战场地理空间情报系统。四是开展非传统安全要素地理国情监测。在当前经济社会发展和国家安全总体形势、计算机技术发生巨大变化的情况下，基础地理信息仍然具有服务于国防和军队的基本性能，但应不再囿于现有的七大要素。根据分析，现代国家安全不再仅限于传统军事安全，经济、文化、社会、科技、信息、生态、资源、核等非传统安全维护对国土、生态、资源等动态监测提出了新的、长期性的需求，所以应综合开展与经济、文化、社会、科技、信息、生态、资源、核等相关的关键要素监测。

3. 全面深化改革对地理国情监测提出新要求

在经济发展过程中，践行“绿色”理念，保护好资源生态环境正在逐步步出“务虚”式的理论讨论阶段，而步入“务实”式的政策落地阶段。十八大以后持续加力的生态文明建设，正在从制度、措施和具体工程项目等多个层面，在各个行业领域全方位开展起来。这成为地理国情监测的需求之源，这一需求不但越来越强烈，也越来越深入和细化。《生态文明体制改革总体方案》指出，到2020年，将构建起由八项制度组成的系统完整的生态文明制度体系。据分析，生态文明体制改革中“国土空间开发保护制度”“建立空间规划体系”“完善资源总量管理和全面节约制度”“健全生态补偿制度”“健全自然资源资产产权制度”“生态文明绩效评价考核和责任追究制度”6项制度以及24项重点任务与地理国情监测紧密相关(见表6-1)。

表 6-1 生态文明体制改革中对地理国情监测有需求的制度①

序号	主要制度	主要任务	牵头部门
1	建立国土空间开发保护制度	全面落实主体功能区规划	发展改革委
2		根据资源环境承载能力，构建科学合理的城镇化宏观布局，严格控制特大城市规模，增强中小城市承载能力，促进大中小城市和小城镇协调发展	发展改革委
3		实施严格的围填海总量控制制度、自然岸线控制制度，建立陆海统筹、区域联动的海洋生态环境保护修复机制	海洋局
4		保护和扩大绿地、水域、湿地等生态空间	住建部 国土部
5		建立国家公园体制，保护自然生态和自然文化遗产原真性、完整性	发展改革委
6		科学划定森林、草原、湿地、海洋等领域生态红线，严格自然生态空间征(占)用管理，有效遏制生态系统退化的趋势	发展改革委
7	建立空间规划体系	推进市县落实主体功能定位，推动经济社会发展、城乡、土地利用、生态环境保护等规划“多规合一”	发展改革委 国土部 环保部 住建部
8		完善县域村庄规划，强化规划的科学性和约束力	住建部
9	完善资源总量管理和全面节约制度	加强土地利用的规划管控、市场调节、标准控制和考核监管，严格土地用途管制，推广应用节地技术和模式	国土部
10		加快生态安全屏障建设，形成生态安全战略格局。实施重大生态修复工程，扩大森林、湖泊、湿地面积，提高沙区、草原植被覆盖率，有序实现休养生息	发展改革委 林业局
11		严格落实禁牧休牧和草畜平衡制度，加快推进基本草原划定和保护工作	农业部
12		继续推进京津风沙源治理、黄土高原地区综合治理、石漠化综合治理，开展沙化土地封禁保护试点	发展改革委 林业局
13		加强水土保持，因地制宜推进小流域综合治理。实施地下水保护和超采漏斗区综合治理，逐步实现地下水采补平衡	水利部
14		划定永久基本农田，严格实施永久保护，对新增建设用地占用耕地规模实行总量控制，落实耕地占补平衡，确保耕地数量不下降、质量不降低	国土部 农业部

① 综合《中共中央 国务院关于加快推进生态文明建设的意见》《生态文明体制改革路线图、时间表》《贯彻落实生态文明体制改革总体方案的意见》等。

续表

序号	主要制度	主要任务	牵头部门
15	健全生态补偿制度	启动湿地生态效益补偿和退耕还湿	财政部 林业局 发展改革委
16	健全自然资源资产产权制度	有序推进国家自然资源资产管理体制改革。明确国土空间的自然资源资产所有者、监管者及其责任	中编办
17		明确各类国土空间开发、利用、保护边界,实现能源、水资源、矿产资源按质量分级、梯级利用	发展改革委 国土部
18	完善生态文明绩效评价考核和责任追究制度	探索建立资源环境承载能力监测预警机制,对资源消耗和环境容量接近或超过承载能力的地区,及时采取区域限批等限制性措施	发展改革委
19		探索编制自然资源资产负债表	统计局
20		对领导干部实行自然资源资产离任审计	审计署
21		建立生态文明综合评价指标体系	统计局 发展改革委 环保部
22		加快推进生态文明建设相关统计监测核算能力建设,提升信息化水平,提高准确性、及时性,实现信息共享	统计局
23		利用卫星遥感等技术手段,对自然资源和生态环境保护状况开展全天候监测,健全覆盖所有资源环境要素的监测网络体系	国土部 环保部
24		定期开展全国生态状况调查和评估	发展改革委 环保部 统计局

自2015年6月以来,按照生态文明体制改革的路线图和时间表(见表6-2),各相关政策措施相继出台或正在加紧研究制定,其中对国土空间开发利用、资源环境及生态等的监测评估等事项也提出了明确要求。在推进生态文明建设中,国家发展改革委在牵头编制完成国家和省级主体功能区规划后,推进建立资源环境承载能力监测机制、定期开展生态环境评价等工作,会同有关部委制定了《资源环境承载能力监测预警技术方法(试行)》,并结合国家“十三五”国民经济和社会发展

规划编制，开展市县规划编制创新试点，推动建立空间规划体系。中组部、监察部、国家审计署等部门也先后印发或者正在研究制定相关文件，就领导干部对资源生态环境的责任审计和追究等进行指导等。国家发展改革委、中组部、审计署、统计局等部门业务工作越来越与地理空间和资源生态环境监测评估工作密切相关，但这些部门又缺乏相应的技术装备和队伍支撑。测绘地理信息部门加强与国家发展改革委、中组部、审计署等部门的合作，便于形成部门之间的稳定业务关系，成为推进地理国情监测业务建设的重要方向。

表 6-2 生态文明体制改革路线图、时间表及推进进度概况[①]

任务		牵头部门	成果形式	时间/年	工作进展
一、自然资源资产产权制度	1. 建立统一的确权登记系统	国土部	自然资源统一确权登记办法	2016	2016 年 4 月，农业部、财政部、国土资源部、国家测绘地信局印发《关于进一步做好农村土地承包经营权确权登记颁证有关工作的通知》
	2. 健全国家自然资源资产管理体制	中编办	自然资源资产管理机构改革方案	2018	×
二、国土空间开发保护制度	3. 完善主体功能区制度	发展改革委	×	×	×
	4. 健全国土空间用途管制制度	国土部	自然生态空间用途管制办法	2016	计划 2016 年 7 月制定办法并上报中央改革办。国家测绘地信局作为参与制定成员单位
	5. 完善自然资源监管体制	中编办	自然资源监管机构改革方案	2019	×

① 本表通过参与生态文明体制改革相关政策研究、网络调研整理形成。

续表

任务		牵头部门	成果形式	时间/年	工作进展
三、空间规划体系	6. 编制空间规划	发展改革委 国土部 环保部 住建部	空间规划编制办法	2017	2016年2月起，国家测绘地理信息局、国家发展改革委联合广西、浙江、福建、湖北、贵州等省开展试点； 2014年，国家测绘地理信息局、国家发展改革委联合黑龙江省开展市县试点，形成了《技术导则》
	7. 推进市县“多规合一”		市县空间规划编制办法		
	8. 创新市县空间规划编制方法		×	×	
四、资源总量管理和全面节约制度	9. 建立湿地保护制度	林业局	湿地保护修复制度方案	2016	×
	10. 建立沙化土地封禁保护制度	林业局	沙化土地封禁保护制度方案	2016	2015年6月，国家林业局印发《国家沙化土地封禁保护区管理办法》
	11. 健全海洋资源开发保护制度	海洋局	围填海总量、自然岸线保有率控制制度方案	2016	×
五、生态文明绩效评价考核和责任追究制度	12. 完善环境保护管理制度	中编办	环境治理监管职能整合方案	2018	×
	13. 建立生态文明目标体系	中办 国办	生态文明建设目标评价考核办法	2016	×
	14. 建立资源环境承载能力监测预警机制	发展改革委	资源环境承载能力监测预警指标体系和技术方法	2015	2016年6月，国家发展改革委等9部委联合印发《关于加强资源环境生态红线管控的指导意见》
			资源环境承载能力监测预警报告	2016	
	15. 探索编制自然资源资产负债表	统计局	编制我国自然资源资产负债表	2018	2018年底前编制出自然资源资产负债表
	16. 对领导干部实行自然资源资产离任审计	审计署	关于开展领导干部自然资源资产离任审计的试点方案	2015	2015年11月，中办、国办印发《自然资源资产离任审计试点方案》
			领导干部自然资源资产离任审计暂行规定	2017	2015—2017年进行试点，2018年开始建立经常性的审计制度

续表

任务		牵头部门	成果形式	时间/年	工作进展
	17. 建立生态环境损害责任终身追究制	中组部	党政领导干部生态环境损害责任追究办法(试行)	2015	2015年8月,中办、国办印发《党政领导干部生态环境损害责任追究办法(试行)》

——在空间规划体系建设方面。国家测绘地理信息局联合国家发展改革委与浙江、广西、贵州、湖北、福建等省份签署了合作协议,建立省级空间性规划"多规合一"试点合作机制;2016年12月,中办、国办印发的《省级空间规划试点方案》中,将国家测绘地理信息局列为省级空间规划试点工作部际协调机制成员单位,发挥测绘地理信息成果与技术在"统一基础数据,建立空间规划基础数据库;开展基础评价,划定"三区三线",绘制规划底图;搭建信息平台,为规划编制提供辅助决策支持,对规划实施进行数字化监测评估"等方面的作用。2016年10月,中央经济体制和生态文明体制改革专项小组确定由国家测绘地理信息局牵头编制《市县空间规划编制技术规程》,这既是对测绘地理信息部门参与"多规合一"工作的高度认可和充分信任,也是对测绘地理信息部门的一次重大检验。同时,据统计,有7个省级测绘地理信息"十三五"规划将服务"多规合一"作为地理国情监测的重点领域,占比31.8%①。

——在自然生态审计方面。《自然资源资产离任审计试点方案》明确提出要用测绘地理信息开展自然生态系统服务功能分析评价。国家测绘地理信息局作为国家重点改革任务资源环境承载能力监测预警机制的参与单位,联合国家发展改革委、国土部等10余部门向国务院报送了相关方案报告。同时,据统计,有4个省级测绘地理信息"十三五"

① 根据收集的22个省(自治区、直辖市)、计划单列市的测绘地理信息事业"十三五"规划作为样本进行统计分析。

规划提出要加强“生态红线监测”。广西、海南、浙江、吉林、河北、黑龙江等省级测绘地理信息部门与审计部门签署了合作开展自然资源资产审计协议。

——在国土空间管控方面。国土资源部正在建立健全国土空间用途管制制度，加紧制定自然生态空间用途管制办法，计划上报中央改革办。其中，国家测绘地理信息局作为办法参与制定成员单位。

——在城镇化发展方面。国家测绘地理信息局与住房和城乡建设部签署战略合作框架协议，推动测绘地理信息进一步服务新型城镇化建设和中央城市工作会议战略部署。

4.“走出去”战略为地理国情监测指出新方向

随着国家利益的全球拓展，积极参与全球经济治理，完善对外开放战略布局，推进“一带一路”建设，应对地缘政治形势，实施国家“走出去”战略，需要及时、准确掌握自身地理国情和外部地理世情，服务于外交、商贸、国际合作、资源开发、能源保障等。同时，联合国通过的《2030年可持续发展议程》已于2016年1月1日正式启动，确定了17项可持续发展目标和169项具体目标，在“数据、监测和问责”部分明确要求“到2020年，大幅增加获得按收入、……、地理位置和各国国情有关的其他特征分类的高质量、及时和可靠的数据”“利用各领域数据，包括地球观测和地理空间信息，同时确保各国在支持和跟踪进展过程中享有自主权”。树立大国形象，提升国际影响力，需要充分发挥测绘地理信息在支撑全球治理的重要作用，就解决环境恶化、粮食安全、气候变化等日益突出的全球性问题发出中国声音。

近年来，水利、科技、农业、地质等部门加强了全球及重点地区的资源生态环境监测，并在参与国际对地观测工作中注重部门协同的意识越来越强，相继制定并实施了境外调查与监测计划，谋划了一批重大项目与工程（见表6-3）。

表 6-3 国内外重要境外调查与监测计划概况

国内	
名称	内容
全球生态环境遥感监测年报 (科技部)	在全球和区域尺度上对生态环境因子进行年度动态监测,编制全球及区域生态环境综合报告和科学技术报告,并建立年度报告发布制度。 建立地球观测与科学数据共享服务平台,实现亚太主要地球观测数据中心互联。重点推动地球观测与导航重大国际合作;在航空航天、信息等领域加强合作开发与产业示范
基于空间观测的 "数字丝路"科学计划 (中国科学研究院)	2016 年 5 月 16 日启动基于空间观测的"数字丝路"科学计划,将打造国内外对地观测卫星大数据平台,把科学成果应用在全球变化下生态环境监测、城市化监测、文化遗产监测、灾害监测等领域,为相关部门的决策过程提供战略支持。2016 年 5 月 17 日发布《"一带一路"空间观测国际合作北京宣言》,呼吁"一带一路"沿线国家和地区建立空间科技领域多边合作机制与框架,促进对地观测技术的科学运用与对地观测数据的共享服务,形成命运共同体。 1. 与"一带一路"沿线国家和地区建立空间科技领域多边合作机制与框架,促进对地观测技术的科学运用与对地观测数据的共享服务; 2. 启动基于空间观测的"数字丝路"科学计划,打造国内外对地观测卫星大数据平台①
"一带一路" 空间信息走廊建设与应用工程 (国防科工局)	建设面向"一带一路"的国际化遥感信息服务网络;拓展卫星通信节点,建设覆盖"一带一路"沿线区域的移动通信能力和手段;积极推广北斗应用国际化
国家空间基准工程 (军地测绘地理信息部门)	建设地球空间基准、基准信息服务与服务系统,构建天地一体的国家空间基准体系,形成我国空间基准的自主维持和服务能力
深远海调查与海洋环境服务保障 (国家海洋局)	在深远海调查与海洋环境服务保障研究专项一期工程建设基础上,基本完成亚丁湾护航关键区调查和南海深海区精密调查,开展西太平洋和东印度洋的部分调查任务,启动大洋航路海洋环境综合调查与研究,增强海峡及海上通道海洋环境综合保障能力

① 参见中国科学院网站。

续表

国内	
名称	内容
“一带一路” 基础地质调查与信息服务计划 （中国地质调查局）	2015年，建成“全球地质一张图”，开始实施“基础地质调查与信息服务计划”等。包括：①周边国家重要成矿带对比研究与编图；②陆上丝绸之路经济带境外矿产资源潜力评价；③海上丝绸之路经济带境外矿产资源潜力评价；④全球多尺度地球化学填图；⑤全球资源环境卫星遥感解译与应用；⑥全球重点地区地质矿产合作战略调查；⑦全球能源资源综合研究与信息服务
国家航天局	推进与“一带一路”沿线国家深度开展航天领域科技合作，提高我国航天产品在沿线发展中国家市场占有率，增强我国民用空间基础设施、高分辨率对地观测系统对沿线国家提供天基基础信息的支持能力。增强北斗区域导航能力，在接收机研制、基于北斗服务航空产业等方面积极与沿线国家合作①
商务部	1. 与相关国家共同推进中蒙俄、新亚欧大陆桥、中国—中亚—西亚、中国—中南半岛、中巴和孟中印缅六大经济走廊和海上丝绸之路战略支点建设； 2. 推进沿线大通关合作，建立国际物流大通道，充分发挥边境经济合作区、跨境经济合作区和境外经贸合作区的功能，扩大与相关国家贸易往来，推进国际产能和装备制造合作； 3. 发挥好亚洲基础设施投资银行和丝路基金作用，共建“一带一路”金融合作平台②
《中国北斗卫星导航系统》白皮书 （中国卫星导航管理办公室）	在全球系统建设中把“一带一路”沿线服务作为重点，与“一带一路”沿线国家进行全方位合作，推动北斗系统应用与产业化发展
国外	
名称	内容
地理分析和动态监测计划（GAM） （美国地质调查局）	2002年，美国地质调查局（USGS）启动了一个为期5年的地理分析和动态监测计划（GAM）。计划从空间和时间尺度评估土地覆盖状况，研究领域包括：土地覆盖现状与趋势、生态效益和气候变化、社会脆弱性、生态地理、生态系统恢复和物候等

① 《国家“一带一路”倡议对中国航天的需求分析》，参见中国太空网。

② 参见新浪网。

续表

国外	
名称	内容
欧洲全球环境与安全监测计划（欧空局、欧盟）	2003年，欧盟与欧空局联合开展旨在通过分析卫星数据及实地观测数据，实现业务化的对地观测能力。主要提供土地监测、海洋监测、应急响应、大气监测和安全监测等5类主要地理信息服务，以帮助决策者制定环境法案，应对紧急状况
亚太地区环境革新战略项目(APEIS)（日本）	2001年，日本启动的一个环境方面的重大研究项目，由日本环境省资助，亚太地区各国的相关研究机构参加。环境综合监测子项目(IEM)是APEIS的3个子项目之一，旨在建立和发展一个综合性环境监测系统，对亚太地区的环境破坏、环境退化和生态脆弱区进行长期有效监测
国际全球环境变化人文因素计划(IHDP)（国际非政府组织）	IHDP是国际全球环境变化4个核心研究计划（水系统、碳、食物、土地）之一，由IGBP和IHDP继LUCC计划完成后共同推出。GLP的核心目标是：从人类-社会生态耦合系统的角度量测、模拟和理解土地系统的利用与变化

——科技部作为联合国政府间地球观测组织（Group on Earth Observations，GEO）的中方牵头部门，成立了由测绘、外交、发改等18个涉及地球观测领域的部门组成的GEO部级协调小组，跨地区、跨部门设立了46个国家遥感中心业务部①（测绘地理信息行业约有4个），并于2012年起实施了“全球生态环境遥感监测年报”，在全球和区域尺度上对生态环境因子进行年度动态监测，编制全球及区域生态环境综合报告和科学技术报告（含数据集），并建立年度报告发布制度②。

——中国地质调查局开展了“全球地质一张图工程”，开展了全球七大洲207个国家地质矿产与资源环境遥感调查，完成了1∶500万调查工作，面积1.49亿平方千米；完成了部分资源型国家1∶100万调查

① 参见国家遥感中心网站。

② 《科技部发布全球生态环境遥感监测2014年度报告》，参见中华人民共和国科学技术部网站。

工作，面积超过1350万平方千米；完成了重要成矿带1：25万和1：5万调查。在此基础上，又提出实施“一带一路”基础地质调查与信息服务计划[①]。

——国家海洋局计划实施“我国近海海洋综合调查与评价专项”等。

——中国科学院2014年设立了学部咨询项目“丝绸之路经济带资源环境格局与发展潜力”，为服务于“丝绸之路经济带”这一重大战略构想，提出的咨询报告受到国务院张高丽副总理和刘延东副总理的重视，分别给予重要批示。随后，2015年中国科学院设立“高精度全球测图战略需求、关键问题及对策建议”咨询评议项目，院士专家调研分析了国外高精度全球测图的现状、我国的战略需求与可行性，提出“须尽快开展我国自主高精度全球测图工作”的建议。

——中国工程院2014年设立“地理世情监测的战略研究”重点咨询研究项目，院士专家围绕全球地理空间数据获取与处理技术框架、地理世情挖掘、分析、知识化服务开展研究，提出了加快开展地理世情监测的相关建议。

与此同时，美国、英国、法国、德国、日本等国早已实现国土范围内地理信息的合理覆盖后，加大对全球重要地区的布局，先后研制了4套1千米、1套300米分辨率的全球地表覆盖数据产品[②]，并建立了常态化的更新机制，以更好地掌握、分析全球形势和趋势，更多参与全球事务、应对全球问题。对此，国家测绘地理信息局于2012年立项实施了“全球地表覆盖遥感制图工程”，计划组织开展“边境地区地理信息资源开发建设”“全球地理空间信息基础设施建设工程”“国家空间基准工程”等，研制并向联合国捐赠了全球30米高分辨率地表覆盖遥感数据

① 参见中国地质调查局网站。

② 徐冠华，葛全胜，宫鹏，等：《全球变化和人类可持续发展：挑战与对策》，载于《科学通报》，发表于2013年第21期，P. 2100-2106。

产品；积极探索以全球地表覆盖数据成果为基础开展我国周边、沿边和全球重点地区地理世情监测，服务“一带一路”、海洋强国、国家“走出去”等战略实施。

(二)测绘地理信息改革创新要求迫切

十八届三中全会开启了我国全面深化改革的序幕，这既为测绘地理信息领域深化改革、转型发展提出了要求，也为测绘地理信息服务于各领域全面深化改革提出了殷殷期望，提供了发挥作用的广阔舞台。李克强总理、张高丽副总理多次要求，测绘地理信息部门要以第一次全国地理国情普查为契机，进一步转变职能，提高服务水平，加快转变发展方式，优化调整组织机构，提升服务经济社会发展大局的能力，推动测绘地理信息事业再上新台阶。早在2009年国家测绘地理信息局在测绘地理信息发展战略研究中提出地理国情监测设想时，地理国情监测就被明确为战略提供服务，在服务大局、服务社会、服务民生的“三服务”宗旨中主要践行“服务大局”职责，以实现测绘地理信息与经济社会发展大局的深度融合。

1. 顺应测绘地理信息与经济社会发展大局的深度融合发展

1)融合发展的背景

融合发展，是一种趋势，更是一项重大改革。近年来国务院在军民融合、工业化信息化“两化融合”、产业融合、互联网和实体经济融合、传统媒体和新兴媒体融合等方面相继做出要求(见表6-4)。

表6-4 典型融合式发展摘录

名称	内容
军民融合	《关于经济建设和国防建设融合发展的意见》明确了军民融合发展的总体思路、重点任务、政策措施。结合测绘地理信息领域融合发展的特点，主要融合方式有四种类型：地方建设贯彻国防需求、共建共享、资源共享以及发挥市场作用

续表

名称	内容
"两化融合"	《信息化和工业化融合发展规划(2016—2020年)》提出要聚焦融合重点,突出体系建设,注重夯实融合发展基础,并明确制造业"双创"体系、新模式、新业态、新产品、基础设施体系等5个方面的发展重点
产业融合	《国务院办公厅关于推进农村一二三产业融合发展的指导意见》(国办发〔2015〕93号)、《关于深化制造业与互联网融合发展的指导意见》(国发〔2016〕28号)等政策文件。其中,产业融合可分为产业渗透、产业交叉和产业重组三类:①产业渗透是指发生于高科技产业和传统产业在边界处的产业融合;②产业交叉是指通过产业间功能的互补和延伸实现产业融合,往往发生于高科技产业的产业链自然延伸的部分;③产业重组主要发生于具有紧密联系的产业之间,这些产业往往是某一大类产业内部的子产业
媒体融合	国家新闻出版广电总局公布《关于进一步加快广播电视媒体与新兴媒体融合发展的意见》。其中,媒体融合主要体现在三个方面:内容的融合、技术的融合和经营方式的融合
文化+旅游 文化+设计 融合等	《国务院关于推进文化创意和设计服务与相关产业融合发展的若干意见》(国发〔2014〕10号)着力促进技术创新、业态创新、内容创新、模式创新和管理创新,催生新技术、新工艺、新产品,满足新需求

——军民融合。党的十八届三中全会将军民融合深度发展上升为国家战略,要求在各领域全面推进,形成全要素、多领域、高效益的军民深度融合发展格局。2016年7月,中共中央、国务院、中央军委印发了《关于经济建设和国防建设融合发展的意见》,明确了军民融合发展的总体思路、重点任务、政策措施。当前,测绘地理信息领域军民融合在重大项目合作、地理信息资源共享、卫星共建共享等方面取得一定进展,但融合顶层设计、融合机制和制度建设仍在探索中。

——产业融合。产业融合是指不同产业或同一产业不同行业相互渗透、相互交叉,最终融合为一体,逐步形成新产业的动态发展过程①。产业融合是在经济全球化、高新技术迅速发展的大背景下,产业提高生产率和竞争力的一种发展模式和产业组织形式。如信息产业与制造业的融合,地理信息产业与互联网、物联网产业的融合,等等。通过互联

① 百度百科"产业融合"词条。

网和实体经济深度融合发展，以信息流带动技术流、资金流、人才流、物资流，促进资源配置优化，促进全要素生产率提升。

——媒体融合。习近平2014年在中央全面深化改革领导小组第四次会议上，就媒体融合发展发表重要讲话，深刻阐述媒体融合的工作理念、实现路径、目标任务和总体要求。因此，2015年成为媒体融合元年，预示着融媒体时代的加速到来。“媒体融合”是信息传输通道的多元化下的新作业模式，是把报纸、电视台、电台等传统媒体，与互联网、手机、手持智能终端等新兴媒体传播通道有效结合起来，资源共享，集中处理，衍生出不同形式的信息产品，然后通过不同的平台传播给受众①。

综合上述几种融合发展模式，其融合路径一般遵从从技术融合到产品融合、服务融合和业务融合，再到市场（产业）融合的过程。其中，技术融合是融合发展最直接的条件，技术革新改变了工艺流程、产品内容和服务方式，促进了流程优化、平台再造，并扩展渗透到其他行业从而实现了更广泛、更有深度的融合。

2)融合式服务的内涵

服务融合是实现融合发展的主要手段，是指服务方与被服务方在服务与被服务的过程中逐步融为一体，形成一荣俱荣、一损俱损的统一体。当前，我国正由工业化社会向信息化社会发展，随着物联网、大数据等新一代信息技术广泛用，将重新定义信息“采集、编辑、传输、存储、使用”等信息化环节，促使数据向生产制作社会化、传输方式多样化、服务形态多元化方向发展，致使相关行业业务流程的信息化再造。“数据为王”的传统优势受到挑战和冲击，“服务至上”的发展理念正得到共识。通过服务融合，增强彼此之间“互补效应”，最终形成竞合共生关系。

① 《浅谈媒体融合》，参见人民网。

与“融合”服务相对应的是“保障”服务（如财政保障、医疗保障、保障性住房服务等），是指服务方仅仅提供一种保障给被服务方，两者保持相对独立，在发展过程中互不影响、互不干涉。在测绘地理信息领域，基础测绘通过标准化产品为经济社会各领域提供保障服务，“标准化产品”是保障方（基础测绘业务）和被保障方（经济社会各领域）发生联系的纽带。地理国情监测是兼有融合式和保障式特点的服务，而融合式服务将是主要的服务方式。地理国情监测作为服务方容易在服务过程中与作为被服务方的经济社会各领域形成统一体，形成“融合式”的服务，其不局限于以实物为主要内容的产品服务的概念，技术服务、咨询服务等方式将成为重要服务方式，而服务质量、服务态度和服务效率则将成为评价服务成效的重要内容。

2. 地理国情监测是测绘地理信息与经济社会发展战略融合的主要途径

长期以来，测绘地理信息工作很大程度上是以自身建设为导向，其目的是按计划构建起覆盖完整、定期更新的基础地理信息资源，并提供已有测绘成果，属于以产品为中心的一种保障性服务。作为政府的组成部门，如何从事业责任和部门职责的角度出发，充分发挥地理空间思维和测绘地理信息技术，参与到国家重大战略中去，从而实现融合发展，这对于正步入信息化社会的测绘地理信息工作十分迫切和必要。其中，地理国情监测作为测绘地理信息融入经济社会发展大局的主要途径，其提供的融合式服务的内涵主要包括如下两个方面：

1)服务对象上重点围绕经济发展重大战略

地理国情监测是测绘地理信息与经济社会发展战略融合的主战场。这主要体现在以下两个层次：一是服务于党和国家在特定时期确立的中心工作；二是服务政府相关部门，配合其他国家机构，通过分工合作促进政府运行管理的有序化和精细化，而后者是抽象意义上的服务大局。

具体来说，地理国情监测服务于"战略"的领域主要有：为本地区贯彻落实国家重大经济社会发展战略提供服务；为制定和实施符合本地区发展条件的经济社会发展战略服务；为本地区政府及其有关部门的管理决策工作提供服务。地理国情监测服务于"战略"的内容主要有：生态文明体制改革相关工作、资源环境及生态调查评价、自然资源环境审计及责任追究、城市、农业、生态等空间开发利用监测评价及管控等。截至2017年1月，对22个省级测绘地理信息部门"十三五"地理国情监测发展思路进行了梳理，各地普遍重视地理国情监测与本地区经济社会发展战略的"融合"。其中，有7个省级规划将服务"多规合一"作为地理国情监测的重点领域，有4个省级规划提出要加强"生态红线监测"。广西、海南、浙江、吉林、河北5个省份测绘地理信息部门与审计部门签署了合作开展自然资源资产审计协议。有10个省级规划提出要加强"国土空间变化监测"等。

2)服务方式上要体现为政府管理服务、为战略实施服务的特点

地理国情监测与国家重大战略需求是紧密相关的，其成果形式与服务方式应与地理信息市场化服务有所不同，要体现为政府管理服务、为战略实施服务的特点。

——权威性。地理国情监测属于政府公共服务范畴，其权威性主要来自技术上的可靠性和行政程序上的合法性。前者主要取决于地理国情监测是测绘工作，它有很完整的工艺流程，有严格的标准和质量保证体系，有稳定的队伍支撑，且具备标准化、规范化、高精度的特征。后者通过履行相应的行政程序来维持地理国情监测的权威性。

——主动性。按照《中华人民共和国政府信息公开条例》要求："行政机关应当将主动公开的政府信息，通过政府公报、政府网站、新闻发布会以及报刊、广播、电视等便于公众知晓的方式公开。"为此，测绘地理信息部门在推进监测中强化"服务"的理念，在支撑相关部门的资源环境调查或监测工作中甘当"配角"，主动服务，及时、准确地掌握各有

关部门、各地方经济社会发展对地理国情监测的需求和要求，积极推进建立地理国情监测需求对接、标准衔接、成果服务等稳定的工作机制，以发挥普查成果和监测技术的作用，与相关部门共同形成工作合力。

综上所述，地理国情监测是国家战略重点和现代技术发展对测绘地理信息转型发展的要求，体现了新时期测绘地理信息发展理念、工作重点、服务方式、产品形式、生产工艺等方面的深刻变化，是未来20年测绘地理信息工作的重要主题①。作为测绘地理信息发展总体战略重点和“五大业务”建设的重点内容，测绘地理信息工作向地理国情监测拓展，需要实现多方面的转型：一是生产方式的转型。地理国情监测要求调整生产业务链和生产环节，生产不再局限于按图幅、按比例尺生产，而是按需求、按地理单元或按更新频率灵活组织生产。二是服务方式的转型。地理国情监测的开展将推动测绘工作从静态测绘服务向地理国情动态分析、从被动提供向主动服务、从后台服务向前台服务、从单一基础地理信息数据向多类型地理国情数据的转变。服务范围更加广泛，更加有针对性、个性化。三是管理模式的转型。测绘地理信息管理模式将从封闭走向开放，从单纯的技术管理向综合管理转变。四是人才队伍的转型。地理国情监测是一个跨学科、知识密集型的创新工作，注重信息整合和集成分析，需要尽快培养一批地理国情的综合统计分析人才。

二、需求获取

地理国情监测常态化的关键在于稳定的需求。按照需求的来源，主要分为两类：一是测绘地理信息部门根据经济社会发展需求，自主开展的需求分析，这类需求主要集中在基础性地理国情监测；二是测绘地理信息部门通过项目征集方式，获取各部门、各行业等用户单位的需

① 王春峰：《把握方向 理清思路 推进测绘地理信息转型发展》，载于《中国测绘报》，发表于2011年。

求，这类需求中共性的部分可能在第一类中重合，个性的部分则体现了一些部门、领域的关注点，也是专题性地理国情监测的重要内容。

(一)基础性监测需求获取

基础性地理国情监测主要对地理国情普查成果进行更新，任务内容基本固定，其应用方向明确。从应用的角度明确基础性地理国情监测的应用方向，是发挥地理国情普查成果作用，保持基础性地理国情监测生命力的前提。《国务院关于开展第一次全国地理国情普查的通知》(国发〔2013〕9 号)明确了“地理国情是基本国情的重要组成部分”。因此，基础性地理国情监测的主要任务可以被认为是维护、研究与地理国情相关的基本国情。为此，在首先明确基本国情具体含义的基础上，结合地理国情监测工作特点，研究提出基本地理国情的指标体系，形成常态化基本地理国情发布机制。

通过对地理国情普查成果进行更新以及集成相关信息进行统计分析，从而形成反映基本国情的指标信息，并建立每年对上述几类基本国情进行研究、分析的常态化工作机制，是基础性地理国情监测的重要任务。基础性地理国情监测作为产生基本国情的基础，其成果不但是技术成果，更是体现政府意志的成果，其应用方式和机制具体如下。

第一，在分析上述基本国情内涵的基础上，提出基本地理国情的指标体系。比照国家发展改革委《外商投资产业指导目录》《高技术产业指导目录》以及国家统计局《统计用产品分类目录》等[①]进行目录管理，每二年或三年调整一次。

第二，按年度更新地理国情普查数据库后，围绕上述指标体系进行统计分析，形成相关技术成果。

第三，将基础性地理国情监测成果纳入重要地理信息数据统一管

① 《统计用产品分类目录》是对全社会经济活动的产品进行标准分类和统一编码，它适用于以产品为对象的所有统计调查活动。

理，规范其审核与公布程序，形成政府发布成果。

（二）专题性监测需求获取

地理国情监测重点服务于“战略”，按照中央和地方事权划分改革方向[①]。

国家级地理国情监测主要围绕如下需求确定内容：①党中央、国务院确定的重大战略实施、重大工程建设、重要政策的论证和执行效果评估等事项；②《生态文明体制改革总体方案》中确定的大江大河大湖和跨境河流、生态功能重要的湿地草原、海域滩涂和部分国家公园等的管理、国家主体功能区规划实施与评估、资源生态环境承载力监测预警等[②]；③有关部门的年度重点工作；④基础性地理国情监测，主要包括地理国情普查数据库及基础地理信息数据库的更新工作。

省级地理国情监测主要围绕如下需求确定内容：①本地区的重大战略、重大工程建设实施监测评估；②体现本地区发展特色的区域性监测；③省级有关部门的年度重点工作；④基础性地理国情监测，主要包括地理国情普查数据库及基础地理信息数据库的更新；⑤国家测绘地理信息局安排的相关监测工作。

省级以下地理国情监测任务由省级测绘地理信息部门指导市县测绘地理信息部门研究确定。

根据上述重大战略规划和深化改革任务编制的地理国情监测规划，对规划期内的监测任务做出了原则性的安排，但各地区各部门各年度工作重点时有变化，其对监测的需求是多样化的。为了及时、准确、顺畅地获取到用户“鲜活”的需求，须与用户建立需求对接机制，要创新需求对接方法，利用规划手段，规范需求管理，具体可通过如下三方面

---

① 参见《国务院关于推进中央与地方财政事权和支出责任划分改革的指导意见》（国发〔2016〕49号）。

② 参见《生态文明体制改革总体方案》。

途径。

1. 编制地理国情监测规划或总体方案报政府审批后实施

地理国情监测是测绘地理信息部门的一项行政职能，按照依法行政的要求，对于涉及政府投资的重大社会公益建设项目审定和实施，要履行重大行政决策程序规定。具体如下：

——由测绘地理信息部门牵头各有关部门成立地理国情需求计划（规划）编制机制，建立地理国情监测规划管理制度，制度化开展地理国情需求计划（规划）的编制工作，确定一定时间内地理国情监测需求及任务。在此基础上凝练地理国情监测阶段性工作重点，并做好地理国情监测规划与基础测绘规划、测绘地理信息事业规划之间的衔接。

——将地理国情监测需求计划（规划）报送本级政府批准后，作为测绘地信部门编制地理国情监测年度计划的重要依据。

其中，有三点需要说明：一是所谓“一定时间”，为保证其可操作性，可以是 1 年或 2 年，但一般不超过 5 年；二是应当突出其实施刚性，列入计划（规划）的任务必须按时、按要求完成；三是应当明确测绘地理信息部门向有关部门反馈成果的途径和要求。

当前，地理国情监测尚未纳入政府专项规划序列，可通过履行重大行政决策程序以完成地理国情监测规划的编制与印发实施。按照 2014 年实施的《国务院全面推进依法行政实施纲要》要求，各地相继以政府令的形式制定并实施了本地区的《重大行政决策程序规定》，并将以下重点内容列为重大行政决策事项：需要县级以上人民政府批准的专项发展规划和重要区域发展规划；政府投资的重大社会公益建设项目批准实施；等等。同时，还规定“规范行政决策程序……要把公众参与、专家论证、风险评估、合法性审查和集体讨论决定作为重大决策的必经程序”。重大行政决策事项草案应当包含决策事项、决策目标、决策依据、工作任务、措施方法、时间步骤、决策事项执行单位和配合部门、经费预算、决策实施后评估计划等相关内容，并附有决策事项草案起草说明[①]等。

对此，浙江省、云南省就建立地理国情监测常态化机制进行了相关研究。《云南省地理国情监测"十三五"规划》作为全国第一个省级地理国情监测规划，已由云南省人民政府印发各州、市人民政府，省直各委、办、厅、局实施，每年财政投入约6000万元。浙江省2014年组织专门力量对省政府涉及自然资源和生态环境管理的7个职能部门进行了深入的需求调研，形成了地理国情监测五年工作计划；2015年，就地理国情监测服务党委政府中心工作和重大项目开展了调查研究，在认真总结地理国情普查和监测成果服务"五水共治""三改一拆"、领导干部自然资源资产离任审计、空间性规划"多规合一"等重大项目的基础上，形成了调研报告；2016年，结合省政府地理国情监测管理立法工作，局党委将"探索建立地理国情监测常态化机制研究"作为局重点调研课题，开展了深入研究，形成了调研报告。研究成果已作为建立相关法律制度的重要参考。

2. 探索建立向相关部门征求年度地理国情监测需求建议的工作模式

在已经确定一定时间内地理国情监测业务重点的前提下，鉴于不同地区的政府及其部门年度工作重点时有变化，因此，需要做好地理国情监测规划和地理国情监测年度计划之间的衔接，以更加有效地服务于政府及其有关部门的工作，从而彰显地理国情监测业务的价值。具体有如下几点：

——明确一定时期内地理国情监测业务重点。综合考虑一定时期内政府经济社会发展重点，通过一定形式明确地理国情监测业务重点。其中，所谓"一定时期"是指一定的经济社会发展周期，例如年度规划期；所谓"一定形式"，可以采用编制五年规划的形式，也可以采用其他

① 参见《云南省重大行政决策程序规定》（云南省人民政府令200号）。

形式；所谓“地理国情监测业务重点”，主要是指国家级、省级以及省以下级监测重点方向。

——向相关部门征求年度地理国情监测需求项目建议。根据地理国情监测业务重点方案做出的原则性安排，结合年度预算约束，统筹地理国情普查数据和基础地理信息数据的更新需求，编制年度“地理国情监测需求项目指南”(样式参见图 6-1)，明确需求项目申报原则、拟监测的重点领域、申报程序，明确测绘地理信部门、应用部门在责权利等方面的关系，征求政府相关部门和地方测绘地理信息部门的项目建议。为此，国家测绘地理信息局 2016 年制定印发的《关于加快推进常态化地理国情监测工作的通知》(国测规发〔2016〕7 号)中明确要求“探索建立向相关部门征求年度地理国情监测需求项目建议以及按年度执行测绘地理信息部门与发改、审计、统计、国土等部门签署的合作协议等方式……建立与相关部门资源生态环境监测协作机制，形成监测合力”。

——将来自于各部门的需求项目纳入地理国情监测年度计划，履行项目设计、报批程序，按要求组织开展具体实施工作。

——按照承诺的时间、质量等方面的要求，向应用部门反馈成果。整合年度基础性地理国情监测项目成果、年度专题性地理国情监测应用项目的成果(及其评价)，形成地理国情监测年度工作成果报送国务院及有关部门。

其中，按照军民深度融合发展要求，地理国情监测要充分对接国防需求。对此，《关于经济建设和国防建设融合发展的意见》要求规范军地需求对接，要“按照研究提出、分析论证、归口上报、综合平衡、审核确定、落实反馈的程序，建立军地需求对接机制。军地双方要明确需求报送归口部门，规范对接内容和程序，建立联合工作机制”。据此，测绘地理信息部门在制定地理国情监测规划计划时征求军队需求，统筹谋划；军队有关部门根据研究提出、分析论证、归口上报的程序向上级部门提出地理国情监测需求；军队战场保障部门最终汇总需求并综合平衡、审核确定后向测绘地理信息部门通报；测绘地理信息部门落实后，经军队战场保障部门向需求提出部门做出反馈。

《××××年度地理国情监测需求项目指南》

（样式）

地理国情监测是制定和实施国家发展战略与规划、优化国土空间开发格局、促进区域协调发展、推进生态环境保护的重要支撑，也是相关行业开展调查统计工作的重要基础。

为强化地理国情监测应用服务能力，增强地理国情监测服务各级党委、政府及相关部门的整体水平，统筹谋划××××年度地理国情监测，并做好组织实施，特制定本申报指南。

一、指导思想

落实国务院关于地理国情监测工作的有关部署，按照《全国基础测绘中长期规划纲要(2015—2030年)》有关要求，做好地理国情监测统筹与组织实施，强化部门间协同和测绘地理信息行业内协作，形成地理国情监测整体合力，推动地理国情监测业务化、规范化、常态化发展。

二、申报原则

（一）国家测绘地理信息局结合财政下达的监测工作年度预算，做好地理国情监测任务统筹；

（二）根据本地区、本部门年度工作急需，因地制宜、突出重点，确定优先监测领域；

（三）注重项目的科学论证，有明确的项目目标、组织实施计划和科学合理的项目预算，加强协同创新，促进成果深入应用；

（四）优先安排延续项目和有配套资金的项目。

三、重点领域

（一）空间规划编制

根据构建全国统一、相互衔接、分级管理、功能互补的空间规划体系要求，按照主体功能定位，利用标准统一的地理空间基础数据和地理国情普查成果与监测技术，统一地理空间的定义和边界，融合各类空间信息，促进主体功能区规划对经济社会发展任务的空间管控，约束土地利用、生态环境、城镇建设等规划，实现主体功能区规划、土地利用规划、城镇规划、生态规划等空间规划的“多规合一”，构建全国统一、相互衔接、分级管理、功能互补的空间规划体系，建立统一规范的空间规划编制机制。

（二）国土空间开发监测

根据优化国土空间开发格局和城镇化发展布局的要求，构建更新及时、反应迅速、功能完善的国土空间动态监测系统。以国土空间动态监测系统为支撑，构建监测指标体系，对主体功能区规划和实施情况进行检查评估，探索建立主体功能区规划评估与动态修订机制，分析现行相关规划政策在空间定位、空间管控等方面的精准程度和不足，发挥主体功能区作为国土空间开发保护基础制度的作用。

图6-1 “地理国情监测需求项目指南”样式

(三)城镇化发展监测

按照《国家新型城镇化规划(2014—2020 年)》的要求,建立城市群发展监测指标体系和评价模型,重点监测城镇化发展的空间格局和用地规模结构以及城市群的培育形态和发展方向。开展城镇增长边界和城镇空间格局监测。结合各国家级新区的总体规划,对我国已设立的 19 个国家级新区在经济建设过程中地表覆盖变化进行监测。

(四)生态红线监测

对全国七大生态安全屏障区域开展地表覆盖及其生态质量的年度变化监测,实现不同生态系统区域分类,提出生态质量评价指标体系,为国家和地方政府对生态安全屏障建设和区域内部生态质量评估提供服务。

(五)自然资源监测

获取草原、湿地、天然林、河流等自然资源的位置、范围、面积等信息及其空间分布特征,分析资源、生态、环境、人口、经济、社会等要素在地理空间上相互作用、相互影响的内在关系和演变规律,为自然资源的用途管制、资源环境承载能力评价、编制自然资源负债表等提供数据基础和决策依据。

(六)重大灾害防治监测

构建防灾减灾应急监测联动体系,实现对灾前、灾期、灾后全过程进行动态监测,为国家和相关部门及时提供监测成果,服务应急救灾、灾害评估和灾后重建。

(七)海岸带与海岸线监测

对沿海城市的围填海和海岸线年度变化监测,分析海岸线结构、自然岸线比例、围填海面积及速率等,为相关部门开展围填海控制和自然岸线管理提供服务。

(八)地理世情监测

对我国沿边、周边以及全球重要地区地表自然和人文地理要素的空间分布、特征及其相互关系持续进行调查、统计、分析、评价和预测,为经济发展、国防安全、外交商贸、资源开发、能源保障等“走出去”战略实施提供支撑。

(九)其他

各地区、各部门其他有关地理空间开发利用、资源生态环境监测工作。

四、申报要求

(一)项目组织实施单位

组织实施单位为测绘地理信息部门及其所属单位。

(二)项目申报单位

项目申报单位为国务院有关部门及其所属单位。

(三)项目申报程序

国务院有关部门及其所属单位根据经济社会发展和部门业务工作需要,直接向国家测绘地理信息局提出需求项目申请。地方政府及其有关部门向本地区测绘地理信息部门提出申请。

国家测绘地理信息局组织专家进行审核后,纳入地理国情监测年度计划,由测绘地理信息部门利用地理国情监测专项资金、队伍开展实施工作,并根据要求向有关部门提供成果和服务。

图 6-1(续) “地理国情监测需求项目指南”样式

3. 按年度执行测绘地理信息部门与相关部门和地区签署的合作协议

合作协议是双方或多方对一定时期内合作的目标成果、主要任务、责任分工、工作机制等内容达成的共识。按年度执行合作协议，进一步细化合作内容，确定监测内容和范围，根据其业务需求变化拓展合作领域，并建立按年度执行合作协议的工作制度。国家测绘地理信息局、国家发展和改革委员会与广西、浙江、贵州、福建、湖北等省级人民政府先后签订了《省级空间性规划“多规合一”试点合作协议》等（见图 6-2）。目前，试点已取得积极成果。

图 6-2　国家发展和改革委员会、国家测绘地理信息局、贵州省人民政府签署《省级空间性规划“多规合一”试点合作协议》

第七章　业务体系建设

业务，即个人或某个机构的本行业本职工作，这是对业务的工作属性的要求。业务涉及一个以上组织，按某一共同的目标、通过信息交换实现的一系列过程，其中每个过程都有明确的目的，并延续一段时间[①]。地理国情监测是新时期测绘地理信息业务根据业务领域、建设内容以及技术特点等细分而成。根据对地理国情监测的认识和理解，可以建立基于现有基础测绘工作体系的地理国情监测工作体系。

地理国情监测业务组成主要由监测任务、工艺流程、监测系统、生产服务组织体系、组织队伍等组成（见图 7-1）。不同层级测绘地理信息部门开展的地理国情监测业务共同形成业务体系。

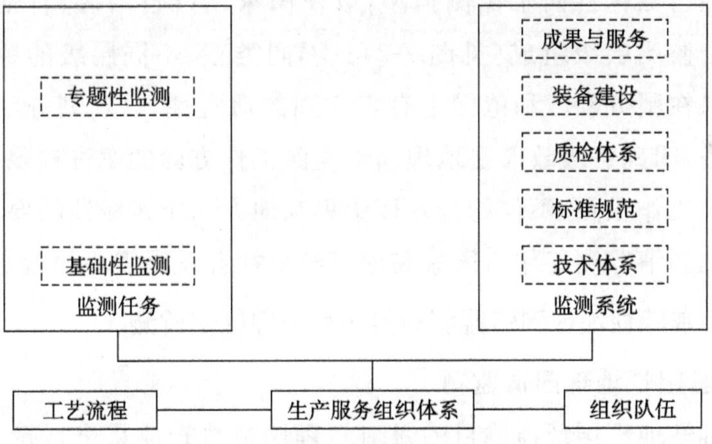

图 7-1　地理国情监测业务体系

其中，监测任务指监测内容、对象、指标以及地理国情信息获取、处

① 参见《电子商务基本术语》(GB/T 18811—2012)。

理、分析及服务等具体工作。工艺流程指规范、优化地理国情信息获取、处理、管理、分析应用、分发服务各环节,形成高度协同的生产服务秩序。监测系统由地理国情监测技术体系、标准规范、质检体系、成果体系与服务模式等组成。具体来说,技术体系指支撑地理国情监测实施的技术方法、技术手段等;标准规范指针对地理国情监测重点环节、关键技术、管理方式等的相关规定;质检体系指保证地理国情监测数据准确、质量可靠的制度、标准、技术等;成果体系及服务模式指地理国情监测成果形式、服务对象、服务方式等成果服务活动的组成要素及相互关系的描述;生产服务组织体系是与地理国情监测工艺流程配套的生产方式、组织形态和管理方法等构成的一体化环境①;组织队伍指承担地理国情监测任务的单位、管理人员、专业技术人员等。

一、监测任务

概括来说,地理国情监测任务内容包含"两个类型、三个层级",即由基础性与专题性两个监测类型,以及国家、省(自治区、直辖市)、市(县)三个监测层级组成(见图 7-2)。不同类型、不同层级的地理国情监测成果在服务领域和范围上有着不同的适宜性,合理划分地理国情监测任务,明确各级政府在地理国情监测工作方面的职责权限,以及各类任务的工作重点,不仅符合发挥中央和地方两个积极性的要求,也有利于地理国情监测工作与国家和地区经济社会发展需要的紧密结合。

(一)基础性地理国情监测和专题性地理国情监测

1. 基础性地理国情监测

基础性地理国情监测目的是对地理国情普查成果进行持续更新,保持地理国情普查成果的现势性。从应用的角度来看,通过对地理国

① 向泽君,徐占华,李霖:《信息化测绘服务特征下单位生产组织体系规划》,载于《测绘通报》,发表于 2011 年第 5 期,P. 72-76。

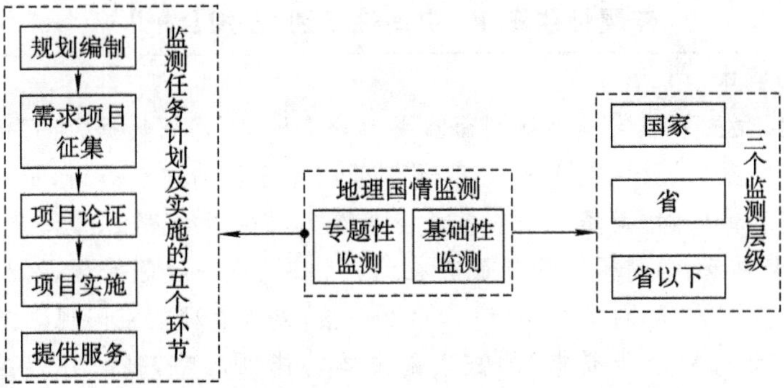

图 7-2 地理国情监测任务组成及组织实施流程

情普查成果进行更新以及集成相关信息进行统计分析，形成反映基本国情的指标信息，服务于基本国情的维护、研究，以及为行政管理、新闻传播、对外交流、教学科研等对社会公众有影响的活动中使用与地理空间相关的信息数据提供标准。地理国情的基本国情属性，意味着基础性地理国情监测成果要具备可靠的精度和较高的质量，保证内容完整、标准一致、信息权威。因此，全国要树立一盘棋思想，国家层面加强全国基础性监测的统筹安排、组织协调与监督指导，做好顶层设计，制定和完善相关技术标准，推动全国基础性监测的整体开展。各省级按照国家的统筹安排，参与涉及本地区的国家级专题性监测，并组织实施好本行政区内的基础性监测，其更新范围、更新周期、采用的分辨率根据本地区经济社会发展程度、国土空间开发强度等因素确定。

2. 专题性地理国情监测

专题性地理国情监测面向特定应用或局部区域的需求，照顾的是"点"，主要围绕国家和地方国土空间开发利用、资源环境及生态管理、空间规划编制与实施、区域协调发展战略、重大自然灾害防治、生产力优化布局等方面的管理决策需要，确定监测重点领域和任务内容。专题性监测任务确定方法见下文，相关专题监测具体任务内容见以下专栏。

专题性监测1　空间性规划“多规合一”

（一）需求

当前，我国省级空间性规划面临用地分类标准、基础数据、坐标体系等方面的技术难题，以及职能交叉打架、规划管理等方面的体制障碍，迫切需要测绘地理信息部门，协助解决当前各类空间性规划在测绘基准、规划底图、技术方法、标准规范、编制机制等方面存在的不协调、不一致等问题，有机整合各类空间性规划内容，构建协调统一、相互衔接、分级管理的空间规划体系。

党的十八大报告要求“加快实施主体功能区战略，推动各地区严格按照主体功能定位发展，构建科学合理的城市化格局、农业发展格局、生态安全格局”。《生态文明体制改革总体方案》对建立空间规划体系做出明确要求：“整合目前各部门分头编制的各类空间性规划，编制统一的空间规划，实现规划全覆盖”“空间规划分为国家、省（自治区、直辖市）市（县）三级。研究建立统一规范的空间规划编制机制，鼓励开展省级空间规划试点”等。

（二）任务内容

研究建立以测绘基准、基础地理信息和地理国情普查成果为空间定位依据，形成统一用地分类标准、数据坐标系统、空间管控分区和用途管制措施等方面基础规范。以主体功能区规划为基础，形成统一的空间规划体系的技术方法。建立空间规划编制统一的工作底图和基础平台，研制较高精度的空间规划底图的技术方法、标准规范，支撑“多规合一”。以“多规合一”为契机，构建统一的空间规划基础信息平台，推动多部门规划信息的互通共享和业务管理的衔接协调。

专题性监测2　国土空间变化监测

（一）需求

我国目前仍处在工业化和城镇化的快速发展阶段。由于国土资源禀赋与生产力空间布局不匹配，资源、生态、环境的约束日益强化，发展不协调和不平衡的问题凸出，区域与城乡差距仍然增大，面临严峻的形势和挑战。《全国主体功能区规划》明确要求：“各省（自治区、直辖市）要加强地区性的国土空间开发动态监测管理工作，通过多种途径，对本地区的国土空间变化情况进行及时跟踪分析。”开展国土空间监测，分析、评估和检查落实各地区国土空间开发状况，对于促进形成人口、经济、资源环境相协调的国土空间开发格局具有重要意义。

（二）任务内容

1. 整合相关部门的规划政策和信息资源，建立主体功能区、生态红线、土地利用、城乡规划等空间规划及政策数据库。以测绘基准信息、基础地理信息为基础，推动各类空间信息共建共享。研制国土空间动态监测指标体系，构建覆盖全国、统一协调、更新及时、反应迅速、功能完善的国土空间动态监测系统，探索完善国土空间开发利用常态化监测的工作制度、业务工作内容、技术方法和工艺流程。

2. 以国土空间动态监测系统为支撑，对主体功能区规划和实施情况进行检查评估，探索建立主体功能区规划评估与动态修订机制，分析现行相关规划政策在空间定位、空间管控等方面的精准程度和不足。

专题性监测 3　生态红线划定与保护监测

（一）需求

十八届三中全会更是把划定生态保护红线作为改革生态环境保护管理体制、推进生态文明制度建设重要任务。2015 年 5 月，《中共中央国务院关于加快推进生态文明建设的意见》印发，强调要严守资源环境生态红线，明确要求在重点生态功能区、生态环境敏感区和脆弱区等区域划定生态红线，科学划定森林、草原、湿地、海洋等领域生态红线等。2015 年 5 月，环保部印发《生态保护红线划定技术指南》，主要内容包括对生态功能红线的定义、类型及特征界定，生态功能红线划定的基本原则、技术流程、范围、方法和成果要求等。

（二）任务内容

1. 生态红线划定服务。利用基础测绘成果和地理国情普查成果与监测技术，综合资源与生态环境现状、生态环境敏感性、生态系统服务功能重要性等因素，完善生态保护红线分类体系，进行生态红线边界提取，并根据征集意见对红线的边界进行调整和核定。依据生态保护红线统计分析指标，开展基础统计及红线区土地利用类型及生态环境状况统计分析，形成集报告、系统、数据为一体的生态红线成果。围绕生态红线性质不转换、面积不减少的管控要求，建立生态红线监测指标和技术方法，在国家和省级层面，开展生态保护红线监测。探索建立由发改、环保部门牵头、测绘地理信息部门参与的生态红线划定与保护机制。

2. 生态安全屏障区域自然生态变化监测。对全国七大生态安全屏障区域开展地表覆盖及其生态质量的年度变化监测，实现不同生态系统区域分类，提出生态质量评价指标体系，为国家和地方政府对生态安全屏障建设和区域内部生态质量评估提供服务。

专题性监测4 城镇化发展监测

（一）需求

十八大报告中提出要“科学规划城市群规模和布局”。《中共中央关于全面深化改革若干重大问题的决定》指出“优化城市空间结构和管理格局，增强城市综合承载能力”。针对城镇化发展中存在的问题，迫切需要从空间角度对城镇化发展进行监测，为优化城镇空间布局，促进可持续发展提供决策依据。

（二）任务内容

1. 城市扩展监测。在全国31个省(自治区、直辖市)的331个地级以上城市辖区范围开展城市扩展和城市空间布局监测，反映城区范围和空间布局变化情况，分析变化趋势，为城镇化发展和土地集约节约利用提供支撑。

2. 城市群监测。在《国家新型城镇化规划(2014—2020年)》中确定的京津冀、珠三角、长三角、哈长、中原、长江中游、成渝城市群七大城市群以及山东半岛、长株潭、海峡西岸、辽中南、滇中等区域级主要城市群开展区域地理边界提取，建立城市群发展监测指标体系和评价模型，重点监测城镇化发展的空间格局和用地规模结构以及城市群的培育形态和发展方向。

3. 国家级新区空间格局变化监测

结合各国家级新区的总体规划，对我国已设立的18个(截至2016年6月)国家级新区在经济建设过程中地表覆盖变化进行监测，反映建设进程与总体规划的契合度，促进总体规划实施。

专题性监测5 自然资源监测

（一）需求

党的十八大报告、《党政领导干部生态环境损害责任追究办法(试行)》等文件要求探索编制自然资源资产负债表，对领导干部实行自然资源资产离任审计，建立生态环境损害责任终身追究制，服务于领导干部的离任审计和绩效考核。测绘地理信息部门既不是自然资源资产的使用者，也不是管理者，提供的测绘地理信息成果具有基础性、客观性，具备为自然资源资产监管提供及时、客观监测服务的基础。利用地理国情普查成果和监测技术，摸清这些资源的家底，通过对资源的数量、类别、性质、空间分布情况进行调查，厘清“有什么，在哪里”；通过对定期或动态的监测，查清“变化否，变多少”；基于相关地理要素开展承载力监测评价，揭示资源、环境、生态、人口、社会等要素在地理空间上相互作用、相互影响的内在关系和演变规律，为编制自然资源负债表、资源有偿使用和生态补偿制度实施提供统计数据和地图印证等。

（二）任务内容

1. 利用基础测绘成果和地理国情普查成果与监测技术，对各类自然资源进行监测，摸清各类自然资源现状和变化情况。

2. 基于自然资源的类别、位置、范围、面积等空间分布、特征信息，分析资源、生态、环境、人口、经济、社会等要素在地理空间上相互作用、相互影响的内在关系和演变规律，为自然资源的监管和用途管制提供数据基础和决策依据。

3. 探索利用监测成果，提供统计数据和地图印证等服务优化资源、生态、环境、经济、社会等要素在地理空间配置，支撑以资源环境承载力为基础的生态补偿制度完善。

专题性监测6　海岸带变化监测

（一）需求

我国海岸开发密度高、强度大，可供开发的海岸线和近岸海域后备资源不足；工业和城镇建设围填海规模增长较快，海岸人工化趋势明显，部分围填海区域利用粗放；沿海局部地区开发布局与海洋资源环境承载能力不相适应；近岸部分海域污染依然严重，滨海湿地退化形势严峻，海洋生态服务功能退化。2012 年 4 月，经国务院批准，国家海洋局公布了《全国海洋功能区划(2011—2020 年)》，对中国管辖海域未来十年的开发利用和环境保护做出全面部署和具体安排。《中国共产党第十八届中央委员会第五次全体会议公报》要求构建科学合理的自然岸线格局等①。

（二）任务内容

对沿海地区的围填海、自然滩涂、海岸线年度变化监测，分析海岸线结构、自然岸线比例、围填海面积及速率等，为相关部门开展围填海控制和自然岸线管理提供服务。

---

① 参见《中国共产党第十八届中央委员会第五次全体会议公报》。

<table>
<tr><th>专题性监测7　地理世情监测</th></tr>
<tr><td>（一）需求
维护国家安全、拓展国家利益，服务国家政治外交大局，特别是“一带一路”倡议实施以及总体国家安全观下应对地缘政治形势，需要及时掌握自身地理国情和外部地理世情，统筹做好地理世情（国情）监测，服务经济发展、国防安全、外交商贸、资源开发、能源保障等“走出去”战略实施。
（二）任务内容
对我国沿边、周边以及全球重要地区开展监测，其中，沿边地区，开展跨境流域（河流）、边境口岸和重点边境城镇发展等重要资源世情监测示范；周边地区，面向区域能源合作、经济贸易、文化交流、基础设施互联互通等领域发展需求，选择新疆及周边、云南及丝绸之路经济带进行重要地理要素监测应用示范；全球重点地区，主要开展资源开发与对外投资区、冲突频发区、海上通道（经济通道以及煤、矿产等能源输送管线）等“三区一道”的重要地理要素监测示范，并及时将监测成果提供给政府部门决策使用。</td></tr>
</table>

（二）业务层级

不同层级测绘地理信息部门开展的地理国情监测业务共同形成业务体系。地理国情监测任务按照层级分为国家级、省级以及省以下级。

合理划分中央与地方财政事权和支出责任，是政府有效提供基本公共服务的前提和保障，是推进国家治理体系和治理能力现代化的客观需要。《国务院关于推进中央与地方财政事权和支出责任划分改革的指导意见》（国发〔2016〕49号）按照“建立事权和支出责任相适应的制度、适度加强中央事权和支出责任”等要求，根据基本公共服务受益范围、兼顾政府职能和行政效率对中央和地方事权划分原则做出了如下规定：

1. 中央事权：

“体现国家主权、维护统一市场以及受益范围覆盖全国的基本公共服务由中央负责。”“要逐步将国防、外交、国家安全、出入境管理、国防公路、国界河湖治理、全国性重大传染病防治、全国性大通道、全国性战略性自然资源使用和保护等基本公共服务确定或上划为中央的财政事权。”

2. 地方事权：

“将直接面向基层、量大面广、与当地居民密切相关、由地方提供更方便有效的基本公共服务确定为地方的财政事权。”“要逐步将社会治安、市政交通、农村公路、城乡社区事务等受益范围地域性强、信息较为复杂且主要与当地居民密切相关的基本公共服务确定为地方的财政事权。”

3. 中央和地方共同事权：

“要逐步将义务教育、高等教育、科技研发、……、跨省(自治区、直辖市)重大基础设施项目建设和环境保护与治理等体现中央战略意图、跨省(自治区、直辖市)且具有地域管理信息优势的基本公共服务确定为中央与地方共同财政事权，并明确各承担主体的职责。”

从地理国情监测需求对象看，有些需求在很多行业、领域或区域都受关注，有些需求只在特定的行业、领域或区域受关注；前者是普遍性需求，后者是个性化需求。同时，有些需求是国家层面的，有些需求是地方层面的。地理国情监测作为一项测绘地理信息公益性业务，主要为政府决策、经济社会发展和社会公众服务，按照上述中央和地方事权划分原则以及地理国情监测的工作内容，对国家级、省级及省以下级监测任务进行如下划分。

1. 国家级地理国情监测任务

由国家测绘地理信息局组织实施，主要围绕如下需求确定监测内容：①党中央、国务院确定的重大战略实施、重大工程建设、重要政策的论证和执行效果评估等事项；②《生态文明体制改革总体方案》中确定的大江大河大湖和跨境河流、生态功能重要的湿地草原、海域滩涂和部分国家公园等管理、国家主体功能区规划实施与评估、资源生态环境承载力监测预警等；③有关部门的年度重点工作；④基础性地理国情监测，主要包括地理国情普查数据库及基础地理信息数据库的更新工作。

国家层面通过业务指导、项目带动、资金配套等方式给予地方支持，引导各地加快做好地理国情监测规划、实施和应用，带动地方参与本行政区内的专题性监测，推动不同层级监测工作的同步开展。

2. 省级地理国情监测任务

由省级测绘地理信息部门统筹组织实施，主要围绕如下需求确定监测内容：①本地区的重大战略、重大工程建设实施监测评估；②体现本地区发展特色的区域性监测；③省级有关部门的年度重点工作；④基础性地理国情监测，主要包括地理国情普查数据库及基础地理信息数据库的更新工作；⑤国家测绘地理信息局安排的相关监测工作。

3. 省以下级地理国情监测任务

省以下级地理国情监测任务由省级测绘地理信息部门指导市县测绘地理信息部门研究确定。

二、工艺流程

相比传统测绘地理信息工作，地理国情监测有如下特征：一是要求地理国情信息获取更加准确、客观、规范、全面和实时；二是对多种地理国情信息的综合集成、分析处理更加快速、深入；三是要求地理国情信息服务更加灵活、便捷。因此，在优化现有测绘地理信息生产服务工艺流程中，根据地理国情监测业务的特点，实现个性化需求与标准化、规范化生产之间的融合，在加强数据获取、数据处理、数据服务环节的基础上，突出数据分析环节。结合地理国情监测核心业务，建立地理国情监测工艺流程框架（见图 7-3）。

——地理信息与专题信息整合。调研分析各类地理国情监测需求，整合并充分利用各级、各类基础地理信息以及各种专题、历史数据，获取普查可以利用的信息，按照地理国情监测的技术标准与规范，将不同来源的基础数据进行整合。

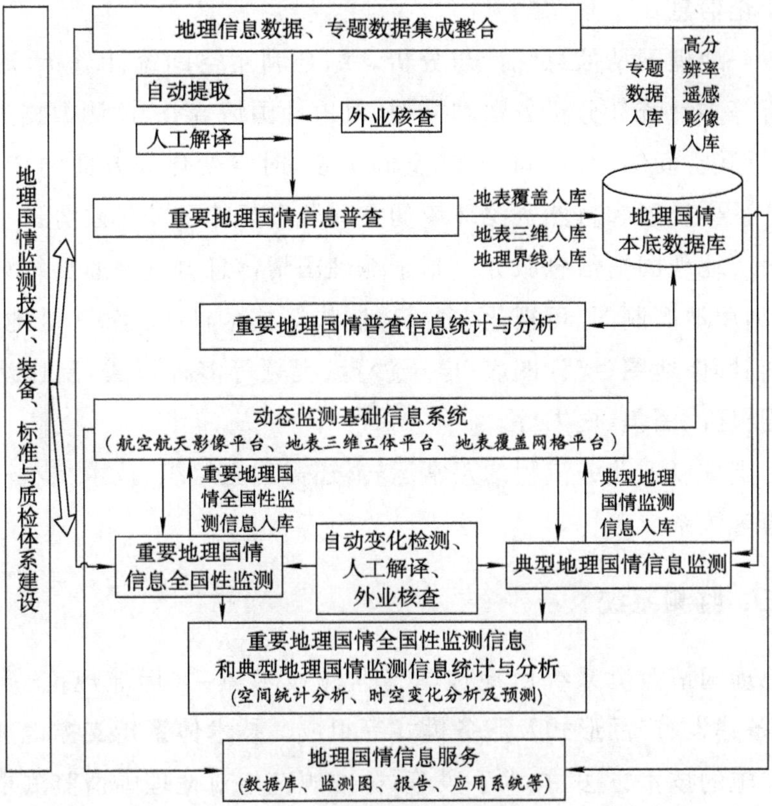

图 7-3 地理国情监测工艺流程

——地理国情普查。采用多源高分辨率遥感影像，利用内外业一体化调查，整合、扩充、细化等手段，按照内业判读与解译、外业调查与核查、内业处理与整理的方法，开展重要地理国情信息普查，形成二维、三维一体化、高精度、全覆盖、空间连续的全国地理国情普查信息网格，建立统一时点、标准一致的地理国情信息本底数据库。

——地理国情信息动态监测。在重要地理国情普查成果的基础上，利用多源高分辨率遥感数据，结合外业调查数据和相关部门的成果资料，采用地理要素变化检测技术，结合人机交互解译方式，辅助预测变化位置、范围、强度，按照内业预判、外业调查与核查、内业处理与整理的方法，进行自然和人文要素的变化信息提取，获取准确可靠的地理国情变化信息。

——地理国情信息统计与分析。综合利用空间统计分析、时空变化分析等多种统计分析方法和模型，对地理国情普查、监测数据进行统计，分析其空间结构、空间分布、空间关系、时空变化等方面的特征，揭示经济社会发展和自然资源环境的空间分布规律及变化趋势。

——地理国情信息服务。基于地理国情信息普查与监测统计分析成果，利用地图制图、可视化、多媒体制作等技术，以文字、三维地图、电子地图、影像地图、统计图表、电子沙盘、视频等多种形式，制作地理国情监测报告、图集、皮书等。

为支撑以上业务流程的正常运转，还需建立组织、技术、装备、标准和质检等体系。

三、监测系统

地理国情监测系统由地理国情监测技术体系、标准规范、质检体系、装备建设、产品形式及服务模式等组成。技术体系指支撑地理国情监测实施的技术方法、技术手段等；标准规范指对地理国情监测重点环节、关键技术、管理方式等的相关规定；质检体系指保证地理国情监测数据准确、质量可靠的制度、标准、技术等；装备建设是提升地理国情监测能力，满足监测工作强调动态测绘和信息分析的软硬件设施；成果形式及服务模式指地理国情监测成果形式、服务对象、服务方式等成果服务活动的组成要素及相互关系的描述。

(一)技术体系

按照《信息化测绘体系建设技术大纲》要求，在不断提高现有测绘地理信息生产服务体系的信息化、智能化水平的基础上，强化信息整合和信息分析能力，探索将信息分析纳入测绘地理信息生产服务环节，并促进地理国情信息获取、处理、分析、应用、管理等环节之间基于网络的高度协同。信息分析环节是信息化条件下测绘地理信息生产服务体系中的新内容，其主要任务包括两个方面：一是对用户的地理国情监测需求进行调研、汇总、分析、归类并进行标准化处理，使其分解为满足测绘地理信息规范化、标准化生产模块的生产指令，以便相应环节的生产组织机构处理；二是根据需求，对通过规范化、标准化的环节和流程生产出来的成果运用数据挖掘和空间分析等技术进行定向加工、分析和提炼，形成满足用户个性化需要的地理国情信息产品和服务，并向用户提供。

1. 地理国情监测技术框架

根据地理国情监测技术需求分析，在地理国情监测内容体系、指标体系和标准体系的研究基础上，通过对空天地海一体化地理国情信息获取、地理国情信息高性能处理、地理国情信息统计分析、地理国情信息综合服务四方面核心技术的深入研究，形成完整的地理国情监测技术体系（见图 7-4）。

1）空天地海一体化地理国情信息快速获取技术

紧密结合经济社会与资源、环境、生态等系统协调发展以及地理国情监测应用领域重大需求，从多维空间出发，以多学科综合交叉为指导，建立地理国情演变评价指标体系，从整体上、多时空尺度刻画和测度经济社会发展态势，通过空天地海一体化对地观测网、物联网等组网协同获取遥感数据和地面观测数据。实现全天候、立体化获取地理国情信息，包括各种自然、人文地理要素及专题信息，着力解决多源遥感信息的快速动态获取、网络化传输、整合与同化等技术。

2）高性能地理国情信息处理技术

实现自动快速处理多源异构海量信息，突破多源、异构地理国情数据的融合、分布式集群快速处理等关键技术，通过多种平台、多种新型传感器、多时相地理国情数据的融合，准确反映地理国情的特征及其差异，提供多维、动态观测数据集。综合人—自然—社会系统变化过程以及尺度知识，以遥感机理以及多源数据融合，实现对地观测数据精处理与空间信息智能转化，构建地理国情信息本底数据库。

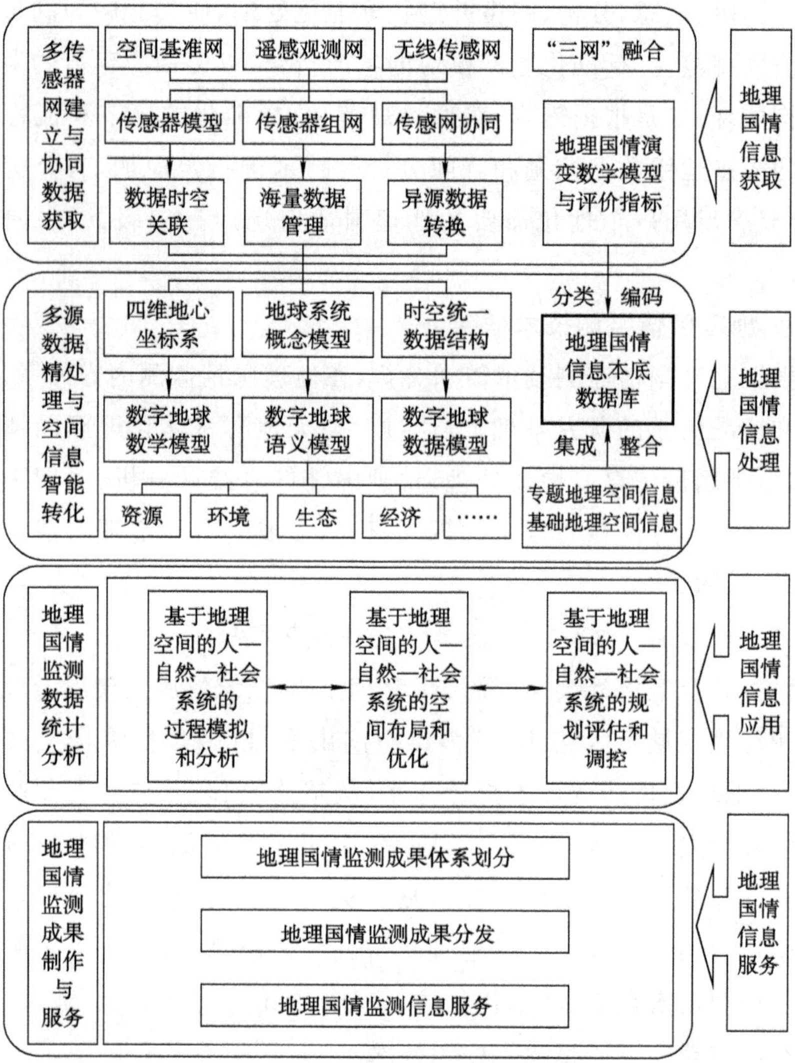

图 7-4 地理国情监测技术框架

3）地理国情信息统计分析技术

实现针对国家管理与决策目标，综合运用数值统计、空间分析等方法及相关专业模型，对普查数据、监测数据进行空间结构、空间分布、空间关系等方面的特征规律提取与内在知识挖掘，深入分析地理国情动态变化监测过程信息，挖掘地理国情信息动态变化趋势和规律，为地理国情监测信息发布与服务提供数据。

4)地理国情信息服务技术

基于物联网、云计算技术，构建地理国情演变模拟分析的计算环境，研究经济社会发展各子系统之间的关联和交互，剖析经济社会发展复杂嵌套的层级结构，动态刻画系统演化机理，实现经济社会发展与人口、资源、环境、生态等系统的空间整合与优化、区域政策实施、宏观调控效果进行动态跟踪评估，不断完善区域政策与调控措施。形成地理国情监测产品的标准化、规范化成果的质量控制及发布等关键技术。

2. 地理国情监测关键技术

围绕地理国情监测关键技术领域的需求，整合测绘地理信息部门和高等院校、科研院所的技术资源，联合开展关键、共性技术的研究和攻关；共同争取国家、省(自治区、直辖市)、市(县)等科技创新资金的支持，加强原始创新，形成一批拥有自主知识产权的核心技术，着力补齐地理国情监测关键技术短板。

1)地理国情信息获取相关技术

——遥感综合监测技术。地理国情监测要求相关数据必须可靠及准确。大范围的地理国情信息获取，只有遥感技术能提供快速的数据源，因此遥感综合监测技术很重要。需要充分利用当前航空、航天、地面遥感对地观测的最新成果和技术，结合地面实地调查与验证，保证地理国情监测成果的真实、可靠与准确。

——内外业一体化调查技术。内外业一体化调查技术在地理国情监测工作中非常重要。当遥感影像数据获取后，需要通过加工处理将影像数据快速形成有效的调查工作底图，为地理国情监测提供参考或指导，按照内业预判、外业调查、补绘调查的方法实施。

2)地理国情信息处理相关技术

——多源数据融合与处理技术。地理国情监测数据量大、类型多，与目前基础测绘对数据存储、管理、使用的环境要求不可同日而语。要采用遥感影像数据集群分布式处理、地面调查数据实时动态处理、专题数据空间化处理等技术手段,尤其要加强云计算、云存储等技术的应用研究,实现地理国情监测数据的快速、高效处理、管理。

——遥感信息提取与解译技术。针对自然、人文地理要素的特点,建立地理要素特征库与解译知识库,构建地理国情监测信息提取等级体系,采用典型自然地理要素提取与解译技术、重要人文地理要素提取与解译技术等,建立多维动态遥感数据形态、时态、纹理和空间关系等特征提取及其优化组合方法,实现网络化信息提取与解译判读。

——地理要素变化检测技术。地理要素变化检测技术是地理国情监测的核心技术,即利用多时相数据,通过计算机自动或半自动分析,发现变化信息。

3)地理国情信息应用相关技术

地理统计与分析技术指通过建立多尺度地理空间单元划分标准体系,发展地理空间单元模型与方法,形成地理国情统计单元。基于既定的多级地理单元因子,采用空间分析等方法,通过领域搜索聚类、阈值平滑、叠加分析等技术开展统计与分析,从不同的维度综合分析地理国情监测对象的内在空间特性、相互关系,揭示其分布规律和发展趋势。地理统计和分析也是地理国情监测的核心技术,是现有测绘地理信息应用的薄弱环节。

(二)标准规范

1. 地理国情监测标准体系建设原则

为了确保地理国情监测标准体系的科学性、合理性和准确性,其建设应符合以下几个原则:

1)与现行法律法规、行业标准相适应原则

地理国情信息具有跨行业、跨部门、跨学科、跨地区的特点,在标准体系建设过程中,需加强与现有测绘地理信息及相关领域标准规范的衔接：一是与现有的测绘地理信息相关标准相适应。在满足地理国情监测需求的前提下，充分参考和利用已有测绘地理信息相关标准，在空间参考、术语、成果管理、应用服务等方面，针对共性的内容尽量沿用已有的标准规范，针对差异的内容也应与已有标准规范能有效衔接。二是与现有的行业标准规范相适应。地理国情监测涵盖多行业、多部门的专题内容，针对行业部门已经有明确定义或调查标准的内容，尽量沿用已有标准或根据最新需求在行业标准基础上进行扩充和丰富，针对行业部门尚未有明确定义或调查标准的内容，则应在充分调研、试点的基础上，在已有工作基础上进行逐步的补充和完善。

2)多部门联合制定原则

地理国情监测涉及众多专题性监测内容，离不开多专业部门的协同。在制定专题性地理国情监测标准过程中，尤其是针对那些专题性强、需专业部门密切配合开展监测的内容，应采用多部门联合制定的原则，由测绘地理信息部门联合相关专业部门共同进行研究和制定。

3)与当前科学技术发展水平相适应原则

标准体系作为监测工作实施依据，在满足基本法律法规、行业标准及相关需求的前提下，还需考虑当前科学技术发展水平，合理设置相应标准，避免标准要求过高，导致监测技术难度大，实现可能性低的情况。

2. 地理国情监测标准建设流程

地理国情监测作为一项系统性工程，涉及的标准众多，且随工作推进需要不断增加和更新各类标准，因此需要一个科学、规范的工作流程来制定各类标准，确保标准体系的权威性、准确性和科学性。

标准体系中每项标准的建设流程应包括需求调研、会商、编制、试行、正式实行等。

1)需求调研

一方面深入相关政府机构或社会各部门进行调研分析，形成相应的需求报告，作为标准建设的需求依据；另一方面收集研究国内外相关标准资料，包括国际标准、国家标准、地方标准，总结分析国内外技术经验、存在问题和解决办法。需求调研需指出标准建设的迫切性、需求主体以及问题产生的根源、影响、解决办法等。初步确定标准规范的适用范围和目标要求，为确定标准内容提供可靠的依据。

2)会商

在完成需求调研后，组织相关部门对标准规范的内容进行会商，界定标准适用对象；明确标准规范的使用范围和目标要求；初步拟定标准技术路线及成果要求等；根据需求及当前科技水平确定成果质量标准要求。会商后形成详细的文档作为后期标准规范建设的依据。

3)编制

会商结束后，开展标准编制的技术预研工作，形成初步的技术方案。以该方案为基础，组织技术人员开展试点区域的技术试验，确定技术流程，形成标准规范征求意见稿。再次组织相关部门进行会商，广泛征求意见，进一步修改完善标准规范。

4)试行

组织相关部门对标准规范进行综合评审，讨论技术方法是否合理，成果精度是否满足需求，形成标准规范试行稿。根据标准规范的适用范围推进标准的试行。在标准试行过程中，记录存在的问题，并及时组织相关部门进行阶段性技术会商，根据实际情况对标准规范进行调整。

5)正式实行

在试行期满后，且试行过程中未出现重大问题的标准，转入正式实行。

为确保标准规范的权威性，还应建立标准规范更新机制。在标准规范使用过程中，对标准使用出现的问题，应及时上报，并制定修改方案。标准涉及的关键技术发生重要革新后，也应根据最新技术水平制定标准修改方案。在提出标准修改方案后，应组织相关部门及专家对修改内容进行审核，审慎决定是否对标准进行更新及最终更新内容。

鉴于尺度和地方特色的差异，国家、省(自治区、直辖市)、市(县)三个层面在地理国情监测标准建设过程中的侧重点各有不同。根据实际情况，国家、省（自治区、直辖市）、市（县）三级可灵活采用“自上而下”或“自下而上”的标准编制模式。

“自上而下”的标准编制。即国家先出台相关标准，省级在国家标准基础上，编制地方标准，市县在参考国家、省的标准以及结合地方特色的基础上，编制适合市县的标准。

“自下而上”的标准编制。即省级或者市县，对于本地有迫切监测需求而国家尚无相关标准的内容，可以探索先行建立市县或者省级的标准，国家在综合参考各省建立的地方特色标准后，再综合考虑建立国家级标准。

3. 地理国情监测标准体系

按照标准性、扩展性、实用性、一致性等原则，系统设计地理国情监测标准体系，并以现行国家有关部门、相关行业的标准、规范以及技术规定为基础，参考现有测绘地理信息标准，设计、研制地理国情监测急需的数据、技术和产品等方面的标准，主要包括定义与描述、获取与处理、分析与应用、成果与服务、检验与测试、管理等几个方面的内容。

1）定义与描述

定义与描述是指在一定的时间和空间范围内，为达到对地理国情监测涉及的各种监测指标具有相对一致的理解，以地理国情监测的定义和描述为对象制定的标准。由于地理国情监测具有跨行业、跨部门、跨学科特点，在描述地理国情时，存在同一语义采用名称不一致的情况，为规范地理国情监测表达，从分类与代码、术语、数据字典方面制定定义与描述标准。

分类与代码：描述地理国情监测指标的分类、编码等，如基础性地理国情监测内容与指标规范。

基本术语：定义地理国情监测中涉及的各种概念和专业用语。

数据字典：描述了监测成果、原始影像、原始数据集、中间结果数据集等内容、结构、形态、表达等的定义与描述。

2)获取与处理

获取与处理类标准则是指为规范获取与生产过程中各个环节的技术要求和技术参数,以数据获取和产品生产的各种技术、方法、过程、行为等为对象制定的标准。地理国情监测数据获取与生产过程中涉及的数据源众多,如多源遥感影像、地表覆盖、地形地貌、专题资料等,其中部分数据的获取与处理方法,在相关标准中已有规定,对于未有明确规定的需要在地理国情监测标准体系中进一步明确,主要包括以下三个方面:

基础性地理国情监测数据获取与处理标准。在国家测绘地理信息局已建立的基础性地理国情监测的内容及技术方法基础上,建立如地表覆盖、地理国情要素等数据的采集与处理技术规定,规范基础性地理国情监测数据获取与处理的流程。

专题性地理国情监测数据获取与处理标准。由于监测内容具有定制化、个性化的特点,因此针对专题性地理国情监测中数据获取与处理的共性步骤,例如资料归一化、空间化、插值方法等进行规范,制定相关标准,规范相关步骤。

地理国情监测数据库建设标准。对监测过程中数据库设计及相应的数据库技术进行了统一和规范。

3)分析与应用

成果的分析应用是信息化条件下测绘地理信息生产服务体系的新内容,也是测绘地理信息行业从数据生产转向决策支持的关键环节,地理国情监测分析与应用主要面向政府及专业部门的需求,规范相关分析方法,主要包括基本统计、专题分析以及平台建设的方法。

基本统计标准主要是对基础性地理国情监测成果的面积、类型、个数、密度等统计方法进行规定。

专题分析标准主要是根据政府及专业部门的需求,总体围绕自然资源开发与利用、生态环境状况、城镇发展、公共服务均等方面建立统计指标的方法进行规定。

平台建设运维标准是指运用大数据、云计算等技术，构建地理国情监测成果应用平台，实现成果的实时在线分析与应用。平台建设的标准体系包括应用平台建设的基本框架、数据导入规范等。

4)成果与服务

成果与服务类标准是为保证监测成果满足政府部门和社会公众的需要，以一种或一组监测成果和服务应达到的技术要求为对象制定的标准。地理国情监测成果与服务主要包含数据成果、报告成果、应用系统以及图标等。

数据成果标准规定了基础性监测、专题指标监测成果及相应数据库的内容、技术要求、技术指标等。

报告成果标准规定了基础性监测、专题性监测分析报告的基本内容等。

5)管理

管理类标准是为保障监测工作的顺利实施，以产品管理、项目管理、成果管理、归档管理、发布管理、应用管理为对象制定的标准。

产品管理是应地理国情监测的新特点而产生，有别于项目管理，项目管理在验收结束后，项目周期便结束了，而产品是在不断的升级中，逐渐优化。产品管理主要面向用户的需求，通过梳理共性，提供服务。因此，地理国情监测引入产品管理的理念，主要包括需求调研内容及程序、产品应需设计等方面的规定。

项目管理规定在监测技术设计、技术总结以及监测成果生产、处理、存储与备份等过程中的技术管理要求与措施。

成果管理规定监测成果管理的技术要求与措施。

归档管理规定监测成果生产、处理、服务、存储与备份等过程中的技术文档的整理、归档、上交等应满足的要求与措施。

发布管理规定各监测成果的发布主体构成、发布时间、发布地点及发布方式等。

应用管理规定各监测成果的应用要求和相关措施。

4. 与相关标准的衔接

1)与基础测绘标准的衔接

基础测绘和地理国情监测在工作对象、成果获取方法、成果载体上具有共性,但在成果内容、服务方式、服务对象上各具特色。地理国情监测是基础测绘工作的延伸,是在基础测绘的基础上做加法,是测绘地理信息工作服务经济社会发展的深化。

基础测绘已经形成了一系列配套的标准体系,地理国情监测标准体系建设应与基础测绘标准进行充分衔接。同时,地理国情监测代表测绘地理信息部门服务社会发展的新方向,基础测绘相关标准的更新也应充分与地理国情监测标准制定做好统筹。基础测绘和地理国情监测可以共享的地理要素应统一数据格式、采集要求、更新时点和成果标准,打通两类成果的互补渠道,尽可能减少重复采集工作,充分双向利用地理信息数据,避免出现新的信息壁垒。

2)与相关行业标准的衔接

主要做好以下几个方面:

对于技术成熟、规范完善的监测要素,做好与相关行业标准的衔接,充分利用现有标准,不替代、不包揽。可结合测绘地理信息技术,利用测绘地理信息部门已有的丰富数据资源,联合相关部门,对现有标准进行补充完善。

对于技术思路清晰,但部门标准不统一的监测要素,做好与相关部门的充分沟通,仔细分析差异的原因,在标准制定过程中应充分吸收现有行业标准内容,促使地理国情监测成果在相关部门得到有效利用。如水利部门的水域调查规范,要认同水域与水体(水面)的差异,充分发挥测绘地理信息部门运用空间信息技术的优势,协助建立更为完善、高效的水域调查方法等。

对于对象定义不统一的监测要素，与相关部门深入探讨，先争取双方对要素对象定义达成统一，再逐步建立更为完善的监测标准。如国土部门与海洋部门对陆域面积的定义存在差异，前者是平均高潮线以上的面积，而后者是平均低潮线以上的面积。地理国情监测应从综合需求出发，联合多部门，共同科学、合理地统一监测要素对象定义。

对于国家标准中有简要定义，但无详细定义或技术规定的要素，联合相关部门制定调查技术规程，对定义进行细化，对统计口径、统计方法进行规范，制定出标准明确、可定量操作的细则。

对于技术尚不成熟，规范还不具备的要素，详细了解相关部门的需求，不断试验探索，制定切实可行的技术路线，再通过大量实际应用反馈，逐步建立完善的监测标准。

(三)质检体系

建立由质检制度、标准、技术体系和相关支撑平台组成的地理国情监测质检体系(见图 7-5)，及时识别并消除事前、事中、事后影响监测数据质量的各类因素，保证数据质量，确保地理国情监测成果权威可靠。

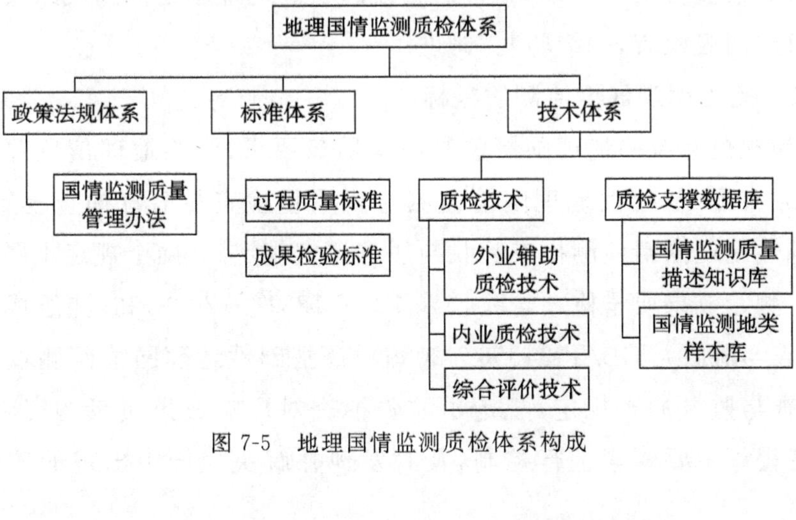

图 7-5　地理国情监测质检体系构成

1. 完善地理国情监测质检制度

为加强地理国情监测的质量管理，明确地理国情监测工作质量管理的相关内容，确保工程质量、产品质量和服务质量能够满足持续动态更新的需要，测绘地理信息部门制定了《基础性地理国情监测质量管理办法》。明确了监测的质量管理工作由国家测绘地理信息局统一领导、国家测绘产品质量检验测试中心牵头组织、各监测任务承担单位分工负责原则实施，统一技术标准和方法，实行全过程、有针对性、科学的质量控制制度。

该办法要求监测任务承担单位和监测作业单位应当建立完善的质量管理体系，并设立专门的质量管理和质量检查机构，足额配备专职质量检查人员，加强过程质量控制，建立质量岗位责任制，落实质量责任，保障质量控制工作的有效性。

地理国情监测质量控制采取过程质量检查、质量监督抽查、成果质量检验三级管控措施。过程质量检查由监测任务承担单位根据本单位生产实际，组织专职质量检查人员对本单位承担的监测任务生产进行全过程质量检查，对发现的质量问题及时督促整改。质量监督抽查由国家测绘产品质量检验测试中心组织实施，并形成过程质量监督抽查意见，通报监督抽查结果，并督促整改落实。地理国情监测成果质量检验实行“两级检查，一级验收”制度。

2. 完善地理国情监测质检标准

为规范和统一地理国情监测成果质量要求，测绘地理信息部门制定并颁布了《基础性地理国情监测过程质量检查与监督抽查规定》和《基础性地理国情监测检查验收与质量评定规定》。两个规定主要依据《数字测绘成果质量检查与验收》(GB/T 18316—2008)和《测绘成果质量检查与验收》(GB/T 24356—2009)。《基础性地理国情监测过程质量检查与监督抽查规定》规定了监督抽查对影响成果质量的资料、技术、流程等主要要素进行控制，及时发现并解决生产中出现的质量问题，采取“预防为主、防检结合”的手段将成果的质量隐患消除在生产环节。《基础性地理国情监测检查验收与质量评定规定》对基础性地理国情监测成果的检查验收与质量评定的要求、程序、方法和指标进行了规定。

《基础性地理国情监测过程质量检查与监督抽查规定》的主要抽查内容包括：质量控制情况的过程质量检查与监督抽查和阶段成果质量情况的过程质量检查与监督抽查。质量控制情况的过程质量检查与监督抽查主要包括对各监测作业单位的组织实施、技术设计、技术培训、装备配置、首件成果、生产工艺、技术问题处理、过程质量检查和一、二级检查情况等进行检查。阶段成果质量情况的过程质量检查与监督抽查主要包括影像收集及正射纠正情况、变化信息采集情况和外业核查及信息编辑整理情况等。

《基础性地理国情监测检查验收与质量评定规定》严格执行“两级检查、一级验收”制度。基本对象包括数字正射影像数据、地表覆盖分类数据、地理国情要素数据、地理国情监测生产元数据、遥感影像解译样本数据、数据库、统计分析成果等成果。规定要求一级检查对监测成果资料进行100%内业检查，重点检查变化区域内的成果资料，外业检查比例不得低于生产时外业的30%。要求二级检查对监测成果资料进行100%内业检查，重点检查变化区域内的成果资料，外业检查比例不得低于生产时外业的10%，且原则上与一级检查的外业检查成果不应重复。要求验收对本底数据和增量数据（版本数据）采用不同的抽样方法，对本底数据以抽取的县域范围进行符合性判定，对增量数据（版本数据）以图幅为单位进行样本详查计算错误率。

3. 创新地理国情监测质检技术体系

地理国情监测无论在定位、成果形式和服务模式上都与基础测绘存在较大差异，因此，构建地理国情监测质检技术体系，创新地理信息监测质检技术，是保障地理国情监测成果质量的重要技术手段。

地理国情监测质检技术体系分为四个层次，分别是硬件设施层、监测支撑数据库层、监测质检技术层、监测成果质检应用层(见图 7-6)。

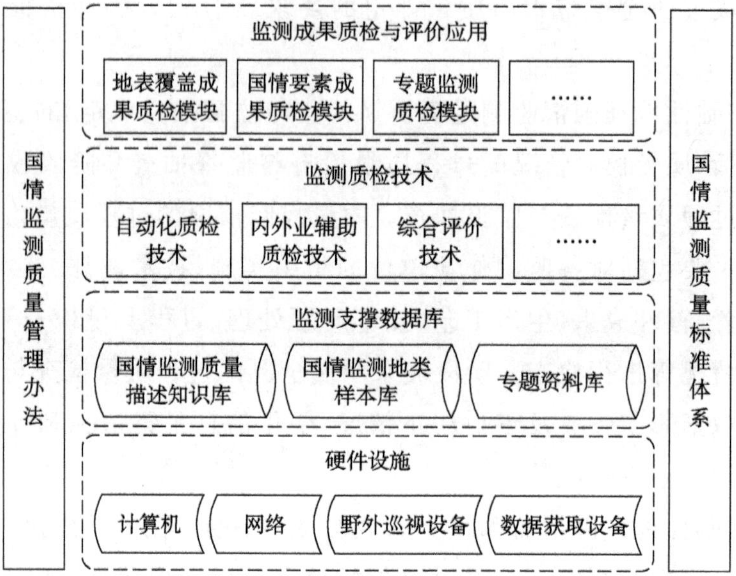

图 7-6　地理国情监测质检技术体系结构

地理国情监测质检技术体系依托于质量管理办法，技术的创新和研发以质检标准为依据，通过硬件设备和环境的搭建，构建地理国情监测质量描述知识库、地类样本库、专题资料库等，以支撑数据库为基础开展质检技术研究，包括自动化质检技术、内外业辅助质检技术、不同时期数据对比技术、综合评价技术等，通过各类技术组合形成各类成果的质检和评价模型，以适用不同时期的质检要求，整体上保证成果质量。

地理国情监测质量描述知识库。地理国情监测质量描述知识库用以汇总和规范与质量相关的国情监测质量问题的定义、描述和评价的专家知识。通过国情监测质量描述知识库能够统一质量认识、统一描述方法和评价尺度，不断积累质量相关知识。

地理国情监测地类样本库。地理国情监测地类样本库用以收集和管理国情监测12个大类、58个二级类、135个三级类在不同季节、不同传感器中的特征影像和实地影像的对照。通过地理国情监测地类样本库能够提高内业分类的正确率，为分类质检提供依据。

专题资料库。专题资料库用以收集、整理、更新和管理地理国情监测质检所需专业资料，如行政区划资料、交通资料、水系资料等。通过专题资料的管理和应用开发，能够提高成果质检效率。

自动质检技术。自动质检技术基于质量要求，通过各类成果的矢量特征、属性特征、拓扑关系、逻辑关系以及与其他资料和成果之间的关系等特点，采用程序自动检查数据存在的质量问题，从而减少人工检查的工作量，提高质检效率的方法。

内外业辅助质检技术。目前，地理国情监测质检工作仍无法实现全部自动化质检，因此，针对无法实现自动检查的检查内容，研究辅助检查工具，如外业检查过程中的定位与问题记录、内业检查中的辅助标识与面积量算等。通过内外业辅助质检技术的应用，提高人工检查的效率、检查记录的准确性等。

综合评价技术。综合评价技术是将内外业检查、自动检查和人机交互检查的检查结果汇总，依据标准实现成果的自动评价技术。自动评价能够避免不同经历的人，对相同成果质量的评价结果不同。

成果质检与评价应用。成果质量与评价应用指将各质检技术和评价技术按成果类型进行组织和管理，方便质检员检查各类成果质量的作业流程和操作习惯。

(四)装备建设

装备决定能力。充分发挥地理国情监测的作用和效能，需强化三种装备能力：一是“广”，要建立一个空天地海多层次，对我国全面覆盖的智能传感网，以实现地理国情信息“有求必(感)应”；二是“快”，要实现地理国情数据的实时、快速处理；三是“深”，要实现地理国情信息的深入分析、广泛应用，提供多样、灵活、丰富的地理国情信息服务。经过多年建设，测绘地理信息软硬件装备具备了一定的基础，但与地理国情监测工作需要相比，还存在着地理信息获取周期长、网络传输不顺畅、处理分析欠缺等问题，主要包括以下几个方面。

在数据获取方面。尚未形成地理国情监测所需的空天地海一体的数据获取能力。我国北斗卫星导航定位系统虽已覆盖亚太，定位精度接近美国全球定位系统。尚未形成地理国情监测所需的多分辨率、多传感器遥感数据快速获取能力，民用测绘卫星只有两颗，尤其缺乏多波段、高空间分辨率卫星、高光谱分辨率卫星、全天候、全天时雷达卫星等，导致用于地理国情监测的遥感资料和数据依然主要依靠来自美、法等国的商业遥感卫星。缺乏全天候、全天时航空摄影平台和地面光学、光谱传感器。激光雷达测深系统等海洋测绘数据获取装备匮乏。

在数据处理方面。相对于地理国情监测产生的海量数据而言，现有计算和处理能力严重不足，特别是自动化处理能力亟待提高，导致生产效率不高，生产周期过长，难以满足快速、自动化处理的需要。

在数据分析方面。缺乏将获取的数据加工成具有更多属性特征和广泛使用价值的空间信息和地学知识产品的装备系统。

在信息服务方面。随着地理国情监测业务的开展，数据量呈几何级数增长，现有的数据存储设施越来越难以满足数据存储和管理的需要，迫切需要进行扩充容量和更新换代。同时，地理国情信息服务方式的多样化、网络化和移动化，对网络基础设施也提出了更高要求。

因此，针对地理国情信息时效性强、成果形式多样、服务方式灵活的特点，测绘地理信息部门需加大对地理国情监测相关装备研制和配备力度。

1. 地理国情信息获取装备

实时化的地理国情信息获取装备是实现高质量地理国情信息服务的前提。加强地理国情信息获取装备统筹协调，在国家层面的建设重点在于增强天、空基平台的数据获取能力，在省级层面的建设重点是增强空、地基平台的数据获取能力，以实现平(时)灾(害)结合、空天地海一体、高效、协同的监测。

加快推广北斗卫星导航系统在地理国情监测工作中应用。通过完善自主卫星导航定位系统，发射满足地理国情监测不同尺度要求的高分辨率遥感卫星和其他测绘卫星，发展基于航天、航空遥感技术的数据快速获取装备，配备基于网络的移动便携式测量装备，构建先进的对地观测体系，既能实现全球或区域尺度的大范围数据获取，又能实现对任何感兴趣区域的实时影像采集；既能保障信息获取的精细度，又能确保信息获取的时效性。

2. 地理国情信息自动处理装备

自动化的地理国情信息处理装备是获得现势强、高时效性地理国情信息的重要保障。构建高速网络模式下，基于云计算技术，实现对空天地海多平台、光学—光谱—激光—雷达等地理国情监测多源异构数据进行集群、协同、快速处理。配置航天航空影像数据处理、机载多源遥感数据处理、线阵CCD传感器严密成像模型及区域网平差等技术装备等。配置合成孔径雷达和激光雷达激光数据处理设施、实用化三维空间数据处理应用平台、三维环境应用系统等。配置新型遥感影像信息解译与目标识别智能装备、遥感影像智能解译装备、基于目标的遥感影像智能解译与变化提取装备等。配置具有遥感数据集群并行处理、可视化流程定制、任务调度与管理的自动化软件。

3. 地理国情信息分析应用装备

分析应用装备是获得深入、有用的地理国情信息的关键。形成对地理国情普查数据、监测数据进行统计，分析其空间结构、空间分布、空间关系、空间变化等方面的特征，揭示经济社会发展和资源生态环境演变的规律并预测等能力。配置多源数据集成、统计分析和信息挖掘等数学模型、方法和系统软件，以及包括高性能工作站、信息模拟、快速输出等硬件设备。

4. 地理国情信息综合服务装备

实现形式多样、内容丰富的信息服务是体现地理国情监测作用和功能的主要方法。基于物联网、云计算技术，配置超大存储、传输装备和高效的网络化服务装备，通过服务与管理系统、运行支持系统，配置企业级交换机、磁盘阵列、网管软件、安全保密子系统加密机，加强网络化地理国情信息服务的能力。

(五)产品形式与服务机制

地理国情监测产品形式和服务机制将在第八章详细阐述。

四、生产服务组织体系

(一)与其他四项测绘地理信息公益性服务的协同

根据供给侧结构性改革要求，以及测绘地理信息业务领域、建设内容以及技术特点等，新时期测绘地理信息业务细分为“新型基础测绘、地理国情监测、应急测绘、航空航天遥感测绘、全球地理信息资源建设”五大公益性服务。地理国情监测与其他业务之间有许多共通点，其对象都是获取和处理地表要素；所依赖的技术、装备也有一定的重合性，相互之间的信息资源也有一定的互补性。同时，各个业务之间又都有其独立的业务领域和发展方向。根据开展地理国情监测以及其他测绘地理信息工作的需要，分析公益性服务之间的联系和区别，实现业务之间相互协同[①]。

1. 地理国情监测与新型基础测绘

从联系来看，新型基础测绘是地理国情监测等其他测绘地理信息服务的基础，其成果可以为地理国情监测等工作提供基础信息，其人才队伍、技术装备也可以为其他业务所用，其标准性和规范性体现在其所

---

① 协同指协调两个或者两个以上的不同资源或者个体，协同一致地完成某一目标的过程或能力。

获取的信息可以加载其他业务的数据，以及其他部门的专业信息。反过来，地理国情监测也可以为新型基础测绘提供数据源。新型基础测绘的要素类型也在不断拓展，要按照经济社会发展的需求，对现有的七大要素进行丰富，可以从地理国情监测数据库中提取应用频次高、应用领域广的地理要素数据，作为基础地理信息数据库的补充。同时地理国情监测成果与基础地理信息数据库融合整合，形成综合性强、标准化程度高的数字地理空间框架。

从区别来看，新型基础测绘与地理国情监测的业务体系、成果形式、服务方式都截然不同。

在业务体系上，新型基础测绘主要体现标准化、基础性的地理信息服务，其业务主要包括以下几项：现代化空间基准建设、基础地理信息数据库建设、基础地理信息产品开发和服务。地理国情监测主要侧重数据分析和应用，其业务主要包括基础性地理国情监测和专题性地理国情监测。

在成果形式上，新型基础测绘的成果主要包括现有成果和新成果的开发。现有成果主要包括现代基准产品、遥感影像产品、基础地理信息要素产品、数据平台、公共地图产品。同时，在现有基础测绘成果的基础上，将出现一些新的基础测绘成果和产品。按用户定制产品将成为基础测绘产品的重要部分。地理国情监测成果形式主要包括以下几类：数据库系列、监测图系列、周期性地理国情监测报告、地理国情监测皮书系列、地理国情监测公共服务平台等。

在服务方式上，新型基础测绘的服务主要强调标准化和普惠性，其服务模式主要突出以下几点：一是线上线下一体化服务，线上服务主要是通过分布式基础地理信息分发服务系统，线下服务主要是通过地理信息服务大厅。二是个性化地理信息定制服务的日益凸显。地理国情监测的服务模式因为服务对象的不同而有较大的差异。面向公众的地理信息服务主要呈现链状模式，根据观众对信息的接受主被动情况又可分为主动获取(拉式)和被动获取(推式)。面向政府部门的地理信息服务主要是一种定制化服务,按照部门的需求以及具体项目管理要求、用户时间节点、成果适用习惯等提供服务。面向领导层的地理信息服务主要是一种专报类的文件式服务。从以上分析可知,两者存在较大差异。

2. 地理国情监测与航天航空遥感测绘

以往航空摄影测量被认为是一个工作环节,但现在被当作测绘地理信息工作的独立业务,其原因主要包括如下两点:

第一,航空航天遥感测绘是为开展基础地理信息数据更新、提升基础地理信息数据覆盖率、支撑地理国情监测等提供影像数据源的前期基础性工作。航空航天遥感测绘是原航空摄影项目的发展,是卫星测绘新业务发展的前奏。

第二,开展资源环境和生态等方面的调查、研究、评价和监测都需要基于航空航天遥感技术,获取高质量的航空航天遥感影像,进行影像正射校正、地形纠正,以获得准确的地理空间定义。航空航天摄影测量与遥感技术逐渐超出地形图测图应用,被广泛应用于环境、资源、大气、海洋和地质、农业、林业等领域,由此技术和应用之间实际上成为“一对多”的关系。现在这方面的需求很大,这一需求也是航空航天遥感测绘提出的原因和价值所在。

航空航天遥感测绘作为一种重要技术手段,在地理国情监测工作开展中扮演着重要的角色。地理国情监测要求相关数据必须可靠及准确。而大范围的地理国情信息获取,只有遥感技术能提供快速的数据源,因此遥感综合监测技术很重要。需要充分利用当前航空、航天、地面遥感对地观测的最新成果和技术,结合地面实地调查与验证,保证地理国情监测成果的真实、可靠与准确。

3. 地理国情监测与应急测绘

地理国情监测同应急测绘一样,作为“按需”的测绘地理信息工作,在工作流程方面、工作机制建设都有很多相似之处。应急测绘工作主要包括五项内容(见图 7-7):一是在发生突发灾害事件时提供应急图;二是开展航空摄影等获取应急信息;三是对灾后地壳、地形进行重测;四是为灾后重建规划提供工程测绘;五是对灾后重建完成地区的基础地理信息进行全面更新。

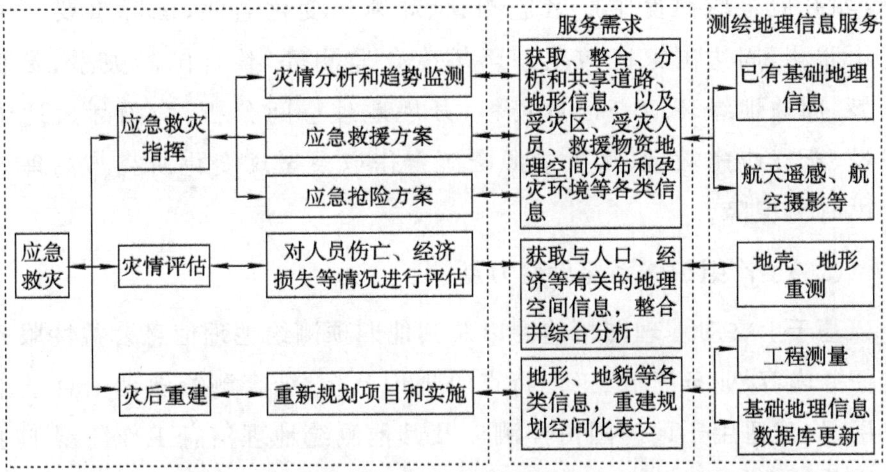

图 7-7 应急测绘工作流程

在工作流程方面。可以发现地理国情监测与应急测绘工作都注重数据分析环节,需要具备高效数据提取和挖掘能力,对灾害地理空间数据进行分析并为各有关部门提供所需信息,并以快捷响应方式将这些信息提供给相应部门。地理国情监测的数据资源可以为应急测绘提供重要数据源,同时,地面沉降、自然生态环境监测等专题性地理监测是应急测绘的事前数据储备和分析的重要基础。

在工作机制建设方面。地理国情监测与应急测绘都要强调行业内协作,军地、部门间联动。

4. 地理国情监测与全球地理信息资源建设

近年来,维护国家安全、保障国家利益的要求和需求日益迫切,资源生态环境等部门积极拓展工作范围,由陆地国土向海洋国土乃至全球发展。全球地理信息资源开发要加快形成全球多尺度地理信息数据快速采集与处理能力，逐步拓展全球地理信息资源的覆盖和更新范围，形成全球地理信息综合服务能力。

全球地理信息资源建设能为开展地理世情监测提供数据源，地理世情监测可基于全球地理信息数据资源，开展区域性、专题性监测，如开展全球粮食主产区监测、全球冰川变化监测、国际重要河流变化监测、周边国家区域生态环境变化监测等，整合国际关系、宏观态势、周边地缘环境等信息资料，开展地理空间分析，为国际大通道建设、全球应急救援、海外能源资源合作以及全球变化研究与治理等提供有力保障。

（二）生产组织体系建设着力点

基于上文对地理国情监测以及其他四项测绘地理信息公益性服务的任务内容、业务组成、工作特点等理论分析，结合测绘地理信息技术发展，构建适用于地理国情监测以及其他测绘地理信息工作需要的生产服务技术体系，重点要处理好以下几方面关系。

1. 注重“数据分析”环节

地理国情监测具备“面向需求和应用”的特征，其生产服务组织体系需要在现有标准化、规范化生产服务能力基础上，进一步加强其数据分析需求和定制化测绘能力。为此，将产生一些新的生产服务环节，一些不适应现代测绘地理信息工作需要的生产服务环节将逐步消亡。数据获取、数据处理、数据管理等环节不会有本质上的区别，仅在功能和效率方面将会有一个大的提高，以满足“动态监测”需要；专门的制图、印刷等环节将不再是工艺流程中的主要内容；数据集成及分发服务环节将产生由“窗口式服务”向“网络化、定制化服务”的根本性变化。而信息化测绘体系与数字化测绘最大的区别是，随着测绘地理信息工作的信息化程度越来越高，“数据分析”这个新的环节将出现在测绘地理信息生产服务工艺流程中，并成为最具信息化测绘特征的一个重要环节。信息化测绘体系下测绘地理信息生产服务工艺流程见图7-8。

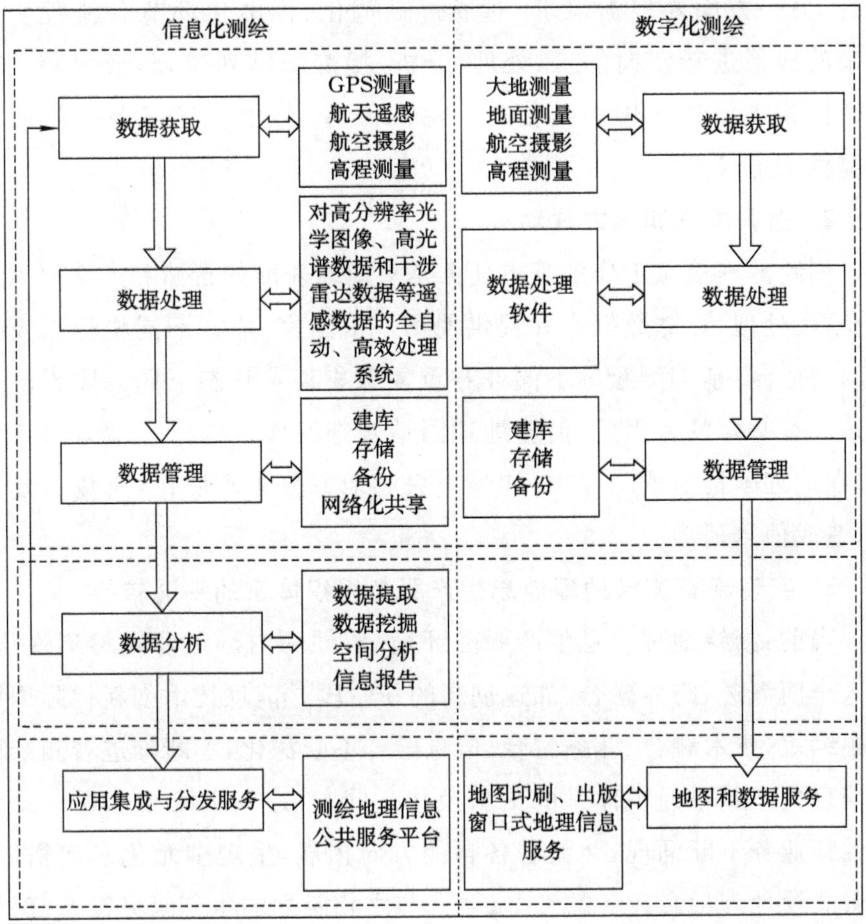

图7-8 信息化测绘地理信息生产服务工艺流程与数字化测绘生产工艺流程对照

当前，公众对标准化测绘成果和地理信息数据库的需求逐渐减少，对多样化、个性化地理国情监测服务需求则呈现逐步增长之势，越来越需要开展数据分析，充分利用地理信息数据挖掘用户需要的地理国情信息。面对用户千差万别的个性化地理国情监测需求，强调"数据分析"环节：一方面要对用户的地理国情监测需求进行调研、汇总、分析、归类并进行标准化处理，使其分解为满足测绘地理信息规范化、标准化生产模块的生产指令，以便相应环节的生产服务机构执行；另一方面要根据需求，对通过规范化、标准化环节和流程生产出来的成果进行定向加工、处理、分析、提炼和排列组合，形成满足用户个性化需要的地理国情信息产品和服务，并由分发服务部门向用户提供服务。

2. 强调国家和地方联动

测绘地理信息工作的基本任务是对地球表面的自然和人文要素进行获取、处理、建立数据库并提供使用。由国家、地方不同机构以及地理国情监测、基础测绘等不同业务重复采集某一状态下同一要素的信息是没有必要的。因此，借鉴地理国情普查工作中国家和地方分工经验，在地理国情监测工作中，加强中央和地方分工和协作，避免重复测绘，造成信息孤岛。

3. 实现现有测绘地理信息生产服务组织体系的平滑转换

当前，测绘地理信息生产服务环境、条件和内涵正发生深刻变化，进入全面渗透、跨界融合、加速创新的新阶段。信息技术创新代际周期大幅缩短，技术融合、业务融合、信息融合不断深化，不断推进着测绘地理信息生产服务组织体系的更新换代。同时，近年来测绘地理信息公益性新业务不断涌现，并朝着各自的方向拓展，呈现多元化发展格局。随着测绘地理信息业务的细分，要有与之相匹配的生产服务工艺流程、组织队伍和管理机构，这要求测绘地理信息生产服务组织体系不断优化调整。按照当前地理国情监测、新型基础测绘等业务布局，尽可能兼容已有的生产服务组织体系，尽可能在现有基础上进行模块化的优化组合，实现平滑转换。

（三）生产服务组织流程

地理国情监测生产服务组织流程主要包括四个环节，具体见图 7-9。

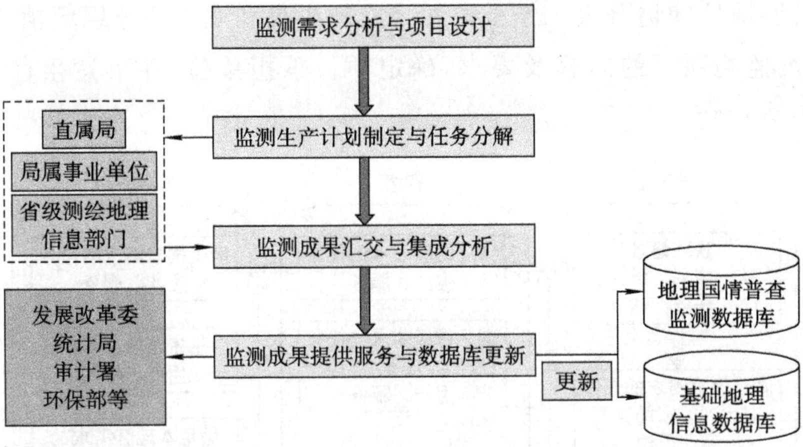

图 7-9　地理国情监测工艺流程

1. 监测需求分析与项目设计

根据地理国情监测规划中的要求和年度征集的专题性监测项目需求，开展年度监测项目设计。主要任务包括如下内容：将地理国情监测规划中所确定的年度基础性地理国情监测任务、专题性地理国情监测重点以及征集到的年度地理国情监测需求项目，按照项目管理的要求进行集成。

地理国情监测是一种应用型的测绘地理信息服务，来自不同部门、不同领域的应用需求是动态变化的。但是，作为一种稳定的业务需求又必须是相对稳定的。如何将这种动态的、变化的需求进行规范化，满足业务建设“相对稳定”的需求就成为关系该项业务能否可持续的关键。建立需求获得制度就显得十分重要。鉴于不同地区的政府及其部门年度工作重点时有变化，需要做好地理国情监测规划和地理国情监测年度计划之间的衔接，加强地理国情监测规划计划编制过程中的需求调查，创新计划编制方式，形成以应用服务需求为目标进行计划编制、项目安排和组织实施的计划管理机制。

2. 监测生产计划制定与任务下达

按照基础性地理国情监测和专题性地理国情监测分别制定生产计

划，借鉴地理国情普查工作中探索建立的中央和地方任务组织模式，根据年度监测项目的内容及要求，确定项目承担单位，并下达生产任务（见图 7-10）。

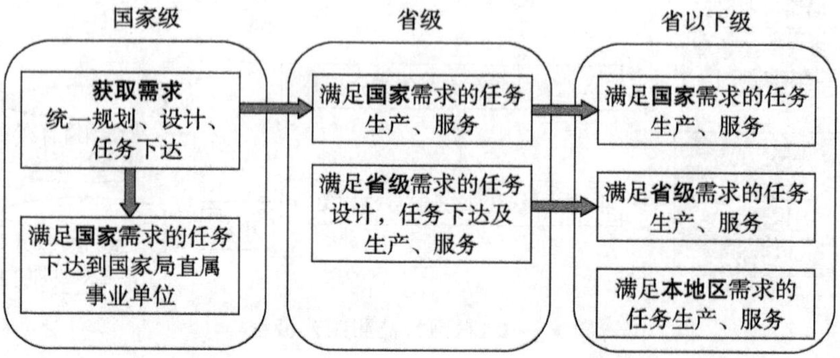

图 7-10　国家级、省级及省以下级地理国情监测生产服务组织模式

1）中央和地方生产任务分工

国务院测绘地理信息主管部门通过制定生产计划，分别将任务下达给直属局以及相关省级测绘地理信息部门。主要负责统筹协调和业务建设两方面八项任务。第一方面，统筹协调。包括四项具体任务：一是地理国情监测规划研究制定、实施管理和计划管理；二是研究制定地理国情监测标准并监督执行；三是研究制定全国地理国情监测成果与服务相关政策；四是负责地理国情监测质量监督和管理。第二方面，业务建设。一是高分辨率航空航天遥感影像的获取和购买、分发；二是全国地理国情监测统计分析；三是重要地理国情监测成果信息审核发布；四是提供地理国情监测成果服务。

省级测绘地理信息主管部门主要承担生产组织和提供本地区服务方面，主要有三大任务：一是根据国家下达的具体监测任务，组织生产院、质检等部门具体实施；二是负责本地区地理国情监测工作，并提供服务；三是指导省以下级开展地理国情监测工作。基于地理实体的数据采集任务主要集中在省级及省以下级，不仅需要负责数据采集还要收集整合行业部门的数据，以及地理国情监测数据库的建设、维护和推广，还需要与本级相关部门开展数据交换和集成整合工作。

2)生产管理信息化建设

当前生产任务下达、验收等项目管理主要通过文件方式，在国家测绘地理信息局(简称国家局)、直属局/省局、生产单位之间流转(如《关于下达2016年国家地理国情监测项目生产计划的通知》(国测国发〔2016〕4号))，灵活性不强、项目管理现势性不高，从而导致国家对地方、省对省下年度计划编制和调整的统筹指导力度不够。为此，加强生产管理信息化建设十分必要。要在国家局、直属局/省局、生产单位等各级节点，建设生产管理信息平台、测绘地理信息产品和服务质量监督检验业务管理系统，形成生产原始资料数据集中管理、分布式处理、生产质量统一监管和生产成果集中入库管理，实现对各级各类测绘地理信息业务部门的生产计划、项目任务、项目进度、项目质量及人员、装备、经费等内容的网络化、流程化、自动化管理(见图7-11)。

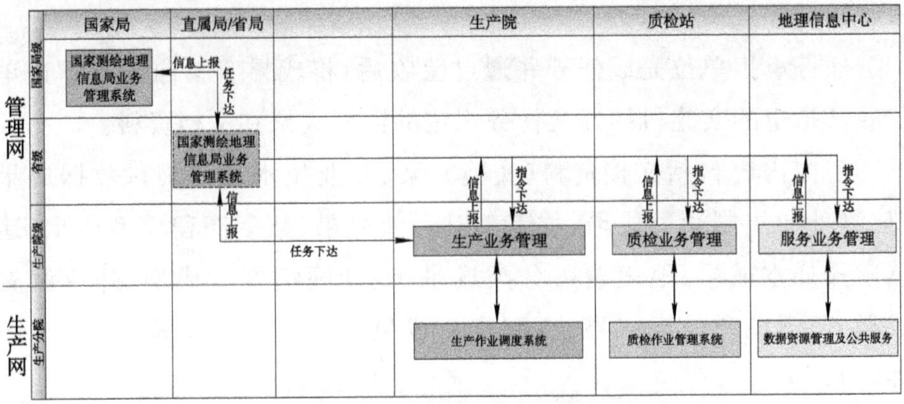

图7-11 地理国情监测生产管理信息化框架

3)加强生产项目管理

为了保证地理国情监测项目管理规范化、科学化，需要通过制定和实施项目管理办法、经费管理办法加以保障。其中，《国家基础测绘项目管理办法》《江苏省省级基础测绘项目管理办法》等主要确定了项目管理部门与实施单位职责，规定了对项目的立项部署、建议书申报、建议书初审、建议书评审及立项审批等工作程序，提出了项目设计要求、实施要求、标准化要求，建立包括监督内容、检查方式、管理措施等方面管理制度，明确了项目验收时间、成果建档、验收材料、验收形式、成果移交及归档报告。

《基础测绘经费管理办法》(财建〔2001〕923 号)明确了各部门在经费管理中的职责，对项目的预算管理、经费开支与成本核算、财务监督与检查都作了详细规定。如 2013 年财政部印发了《国家地理国情监测专项资金管理办法》(财建〔2012〕1090 号)，以加强国家地理国情监测专项资金的管理、规范使用，以及提高资金使用效益。随后，海南、四川等省份分别参照此办法，对本地区作了详细规定等。

3. 监测成果汇交与集成分析

各项目承担单位完成生产任务后，将相关成果按要求进行提交，并进行集成分析，形成应用部门需要的信息产品。

1)成果汇交

任务承担单位完成任务并通过验收后，将成果资料向任务下达单位或其指定的实施机构提交任务规定的数据成果和文档资料。

汇交内容包括文档资料(实施方案、专业技术设计书)、数据成果(航测外业控制测量成果、数字正射影像成果、数字高程模型成果、遥感解译样本成果、地表覆盖分类成果、地理国情要素成果、外业调查成果、基本统计分析成果、专题资料成果等)，以及其他成果(图集图件等)。

汇交程序包括整理、自检、提出汇交申请、清点检验、移交等环节(见图 7-12)。其中，汇交单位进行成果资料整理与自检，编制《成果资料汇交清单》，向接收单位提出汇交申请。接收单位负责对汇交的成果资料清点检查，确认数量、内容等符合要求后，交接双方填写《成果资料汇交清单》。所有汇交成果必须经过指定的质量监督检验机构的质量检验并确认合格。各汇交单位按照相关要求一次或分批汇交成果资料。凡分批汇交的成果资料，不同批次之间成果资料内容不能重叠，并且不同批次成果须完成相互之间的接边处理。

汇交办法主要对生产成果资料汇交的内容、形式、结构、质量和汇交程序进行明确（如第一次全国地理国情普查时制定的规范性文件《地理国情普查成果资料汇交与归档基本要求》(GDPJ 07—2014)）。

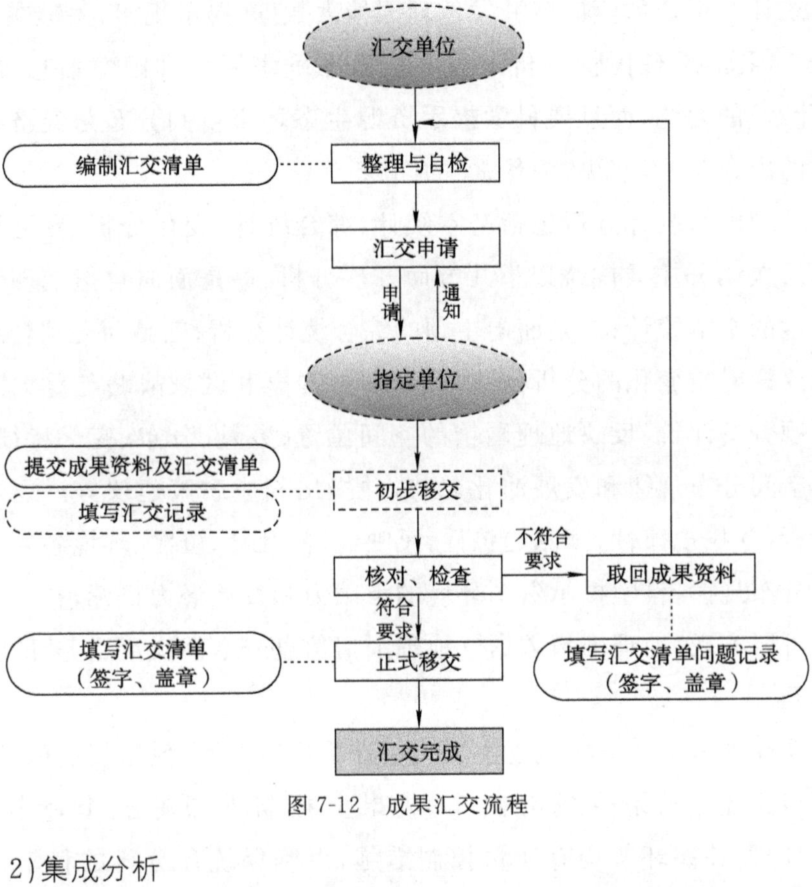

图 7-12 成果汇交流程

2)集成分析

数据整合。在地理国情监测工作中，一方面，基础地理信息数据可作为专题信息的定位基础，其相关要素经过整合也可作为部分地理国情监测的初始数据；另一方面，基础地理信息数据中的主要内容可以为地理国情监测后期的统计分析提供数据补充支持。因此，有必要对基础地理信息数据以及应急测绘等其他测绘地理信息业务成果通过规范化、分级分类和标准化整合处理，按照统一的数据资源分类、元数据和资源编目标准，对国家、省、市三级的地理国情监测、基础测绘、航空航天遥感和应急测绘的基础数据和成果资料进行全面、系统的梳理，建立完整、准确的测绘地理信息大数据资源。

统计分析。如何深度开发地理国情大数据、揭示规律，关键在统计分析。因此，地理国情分析不仅要全面准确掌握地理国情信息，解决“是什么”的问题，而且要科学揭示资源生态环境空间分布与经济社会发展的内在关系，解决“为什么”的问题。

地理国情统计分析包括基本统计、综合统计、变化分析、专题评价四个层次[①]，并主要围绕以下几方面开展分析：一是面向自然地理与人文要素的基本统计；二是面向主题的综合统计分析；三是面向综合地理国情要素时空变化的分析预测；四是面向国家和区域战略与重大工程的专题分析评价，反映地理国情的空间位置、数量、分布、变化特征，揭示其空间分布规律和发展演化趋势，并提出相应政策建议等。通过集成分析，寻找规律性，预测趋势性，反映经济、社会、资源、环境各要素的空间分布规律，科学揭示资源环境的承载力和发展潜力目标，在一定程度上可以实现“地理国情数据→地理国情信息→空间决策服务”的转化和提升。

地理国情统计分析流程主要包括计算环境部署、数据预处理、统计计算与汇总、成果生成与制作、成果上报与发布等五个环节（见图 7-13）。关键环节均有质量控制措施，以确保统计分析的科学性与正确性。

---

① 李维森：《地理国情统计分析基本框架与技术方法》，引自《测绘地理信息供给侧结构性改革研究报告（2016）》，社会科学文献出版社，2016。

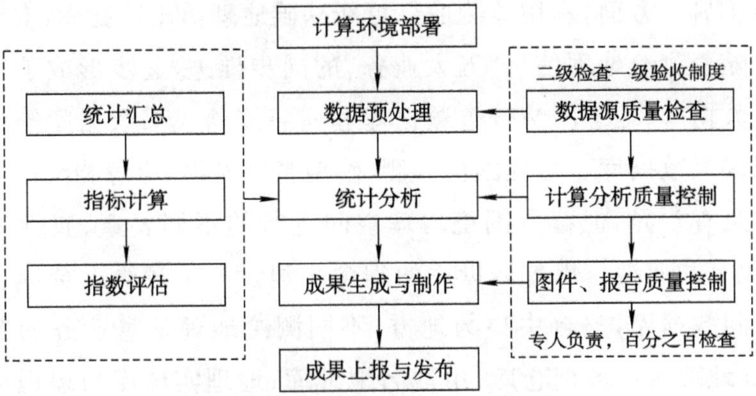

图 7-13 地理国情统计分析技术流程

4. 监测成果服务与数据库更新

按需要向用户提供相关成果服务，同时更新基础地理信息数据库和地理国情普查数据库。

1)成果服务

基于地理国情监测、基础测绘、航空航天遥感和应急测绘的基础数据和成果构建开放、统一的测绘地理信息大数据服务平台，促进地理信息大数据资源跨部门、跨行业和跨层级的开放共享利用，并带动其他行业和部门的地理信息资源开放共享。通过按需服务、主动服务、前置服务等多种服务模式，提供测绘地理信息大数据开放目录服务、属性数据空间化服务、分析挖掘服务等，服务于政府管理决策、城市建设、资源环境承载力评估、生态保护等综合性应用(具体成果形式和服务机制已在本章第三节详细阐述)。

2)数据库更新与融合

一方面，利用监测成果更新地理国情普查数据库。在地理国情普查数据库基础上，完成基础性地理国情监测数据库结构设计及建设，满足地理国情监测时空数据的存储、使用、管理等要求。基于地理国情普查数据库管理系统，开展面向动态监测需求的地理国情监测数据库管理系统设计开发，实现地理国情监测成果数据集成管理、数据更新维护等功能。另一方面，利用监测成果更新基础地理信息数据库，实现多库融合。随着测绘地理信息“五大业务”的同步推进，逐步形成了基础地理信息数据库、地理国情普查数据库和应急测绘成果数据库等多个地理信息成果数据库。地理国情监测、新型基础测绘、应急测绘等不同业务之间虽有差异，但都是围绕地理空间进行的不同要素、属性等的采集，因此有共通性。以数据母库的理念来建设一个逻辑上全国统一的地理空间数据库，整合中央与地方，不同测绘地理信息业务的数据资源，建立地理实体数据仓库（由地名地址库、地理实体库与地理编码库三个概念数据库组成，内部通过地理实体编码建立互为映射关系），形成逻辑上集中、物理上分散的地理信息母库。依托此母库，开展大数据分析，通过对多维地理要素数据中选择、综合、可视化等处理，形成面向应用主题的地理国情监测应用产品。

五、组织队伍

地理国情监测作为测绘地理信息部门一项新工作，需要建立适应地理国情监测要求的组织体系，以便该项工作顺利、有序、长期开展。现有测绘地理信息生产组织体系是以计划经济体制下形成的单位布局模式为基础，经过不断调整完善逐步形成的。随着测绘地理信息事业的快速发展以及信息化测绘体系建设的不断深入，现有体系呈现出以下问题：组织机构布局不尽合理，功能上存在短板；机构资源整合利用不够，部分单位的职能定位和职责分工不够明确等，不适应地理国情监测等新型测绘地理信息工作的需要。为此，根据开展地理国情监测以及其他测绘地理信息工作的需要，结合事业单位分类改革工作，对测绘地理信息部门的组织体系进行调整和完善。

（一）增设承担地理国情监测行政管理工作的职能部门

按照监测范围，地理国情监测内容分为国家、省级及省以下级三个层次。国家层次的监测工作主要由国家测绘地理信息局直属事业单位组织实施，省级及省以下级监测工作主要由国家测绘地理信息局直属局与地方局组织实施。按照国家行政管理体制改革和事业单位分类改革的要求，以及开展地理国情监测工作的需要，优化调整测绘地理信息组织结构。争取在国家和地方测绘地理信息主管部门增设承担地理国情监测行政管理工作的职能部门，增加相应人员编制，负责地理国情监测工作的组织、协调和管理。

（二）成立（或加挂牌子）地理国情监测业务机构

目前，地方测绘地理信息生产服务事业单位布局总体上与国家的情况保持一致，大都根据测绘基准建设、地理信息数据获取、处理、管理和服务以及测绘地理信息产品质检等工作的要求和需要，设立了测绘地理信息生产服务质检类的单位或部门，部分地区结合新型基础测绘、地理国情监测、应急测绘等测绘地理信息新业务发展要求，组建了新的事业单位或部门。特别是部分国家测绘地理信息所属事业单位成立或通过加挂牌子的方式组建了地理国情监测研究中心、地理国情信息中心等相关机构（见图 7-14）。

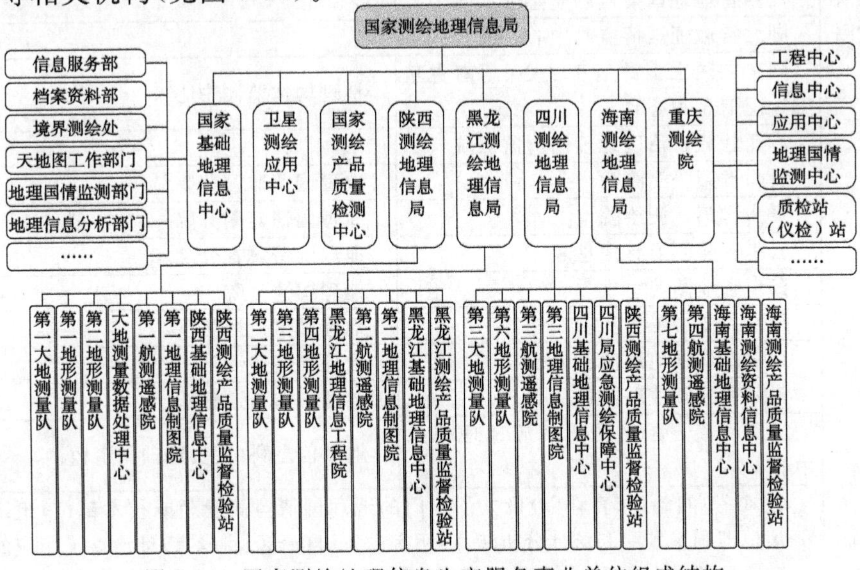

图 7-14 国家测绘地理信息生产服务事业单位组成结构

各地测绘地理信息部门也陆续建立了相应支撑组织机构，如江西省成立了江西省地理国情监测遥感院，浙江省测绘与地理信息局和武汉大学联合共建地理国情监测国家测绘地理信息局重点实验室，具体见表 7-1。

表 7-1 各地地理国情监测管理或技术部门设置情况

	一级单位名称	二级内设部门
地理国情监测	河北省地理信息局遥感信息管理处	组织实施省级地理国情监测工作
	山西省测绘工程院	地理国情分院
	山西省地图院	地理国情科
	辽宁省基础测绘院	国情项目部
	吉林省基础测绘院	地理国情分院
	吉林省地理信息院	地理国情监测分院
	上海市测绘院	第四分院（地理国情科）
	江苏省测绘工程院	地理国情分院
	江苏省基础地理信息中心	遥感影像部（地理国情研究室）
	浙江省地理信息中心（浙江省遥感数据处理服务中心）	第三技术服务部（遥感监测）
	福建省基础地理信息中心（福建省基础地理遥感影像应用中心）	国情监测与遥感部
	江西省地理国情监测遥感院	×
	湖北省地理国情监测中心	×
	湖南省国土资源信息中心（湖南省基础地理信息中心）	地理国情监测中心
	广西壮族自治区地理国情监测院	×
	贵州省第一测绘院	地理国情监测分院
	贵州省第三测绘院	地理国情监测分院
	云南省航测遥感信息院	地理国情调查分院
	云南省地图院	地理国情分院
	甘肃省测绘工程院	地理国情监测队
	甘肃省基础地理信息中心	地理国情监测部
	青海省基础地理信息中心	地理国情与遥感部
	宁夏回族自治区国土资源地理信息中心	地理信息科（负责地理国情监测）
合计	17 个省（自治区、直辖市）设立了专门的地理国情监测管理或技术部门，组织开展地理国情监测和统计分析工作，所有的省（自治区、直辖市）都设立了相应的地理国情普查办公室（非常设性的机构）	

地理国情监测是新时期测绘地理信息转型发展的重要内容。无论是推进生态文明建设，还是加快新型城镇化建设等，都迫切需要地理国情普查和监测提供权威、可靠、及时的国情国力数据。相对于以前的测绘工作，地理国情监测呈现出一些新的特点：一是地理国情监测更加强调测绘发展理念从被动满足社会经济发展所需的地理信息数据向主动提供社会经济发展所需的地理国情信息转变；二是地理国情监测工作除了继续强调传统测绘工作具有的准确、客观、规范等特点以外，更加强调全面和动态，即地理国情信息在内容上突破了传统地形图七大要素的限定，增加传统测绘没有关注或较少关注的要素内容，更加强调时效性；三是地理国情监测更加强调测绘工作重心从基础地理信息获取和提供向地理信息的综合分析服务转变；四是公共服务产品从常规测绘产品体系向多形式、内容全面的国情监测产品体系转变。

当前，全国测绘地理信息事业单位改革已经取得了积极进展，但是总的来看，特别是结合科技进步、需求变化以及增强公益服务能力等方面的现实要求，测绘地理信息事业单位布局方面依然存在一些亟待解决的难题，特别是支撑地理国情监测工作的独立事业机构不健全，主要表现在如下两方面：

一是全国仍有十几个省（自治区、直辖市）尚未设立专门的地理国情监测管理机构或生产部门。做好地理国情监测工作，必然要求改进现行的测绘地理信息生产方式和工作方式，建立与之相适应的生产工艺流程，建立健全地理国情监测组织机构。

二是已设立地理国情监测管理机构或生产部门的二十多个单位，基本是按照现有基础测绘生产模式开展地理国情监测工作，工作重点和重心还没有转变到地理国情信息的统计分析上来，相应的组织模式和运行机制尚未建立，更能突出地理国情监测主要特点的业务部门也亟待健全。

根据构建以新型基础测绘、地理国情监测、应急测绘为核心的测绘地理信息完整服务链条的要求，在现有测绘地理信息事业单位按照基础测绘生产服务工艺流程布局的基础上，针对地理国情监测相对于基础测绘工作强调“数据分析”的特点，以及地理国情监测作为一项新型业务仍处于培育阶段、任务仍不饱满的现状，近期主要依托基础地理信息中心和航测遥感院等事业单位开展地理国情监测分析工作，以发挥其具有丰富信息资源或先进技术装备等优势；待地理国情监测业务日趋成熟、任务日趋饱满，设立专门的地理国情监测机构，其主要任务包括：开展地理国情监测需求调研，收集地理国情监测基础数据，开展地理国情监测信息处理与分析，制作地理国情信息产品，提供地理国情信息服务，等等。

建议国家测绘地理信息局以事业单位分类改革为契机，完善组织机构布局，补齐功能短板，形成布局合理、功能完善、保障有力的测绘地理信息事业单位，支撑地理国情监测业务开展。

在工作模式上。建议充分借鉴第一次全国地理国情普查工作“全国统一领导、部门分工协作、地方分级负责、各方共同参与”的组织实施原则，逐步形成网格化的地理国情监测工作模式。即充分发挥中央、地方测绘地理信息部门积极性，以省级行政区域界线为界，将我国陆地国土划分为若干网格。国家测绘地理信息部门负责全国地理国情监测工作的总体安排、设计，建立监测技术和标准体系，做好技术指导、培训、质量控制、信息汇总和统计分析，帮助中西部贫困地区完成监测工作，充分利用各地监测成果，汇总形成全国地理国情监测报告。各省级测绘地理信息部门按照国家统一安排部署，结合当地实际，充分整合区域内的人力、信息、装备等资源，组织开展本地区内地理国情要素的监测工作，并将监测成果上报国家测绘地理信息部门。

在职能调整上。根据地理国情监测工艺流程，重新梳理国家测绘地理信息局直属事业单位职责，明确承担国家层次的监测相关工作职能，成立（或加挂牌子）地理国情监测相应的专门机构，主要包括：

——开展地理国情监测需求调查和分析，收集地理国情监测基础数据；

——收集地理国情监测所需卫星遥感影像；

——在现有各类成果基础上，开展地理国情监测信息处理与分析，制作地理国情信息产品；

——开展地理国情监测成果质量检查工作；

——提供地理国情监测成果服务；

——开展地理国情监测科技、标准等研究。

同时，鼓励支持地理信息企业参与地理国情监测相关工作，形成地理国情监测整体合力。地理信息企业不仅是地理信息市场的主体，也是地理信息技术创新的主体。国家测绘地理信息局可以通过政府购买服务、招投标等方式，逐步推动地理信息企业成为地理国情监测的重要力量。

六、业务组织

按照“规划编制、需求项目征集、项目论证、组织实施、提供服务”的“五个工作环节”来组织实施。将多样化的需求规范化纳入到测绘地理信息生产服务体系中，并在提供服务环节注重个性化，形成“两端多样化，中间标准化”的组织模式(见图 7-2)。

(一)编制规划

根据《国务院关于加强国民经济和社会发展规划编制工作的若干意见》(国发〔2005〕33 号)中的要求，规划是分析形势、研究需求、确定方向、谋划任务的重要工作，是审批、核准重大地理国情监测项目，安排政府投资和财政支出预算，制定地理国情监测发展政策的依据。建立地理国情监测规划管理制度，滚动编制地理国情监测规划，并做好地理国情监测规划与基础测绘规划之间的衔接。其主要任务是：分析规划期内专题性监测需求形势，明确专题性监测的原则。按年度明确基础性地理国情监测任务和专题性地理国情监测重点。地理国情监测规划对规划期内的监测任务做出了原则性的安排，但各地区各部门各年度工作重点时有变化，应做好监测长期规划和监测年度任务计划的衔接，并探索建立监测项目管理方式，规范监测项目立项、项目实施、项目验收、成果应用等活动，以便更积极、更全面、更细致地了解相关部门对地理国情监测的需求，“约束”及时提交成果。

（二）需求项目征集

地理国情监测常态化的关键在于构建稳定的应用平台。基础性地理国情监测和专题性地理国情监测需要分别建立稳定的平台。其中，基础性地理国情监测每年对全国进行一次普遍性监测，目的是按计划对地理国情普查成果进行持续更新，监测对象和内容与地理国情普查相同。专题性地理国情监测所面对的是行业或局部性的个性化应用要求，需要根据国家和地方管理决策以及部门业务需要确定监测重点并实施。专题性地理国情监测对“需求驱动”体现得更为具体，一个监测项目的提出一般要从具体业务需求开始“自下而上”才能更容易找到焦点，由测绘地理信息部门与用户进行紧密的需求对接。需求对接有很多方法，以往主要采用问卷调查、专家座谈、召开部门联席会议等方式进行，但存在需求收集不全面、需求获取不及时、需求来源不稳定的问题。因此，要创新需求对接方法，规范需求管理。需求对接主要包括两种途径：向相关部门征求年度需求项目建议以及按年度执行签署的合作协议的制度（第六章第二节已详细阐述，这里不再赘述）。

（三）项目论证

首先，根据地理国情监测规划中明确的重点任务、按年度征集到需求项目以及签订协议中的相关要求，开展年度监测项目设计，并从项目目标任务、组织实施计划、技术方法可行性和项目经费预算等方面进行可行性研究和论证。项目论证包括两方面：一方面是测绘地理信息部门自行开展的相关评估论证，充分发挥测绘地理信息智库的作用，组织智库专家开展不同领域的地理国情监测项目论证；另一方面要将第三方论证评估作为重要组成部分。

其次，建立地理国情监测需求项目库，按照优先顺序列入监测年度计划。

（四）生产组织

将地理国情监测规划中所确定的年度基础性地理国情监测任务、专题性地理国情监测重点以及征集到的年度地理国情监测需求项目，按照项目管理的要求进行一体化设计，并按照现行项目管理办法组织实施，纳入现有一线生产事业单位常规化生产体系的工作环节。

1. 基础性地理国情监测组织

探索建立地理国情监测国家和地方协同分工采集、责任网格、联动更新、信息逐级推送机制。

1）探索建立国家和地方协同分工机制

《关于全面开展地理国情监测的指导意见》（国测国发〔2017〕8 号）中对基础性地理国情监测的组织实施做出了如下规定：

国家负责统一制定全国基础性监测实施方案及相关技术规范，统筹获取并提供遥感影像，开展整体质量控制和监督抽查，完成全国监测数据库建设、统计分析以及报告编制等工作，帮助西部欠发达省份完成部分困难区域的监测数据生产。

地方按照统一要求，组织开展本区域内的基础性监测。设区市（地、州、盟）结合普惠化公共服务体系构建、精细化社会管理体系建立、宜居化生活环境建设、现代化产业发展体系建立、智能化基础设施建设等城市建设和管理需求，增加监测内容、细化采集指标，开展市辖区的基础性监测。

从上述内容可以发现，基础性地理国情监测强调国家测绘地理信息局的统筹，注重由生产转向全面统筹和质量监督，主要负责基础性监测总体实施方案设计、标准制定、影像的获取和分发、软件的开发和提供、实施过程中和完成后的质量监督和检查、全国数据统筹和建库、数据挖掘和统计分析、统一服务系统的开发等,加强了对质量控制的重视,在内业和外业核查都设置了抽查环节,而具体数据的生产处理则都交给地方完成。各省级按照国家的统筹安排,参与涉及本地区的国家级专题性地理国情监测,并组织实施好本行政区内的基础性地理国情监测,其更新范围、更新周期、采用的分辨率根据本地区经济社会发展程度、国土空间开发强度等因素确定。

2)探索建立基础性地理国情监测责任网格

突破按照比例尺大小来确定国家和地方测绘地理信息分级管理内容的模式,探索建立以基础性地理国情监测责任网格为组织管理分工的模式。

根据人口密度、城镇分布、经济发达程度、开发投资强度等因素,基于各地上年度的固定资产投资、国内生产总值和人口统计数据,结合普查成果的分析结果,以及《全国主体功能区规划》、各省主体功能区规划、界定的城市群、开发区等范围,将我国陆地国土范围划分为若干区域(2016 年基础地理国情监测把全国分为 4 类区域),按照不同策略开展监测,明确各个区域内地理实体采集精度和要素表达要求,具体分解如下:

一类区为优化和重点开发区。包括各省会城市城区和国家级新区、京津冀、黄河下游、淮河流域、长江三角洲、珠江三角洲、成都平原和浙江、福建、广东沿海等省份。这些区域人口集中,经济发展较快,开发建设活跃,地表覆盖和地理实体变化频繁,属于监测重点区域。

二类区为一类区以外,县级、地级城镇及其周边区域,该区域类似一类区,只是城市辐射范围较小,但分布广泛。随着县域经济的活跃,变化也比较突出。一类、二类区采用优于 1 米分辨率的卫星遥感或航摄影像,难以覆盖区域采用优于 2.5 米遥感影像资料进行补充。

三类区为一类、二类区之外,以农林牧业为主的乡村区域,人口相对分散，开发建设活动较少，地表变化以种植植被变化为主。

四类区为以保护区等禁止开发地区以及人烟稀少地区为主，多为高山、高原、沙漠、戈壁，禁止开发地区都是受保护的区域，两者地表地物都以自然地类为主，变化主要表现在自然植被覆盖的变化（面积占比极小的文化类保护区以建筑类覆盖为主，变化量很小，可以忽略）。三类区采用优于 2.5 米遥感影像资料；四类区主要采用优于 2.5 米影像资料，局部影像获取困难地区可收集利用优于 5 米的遥感影像资料。

由于基础性地理国情监测的生产性任务目前暂由国家测绘地理信息局直属生产单位按照责任区分别承担。为确保与基础测绘相关工程的充分协同，责任区划分与 1∶5 万比例尺基础地理信息数据库更新的责任区划分方式保持一致，并按照就近原则承担。同时，国家测绘地理信息局直属生产单位与责任区内各地方省级测绘地理信息主管部门坚持有利于充分发挥各方能动性、有利于满足国家和地方对地理国情信息的需求、有利于提高工作效率的原则，突出“共建共享、互利双赢”，通过充分协商沟通，在资料收集与共享、分工合作、技术支持、交流带动以及成果共享、应用促进等方面开展形式多样的合作和协同，探索形成中央与地方联动开展常态化地理国情监测的良性机制和有益经验。

2. 专题性地理国情监测组织

《关于全面开展地理国情监测的指导意见》（国测国发〔2017〕8 号）中对专题性地理国情监测的组织实施做出了如下规定：

国家负责制定专题性监测技术指南及相关技术规范，为地方开展专题性监测提供参考，主要围绕“一带一路”、京津冀协同发展、长江经济带发展国家重大战略和雄安新区建设等重大部署以及相关部门业务管理需求，组织开展跨区域、多省区联动的专题性监测，通过业务指导、项目带动、资金配套等方式，引导所涉及省份共同开展监测工作。

地方围绕本地区国土空间开发利用、资源环境及生态管理、空间规划编制与实施、区域协调发展战略、重大自然灾害防治、生产力优化布局等方面的需求，因地制宜、注重实效，自主开展专题性监测。设区市（地、州、盟）重点围绕城镇化宏观布局、基本公共服务均等化、城乡规划违法建设集中整治、城镇棚户区城中村和危房改造、生态环境保护、水体整治、地质灾害预防等城市管理和治理需要，积极开展市辖区的专题性监测。

从上述内容可以发现，专题性地理国情监测在强调国家测绘地理信息局统筹的同时，注重需求牵引、突出区域特点，因地制宜，分类指导。根据各专题监测内容，编制年度“地理国情监测项目需求分析报告”（样式和提纲参见图 7-15、图 7-16），并按年度监测项目的内容及要求，确定项目承担单位，并下达生产任务。其中，涉及地方的专题性地理国情监测项目下达到相关省级测绘地理信息部门，发挥专项资金对地方地理国情监测发展的引导作用。

《××××年度地理国情监测项目需求分析报告》

（样式）

开展项目需求分析，形成需求分析报告，为编制项目建议书提供参考。《地理国情监测项目需求分析报告》主要包括：项目提出的背景、依据、必要性、建设的主要任务、总体安排、项目进度安排、投资估算等内容。

一、项目简介

主要包括项目名称、编制依据、项目概况三部分。其中项编制依据主要阐述项目是否符合国家重大战略、政策、规划的要求，是否满足相关项目管理与经费投入等规定。项目概况主要阐述项目目标、主要内容、成果形式等。

二、项目建设的必要性

阐述项目背景、需求分析、立项必要性、工作基础、存在问题、技术可行性等。

三、主要任务

主要包括监测对象、监测内容、监测范围、监测周期、成果形式、服务方式等。

四、总体方案

阐述项目的总体目标、分阶段目标，制定项目实施的技术方案、组织实施方案以及保障措施等。

五、项目实施安排

对项目实施各环节依据工艺流程、工作量等制定的时间安排。

图 7-15 “地理国情监测项目需求分析报告”样式

六、投资估算与资金筹措

(一)投资估算的有关说明

介绍项目投资编制依据、指标及计算方法,材料、人员、装备等各专项费用预算。

(二)项目总投资估算

投资估算是指在项目申报、实施过程中,依据现有的资料和特定的方法,对项目的投资总额进行估算。

(三)资金来源与落实情况

介绍项目实施所需资金以及其他已有资金筹措方法。

七、效益与风险分析

(一)项目的经济效益和社会效益分析

分析项目实施对经济社会发展、生态环境保护、生产力布局优化、国土空间管控等重大政策制定、重大项目实施预计产生的效果,以及对科研、教育等的促进作用。

(二)项目风险与风险对策

评估项目实施过程中存在的不确定性以及可能产生的后果,制定应对风险的方案。

图 7-15(续) “地理国情监测项目需求分析报告”样式

《××地理国情监测项目需求分析报告》

(提纲)

一、项目简介

(一)项目名称

(二)编制依据

(三)项目概况

二、项目建设的必要性

(一)项目提出的背景和依据

(二)现有基础

(三)目前存在的主要问题

(四)项目建设的意义和必要性

三、主要任务

(一)监测对象

(二)监测内容

(三)监测范围

(四)监测周期

(五)成果形式

(六)服务方式

四、总体方案

(一)设计原则和策略

图 7-16 “地理国情监测项目需求分析报告”提纲

（二）总体目标与分期目标
（三）总体建设任务与分期建设内容
（四）总体设计方案
五、项目实施安排
六、投资估算和资金筹措
（一）投资估算的有关说明
（二）项目总投资估算
（三）资金来源与落实情况
七、效益与风险分析
（一）项目的经济效益和社会效益分析
（二）项目风险与风险对策

图 7-16（续） “地理国情监测项目需求分析报告”提纲

（五）提供服务

项目完成后：一是按照《重要地理信息数据审核公布管理规定》要求，将基础性地理国情监测成果以公告等形式公布，使其成为代表国家意志的基本国情，为行政管理、新闻传播、对外交流、教育科研等活动中使用与地理空间相关信息提供标准；二是按需要向用户提供专题性监测成果服务，将标准化的产品按照用户的需求进行加工和包装，形成符合各部门要求的产品；三是利用专题性监测成果对地理国情普查数据库和基础地理信息数据库进行更新；四是统筹考虑地理国情普查监测成果与基础测绘成果的汇交、管理、分发等工作，形成统一管理地理国情普查监测数据库与基础地理信息数据库的技术支撑和机制保障；五是将地理国情监测数据纳入现行测绘地理信息成果目录，提供相关数据应用开发、分析服务等。

第八章　产品形式与服务机制

地理国情监测要实现常态化，必须形成稳定的地理国情监测成果形式和服务模式，通过多种方式满足不同对象的应用需求。

一、产品形式

地理国情监测成果与现有基础测绘成果既有相似性，也有不同。相似性在于都是对地物进行空间化表达。但地理国情监测有其自身特点，更加侧重对各类地理要素的动态监测，及时发布监测成果和分析报告，其在经济社会发展全局中属于基础性工作，主要服务于政府管理决策。在分析基础测绘成果、地理国情普查成果以及其他同类监测成果的基础上，研究提出了地理国情监测的成果形式。

(一)基础测绘产品形式

根据《测绘成果管理条例》规定，测绘成果是各类测绘活动形成的记录和描述自然地理要素或者地表人工设施的形状、大小、空间位置及其属性的地理信息、数据、资料、图件和档案。

1. 图件

各类基础地理信息图件和专题图件。在计算机出现之前，测绘地理信息工作的成果主要以纸质图件形式出现。随着计算机技术、数字地图制图技术的发展，电子地图成为应用更为广泛的形式。

2. 数据

一是基础地理信息数据，根据分级管理的要求，国家级基础地理信息数据库主要内容包括 1∶25 万、1∶5 万等基础地理信息数据；省级基础地理信息数据库主要内容包括 1∶1 万、1∶2000 等基础地理信息数据。二是重要地理信息数据，实际上是地理国情监测的最初表现形式，根据《重要地理信息数据审核公布管理规定》，重要地理信息数据是指在中华人民共和国领域和管辖的其他海域内的重要自然和人文地理实体的位置、高程、深度、面积、长度等位置信息数据和重要属性信息数据。主要包括：①涉及国家主权、政治主张的地理信息数据；②国界、国家面积、国家海岸线长度，国家版图重要特征点、地势、地貌分区位置等地理信息数据；③拟冠以“全国”“中国”“中华”“国家”等字样的地理信息数据；④经相邻省级人民政府联合勘定并经国务院批复的省级界线长度及行政区域面积，沿海省、自治区、直辖市海岸线长度；⑤法律法规规定以及需要由国务院测绘行政主管部门审核的其他重要地理信息数据。

3. 信息系统

包括各类专题地理信息系统。

4. 技术服务

地理信息技术资料以及地理信息解决方案。

(二)地理国情普查产品形式

根据地理国情普查有关规定，地理国情普查的成果形式包括：一是报告，包括工作总报告、普查成果总报告、普查成果统计分析系列报告。二是数据，包括第一次全国地理国情普查成果数据库、统计分析数据库。第一次全国地理国情普查成果数据库含七个核心数据库，分别为：数字高程模型数据库、高分辨率正射影像数据库、全国地表覆盖数据库、全国政区与居民地数据库、全国水系与流域数据库、全国交通路网数据库以及全国地理单元数据库。数据内容涉及我国“山水林田湖”等地表自然资源要素基本情况，具体包括耕地、园地、林地、草地、湖泊、河流、水库(坑塘)、荒漠和裸露地表、冰川和常年积雪等的类别、位置、范围、面积等信息，以及与人类活动相关的交通网络、居民地与设施、地理单元等人文地理要素基本情况，掌握其类别、位置、范围、长度、面积及空间分布情况。统计分析数据库为国家、省、市、县四级行政区域以及以地理单位为单元的基本统计、综合统计数据。三是信息系统，类型为基于地表覆盖、遥感影像和地表三维数据库的地理国情监测平台，地理国情信息数据库管理系统，基于政府内网的地理国情信息发布与服务系统，基于"天地图"的地理国情信息发布与服务系统，地理国情普查业务管理系统，等等。四是图件，包括普查成果系列图以及国家、省、市、县地理国情图集。

(三)现有地理国情监测成果形式

国家测绘地理信息局自启动地理国情监测工作以来，有步骤、有计划、有针对性地选择了若干基础良好的地区开展了地理国情监测试点，取得了系列监测成果。四川省汶川地震核心灾区地理国情监测试点利用核心灾区城镇化进程监测、地质灾害监测、植被覆盖监测等地理国情监测信息成果制作了各类专题图，编制了四川省基本地理省情及汶川地震核心灾区地理省情监测成果报告。陕西省地理国(省)情监测项目经省政府授权发布《陕西基本地理省情白皮书(2011)》和《陕西基本地理省情蓝皮书(2011)》。地理国情监测重点要素统计分析试点项目生成了地形地势本底基础数据集和地级市以上城市分布本底数据集。重庆市地理国情监测试点项目形成了 20 万字的地理国情监测报告。浙江省开发了城镇建成区调查地理信息应用系统。黑龙江省完成了齐齐哈尔市地理国情监测成果专题网站。综上所述，目前的地理国情监测试点成果主要有地理国(省)情图集、地理国情监测成果专题网站、地理国情监测报告、地理国情监测系统四大类。

(四)其他部门的监测成果形式

思维方式的空间化是地理国情监测有别于相关部门资源环境生态监测工作的特点。同时，地理国情监测成果与其他部门的资源环境生态监测成果也存在相似和互补。其他部门的资源环境监测主要成果形式如下，为明确地理国情监测成果形式提供借鉴。

1. 土地利用调查与监测

国土资源部组织开展了2014年度全国土地变更调查与遥感监测工作，完成了遥感监测、土地利用现状变更调查、设施农用地和临时用地等外业抽查等、国家级土地调查数据库与现状数据汇总、用地管理信息套合标注和数据统计分析、土地变更调查成果数据评价等工作任务。项目形成了全国一系列的土地基础数据、图件及数据库等系列成果，包括：各县级土地利用现状数据；各县级土地利用现状年度变化数据；2014年度国家级土地调查数据库；各县级遥感监测成果；项目工作方案、工作报告、遥感监测和变更调查结果分析报告、监理报告、数据库质量检查报告等系列文字成果；项目实施过程中形成的工作规定、记录表、检查表、统计表、调查底图等其他成果；变更调查成果质量评估报告；等等①。

2. 生态环境监测

全球生态环境遥感监测项目。科学技术部自2012年2月启动"全球生态环境遥感监测年报"编制工作。该工作以服务于生态文明建设为目标，结合需求，发挥遥感技术优势，利用地球观测技术在全球和区域尺度上对生态环境因子进行年度动态监测，编制全球及区域生态环境综合报告和科学技术报告（含数据集），并建立年度报告发布制度，为政府及公众提供稳定的信息服务。具体由科学技术部国家遥感中心对生态环境遥感监测工作进行了总体部署，制定了相应的实施计划，每年选择不同的生态环境因子，开展全球生态环境遥感监测研究，发布年度报告。2013年5月，科技部首次向国内外正式公开发布了《全球生态环境遥感监测2012年度报告》。2012年年度报告利用不同尺度的遥感影像数据，形成了反映全球1982—2011年30年植被生长状况的叶

① 国土资源部：《2014年度全国土地变更调查与遥感监测实施方案》。

面积指数遥感监测数据集、全球2010年陆表水域数据集和全球典型湖泊2001—2011年的连续监测结果。2013年年度报告内容包括陆地植被生长状况、大型陆表水域面积时空分布、大宗粮油作物生长形势、城乡建设用地分布状况等。2014年年度报告内容包括大宗粮油作物生长形势、大型国际重要湿地、非洲土地覆盖、中国—东盟区域生态环境状况。2015年年度报告内容包括"一带一路"生态环境状况、全球大宗粮油作物生长形势。此外,还提供以上内容的详细数据集产品,用户可根据兴趣下载所需专题数据。

3. 林业生态监测

2012年2月,国家林业局批准成立了国家林业局生态监测评估中心,负责定期开展生态状况及动态变化监测。其成果主要包括:建立生态监测评估基础数据库,统计报告监测信息(监测数据及统计报告);开展生态系统服务功能评价,重大生态工程和生态系统管理成效评价以及开发建设项目的生态风险监测和评价,研究推广先进适用的生态保护、修复与恢复技术模式(评价报告);开展国家重点生态功能区,以及自然保护区等重点区域的生态保护与建设考核评估(考核评估报告,包含数据);开展重大生态灾害调查、监测、评估与预警等工作(灾害监测和评估数据、重大预警信息服务)。

综上,自然资源、生态环境等重大监测工作或项目的主要成果形式为:工作过程数据记录和文件;作为最终成果的档案资料、专题研究报告、研究论文、监测数据及统计报告、评价报告、监测系统、信息服务系统、数据集、年度报告、数据库、研究模型等。其中一些还具有一个鲜明的特点,即选择特殊的时期发布监测成果,这对于提升监测成果的社会关注度和影响力具有非常重要的作用。

(五)地理国情监测产品形式

1. 根据成果表现形式分类

参考基础测绘成果形式(图件、数据、信息、技术服务等)、地理国情普查成果形式(报告、数据、图件、信息系统等)、现有地理国情监测成果形式(专题图集、监测报告、白皮书、本底数据集、专题网站等),以及其他部门监测成果形式(档案资料、专题研究报告、研究论文、监测数据及统计报告、分析报告、评价报告、监测系统、信息服务系统、数据集、年度报告、数据库、分析模型等),将地理国情监测成果分为:数据库、监测图集、监测报告、白皮书、发布平台、应用系统、分析和评价报告等。

数据库系列。主要包括自然、人文和专题数据库。自然要素数据库主要是表达监测对象的自然属性,以影像地图、矢量地图等呈现。人文数据库主要是表达监测对象的社会属性,主要形式为地图与属性数据库。专题监测数据库主要是综合表达专题对象的自然特点和社会属性,除了影像与矢量数据,还包括了相关的视频、图片等,例如主体功能区规划实施监测数据库、地表形变监测数据库以及灾害应急监测数据库等。

监测图集系列。通过完成地理国情普查和重要地理信息监测工作,形成数字化、多维度、高精度的地理国情图。根据内容和区域不同,主要有基本图、专题图、区域系列图、时序图、预测分析图等。根据载体不同,又可分为地图集(册)、挂图、电子地图、三维地图等。

周期性地理国情监测报告。根据不同要素的监测周期发布相关报告,如主体功能区规划实施年度报告、全国粮食产区监测月度报告等。监测报告又可分为公报和专报等形式。公报定位是面向全社会公开发布的、反映监测成果的政府权威报告,既体现数据权威可靠、文字简短精练,又要表述通俗易懂。公报的形式、内容设计参考水利、国土、农业、人口、经济其他普查(监测)公报,充分发挥测绘地理信息的优势,以文字、表格、地图等多种表达方式相结合,采用图文并茂的方式展现。专报的定位是面向政府有关决策部门,呈现给领导和决策层。专报既体现内在逻辑性、数据可靠性和结论科学性的统一,也体现短而集中、高度凝练、主题鲜明的特点。专报的形式、内容设计主要以文字为主,配有统计图表和地图，主要内容包括问题、现状、数据分析与判断、政策建议等部分。

地理国情分析和评价报告。基于监测数据，开展专题分析研究和评价，建立评价模型等，以研究咨询的方式提供相关对象参考使用。

地理国情监测皮书系列。皮书定位是面向政府管理、科学研究等部门，提供全面、权威、系统、详细的统计指标数据，既要体现学术性，又要体现通俗性，还要保证可操作性和数据准确性。皮书主要包括白皮书和蓝皮书。皮书以表格和地图为主，辅以少量文字，图文并茂。既可作为政府部门辅助决策的参考资料，也可作为科研、高校等研究的参考资料。皮书一般以一年为周期，包括地理国情现状信息，与往年信息对比情况分析，变化时空规律和对未来发展的预测分析。另外，也包括其他专题信息及区域监测的相关信息。

地理国情监测公共服务平台。通过动画、语音、图片等多种形式来发布各级各类地理国情监测信息。分三个版本，即直接面向国务院的涉密专网版本，针对各政府部门的内网版本，以及面向公众的互联网版本和移动互联网版本。

应用系统。基于地理国情普查监测数据成果或地理国情监测公共服务平台开发相关应用系统，向特定用户提供服务。

2. 根据成果的服务对象分类

公众类地理国情监测成果。主要满足社会公众的地理国情信息知情权、国民地理国情教育的需要，定期不定期通过网络、新闻媒体、广播电台、正式出版物等形式向社会大众公布各类信息，重点是对关系百姓民生的环境变化、医疗服务设施变化、教育环境变化、房产市场变化等信息进行空间化表达，并通过图表、报告、图集等多种形式呈现。网络形式即为地理国情监测公共服务平台的公众版本。

政务类地理国情监测成果。主要面向政府部门，针对各部门不同对象、不同专题的需求，提供有针对性的产品和服务。一方面，通过提供宏观性的地理国情监测数据，辅助有关部门决策。另一方面，经过不断的积累经验和完善相关制度，对有关部门执行法律法规、政策规划的情况进行有效监督，从而提高各部门的自我约束力。部门类地理国情监测成果包括专题应用系统、图集、报告等，此类地理国情监测成果通过政务版地理国情监测公共服务平台或文件，直接提交给相关部门。

直报类地理国情监测成果。直接服务各级党委、政府。此类地理国情监测成果是关系到国计民生、经济社会长远发展的重要信息。某些成果可能涉及多个部门、不同利益群体，内容具有敏感性。此类成果需要由测绘地理信息部门直接提交给各级党委、政府。

二、服务机制

（一）地理国情监测服务机制

在以往的地理国情监测研究中[①]，曾经从信息服务的角度探讨过地理国情监测服务机制，包括以下五种模式。

传递模式。即以地理国情监测信息成果为中心的服务过程，属于传统的地理信息服务模式。地理国情监测作为一项公共服务，其成果应该由军队有关部门，政府机构、社会团体、企事业单位和公众共享。在地理国情监测服务中，也是最重要最基本的服务模式。通过召开新闻发布会发布重要地理信息，利用政府公告栏、报纸、杂志等载体以及广播、电视、电台等媒介发布各类不涉密和不具有敏感性的地理国情监测报告、地理国情监测皮书系列都是属于这种模式。在这类模式中地理国情信息是一种单向流动，对于用户来说是一种被动的接收过程。这类模式不重视特定服务产品的开发，不关注信息用户的能动性，主要针对具有广泛应用需求的监测成果的服务。

① 国家测绘地理信息局测绘发展研究中心：《实施“四进”“三步走”策略 加快建设地理国情监测长效机制》，2013 年。

使用模式。即以服务对象的地理国情信息需求为出发点的服务过程。根据用户不同需要，以用户明确的成果需求为依据。此模式的前提是，用户清楚所需要的地理国情监测成果。这类模式包括根据需求向其他政府部门提供不同区域、不同专题、不同时序的地理国情监测成果，如政府部门需要近10年主要湖泊水域面积变化图，相关部门需要近5年城镇化发展的研究报告等。地理国情监测部门依据其需求，将相应的成果通过内网或者移动设备等方式提供出去。这就完成了一次地理国情监测服务，至于相关部门将数据成果进行何种分析和加工，则不是地理国情监测部门关注的内容。

问题解决模式。即以解决用户问题为中心的地理国情监测信息服务过程。此模式的要点在于用户有需要解决的问题，但是对需要什么样的成果并不清楚。地理国情监测部门和用户部门之间有较强的沟通互动关系。根据用户的问题，提供多种解决方案由用户部门选择，从而实现问题的解决。地理国情监测工作咨询类服务就是这种模式，如某部门要制定城镇化的有关政策，但是对需要哪些地理国情监测信息并不清楚，地理国情监测服务部门需要通过综合分析全国范围某段时间内建筑用地、绿地、耕地等要素空间变化信息，最后给予相关政策建议。

交互增值模式。主要研究信息用户—地理国情监测部门—服务内容间的关系链。在这种模式中，服务内容比较复杂，对地理国情监测部门和用户的要求都比较高，测绘地理信息部门与用户通过交互而使信息得到增值。这类模式主要是服务于各类型研究机构、高等院校等。包括地理国情监测数据库服务、地理国情监测应用系统等。例如，某研究机构需要研究青海湖的自然生态变化轨迹，可以通过和测绘地理信息部门取得联系，获取不同历史时段青海湖面积、周边地面覆盖、水面面积、湖水深度等多项信息，结合其自身的专业知识，通过某种模型来进行综合分析，并进行预测分析，等等。通过将地理国情监测信息与前沿科技的结合，从而最大限度发挥地理国情监测工作效能。

平台自助模式。此模式以地理国情监测公共服务平台为基础，此类服务模式信息用户主动性强、参与程度高，地理国情监测部门以提供服务平台为任务，过程影响力小，影响面较窄。不同用户在对其开放的平台上自助进行开发。政务类用户可以将地理国情监测数据与本部门数据进行比对，分析差异因子和产生原因。公众类用户可以查询自身感兴趣的各类信息，并通过平台提供的论坛，发布其他的相关信息，或针对地理国情监测信息进行讨论。此论坛由志愿者自愿管理，其言论也不代表官方观点，提供广大公众交流探讨的一个平台。

(二)从服务对象的角度分析地理国情监测服务模式

地理国情监测经费目前主要来源于国家和地方政府，地理国情监测服务属于政府信息服务。在此尝试通过探讨政府信息服务的普遍方式，探索地理国情监测模式。

根据政府信息服务模式分类[①]，地理国情监测由测绘地理信息部门组织实施，属于政府主导模式的政府信息服务，即它通过直接投资和财政补贴来调整信息资源配置，是一种基于行政管理权威的信息资源服务模式。政府主导模式主要分为以下三种：

——常规作业模式。指政府承担信息资源共建共享的常规基础性工作，包括政府信息资源基础设施建设、基础数据库建设、数据标准建设、法律法规建设等。其主要侧重于政府的责任与义务导向。相应地，此类模式的地理国情监测服务主要侧重于地理国情监测数据获取、处理等基础设施建设，地理国情监测本底数据库建设，地理国情监测相关标准建设，以及地理国情监测体制机制建设等。

——咨询决策模式。指政府为了使政府管理决策更加科学化、民主化、合理化，而实行信息互动的决策过程。此类模式的地理国情监测

① 易臣何：《政府信息服务的几个基本模式探讨》，载于《理论与探索》，发表于 2011 年第 7 期，P. 34-37。

服务侧重于为政府决策提供地理国情监测数据、监测报告，甚至是基于监测数据的分析、评估和预测报告，作为政府决策的咨询参考。

——应急处理模式。指政府在应对突发公共事件、重大自然灾害或出现政府管理危机时，提供优先于常规的信息服务模式。此类模式的地理国情监测服务侧重于提供各类应急专题监测数据。

(三)成果分发机制

鉴于地理国情监测属于政府公共服务范畴，其“权威性”还来自其程序的合法性，即应当尽可能通过履行相应的行政程序来维持地理国情监测的权威性。对于地理国情监测成果的分发而言，行政程序的合法性对于维持其权威性更显重要。为此，建立地理国情监测成果发布机制，按照统一规范、分级管理、分类发布的办法，明确规定党委政府及其部门和社会有关方面使用地理国情监测成果的范围和责任，具体见图 8-1。

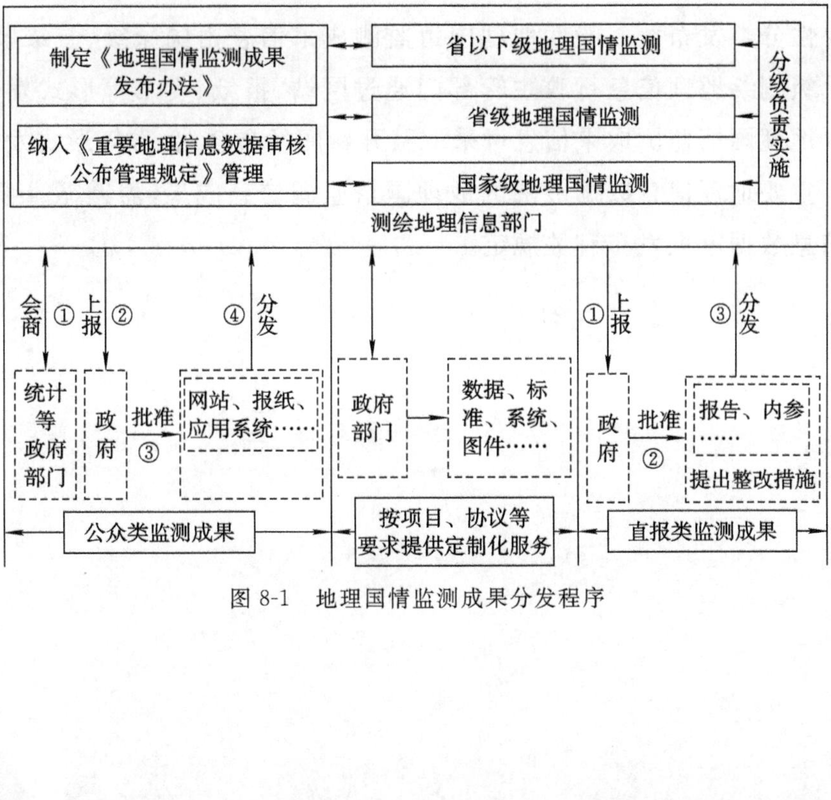

图 8-1 地理国情监测成果分发程序

1. 统一规范

依据《测绘法》《统计法》《政府信息公开条例》《测绘成果管理条例》《重要地理信息数据审核公布管理规定》等有关规定和要求，制定《地理国情监测成果信息审核与发布办法》，规范地理国情信息分发，规定地理国情信息数据审核、报批与分发程序。

2. 分级管理

国家级、省级及省以下级测绘地理信息行政主管部门负责管理本级地理国情监测成果。省级及省以下级测绘地理信息行政主管部门对本级地理国情监测成果信息进行审核，经与同级有关政府部门会商一致并征求上级测绘地理信息行政主管部门同意后，报同级人民政府批准后发布。

3. 分类发布

一是按政府领导决策、政府有关部门、社会公众等不同对象分类发布。专报类地理国情信息一般不面向公众分发。二是按地理国情信息重要性分类发布。一般性地理国情监测成果信息由国家级、省级及省以下级测绘地理信息行政主管部门通过网站、报纸、皮书等形式发布；重要地理国情监测成果信息可采取召开新闻发布会、公告等形式发布。属于重要地理信息数据范围的地理国情监测信息成果，需遵循重要地理信息数据审批发布有关规定。

第九章 业务保障制度建设

当前，落实供给侧结构性改革对增强测绘地理信息公共服务有效供给的要求，测绘地理信息公益性服务正由以基础测绘为主向新型基础测绘、地理国情监测、应急测绘、航空航天遥感测绘和全球地理信息资源开发“五大业务”并存的“多元化”发展。其中，地理国情监测成为测绘地理信息业务格局重要组成的依据也已充分，这主要体现在监测“四进”措施取得的显著进展，为保障其业务发展提供了制度保障，但也仍存在一些不足：“进法律”方面，地理国情监测法定定义、经费投入、组织实施、工作机制等相关政策分散在《测绘法》、国务院立项批复文件、普查通知（国务院〔2013〕9 号）以及相关规划中，内容比较分散且部分阐述过于原则，法律效力不强。随着地理国情监测的持续开展，出台专门的地理国情监测管理办法日益迫切。“进职责”方面，虽然部分省级测绘地理信息行政主管部门赋予地理国情监测职责并增设了地理国情监测管理处室，调整了相关直属事业单位，但仍然属于少数，在所有事业单位中占比不高。同时，作为一项新型测绘地理信息工作，地理国情监测与基础测绘等业务边界不够清晰。“进规划”方面，大部分省份未将地理国情监测列入地方国民经济与社会发展“十三五”规划，且存在规划编制工作重国省联动不够，规划内容、重点任务衔接不强等问题。“进预算”方面，省级测绘地理信息部门在省级财政预算科目单列“地理国情监测”条目尚未取得突破，绝大部分省份对 2016 年度地理国情监测项目没有立项，对普查完成后转入常态化监测准备不足，存在“断档期”，普查与监测尚未有效衔接。

为此，需要树立全国一盘棋的思想，继续完善地理国情监测“进法律”“进职责”“进规划”“进预算”的“四进”措施，为建立常态化监测机制提供制度保障。

一、“进法律”

推进地理国情监测“进法律”，是依法实施监测、实现地理国情监测法治化的应有之义。新修订的《测绘法》(已于2017年7月1日正式实施)作为测绘地理信息领域的“基本法”，首次将生态保护服务纳入立法宗旨，并对地理国情监测的组织实施、工作机制与成果应用等做出了安排，这为地理国情监测依法实施提供了法治保障，也进一步完善了地理国情监测制度环境。因此，从近期来看，利用《测绘法》实施的契机，在相关法律法规中对地理国情监测的法定定义、工作性质、经费来源、组织实施、成果利用等原则性内容予以细化、明确；长期来看，制定《地理国情监测条例》，详尽规定监测有关工作，提高立法位阶。

(一)地理国情监测写入《测绘法》的指导意义

新《测绘法》将保障测绘事业为经济建设、国防建设、社会发展和生态保护服务作为立法宗旨，在“总则”里明确了测绘事业的服务对象和领域。其中，测绘事业服务生态保护是首次写入法律，这进一步肯定了地理国情监测工作在生态文明建设中的作用和地位，为测绘地理信息助力生态保护提供了法治基础，具有重要意义。

1. 贯彻落实国家生态文明建设的战略布局

我国是世界上最大的发展中国家。改革开放以来，我国经济社会快速发展的同时，受生态环境严重失衡的制约越来越凸显，面临严重的环境威胁。党中央明确提出生态文明建设应当放在突出地位，并将其纳入建设中国特色社会主义事业“五位一体”的建设布局中，强调在进行经济建设、政治建设、文化建设、社会建设的同时，增强和保证生态文明建设。建设生态文明，既是民生，也是民意。习近平指出：“环境就是民生，青山就是美丽，蓝天也是幸福。要像保护眼睛一样保护生态环境，像对待生命一样对待生态环境，把不损害生态环境作为发展的底线。”

新《测绘法》分别在两款法条中强调了生态保护服务，具体来说：

一是在“总则”的第一条中指出了立法宗旨是“为了加强测绘管理，促进测绘事业发展，保障测绘事业为经济建设、国防建设、社会发展和生态保护服务，维护国家地理信息安全，制定本法”。参照修订前《测绘法》，本次修订将生态保护服务列为与保障经济建设、国防建设、社会发展同等重要的地位，明确了测绘事业的服务性质和领域。

二是在第十九条中规定“基础测绘成果应当定期更新，经济建设、国防建设、社会发展和生态保护急需的基础测绘成果应当及时更新”。随着生态文明建设各项工作的开展，基础地理信息在其中的基础先行、辅助决策作用越来越明显，生态文明建设对基础地理信息的需求更加旺盛。在本条中明确规定生态保护急需的基础测绘成果应当及时更新，进一步突出了基础测绘成果对生态保护的重要作用，从法律上保障生态保护所需测绘地理信息成果的现势性。

2. 紧跟经济社会发展新形势

测绘是国民经济和社会发展的一项十分重要的前期性、基础性工作，通过提供与地理位置有关的各种信息，广泛服务于经济建设、国防建设、科学研究、人民生活、生态保护等各个领域。《测绘法》作为测绘地理信息法律体系的核心，其修订历程也是测绘地理信息事业紧跟经济社会发展新形势的过程。

1956年之前，测绘主要为军事工作服务，测绘工作是军事工作中的一个分支，服务领域非常单一。1956年国家测绘局成立，测绘开始为经济发展服务，测绘工作正式成为经济发展的组成部分。改革开放之后，经济建设成为我国发展的重心，1992年颁布的《测绘法》将测绘事业服务国家经济建设、国防建设和科学研究写入立法宗旨，成为我国测绘事业发展进程中的一个重要里程碑。

2000—2010 年，测绘地理信息服务受到政府、市场两股力量的推动，市场化服务和公益性服务发展迅速，服务领域和内容逐步多样。对比 1992 版和 2002 版《测绘法》（见表 9-1），后者将“为社会发展服务”纳入立法宗旨，适应了这个时期经济与社会发展并重、市场化服务与公益性服务齐抓的形势，确定了测绘在国民经济和社会发展中的基础性、先行性定位。同时基础测绘作为公益性服务，确立了其在经济社会发展中的法定地位，相应地在第十五条中增加了基础测绘成果的更新制度。

“十二五”期间，党的十八大确立了加快转变经济发展方式、加快生态文明制度建设、建设美丽中国等重大战略部署，对测绘地理信息事业发展提出了新要求。此次《测绘法》的修订，在 2002 版的基础上，将生态保护纳入测绘地理信息的法定服务领域，相应地将生态保护写入基础测绘成果的更新制度中，紧跟经济社会发展的新形势，保障测绘地理信息事业始终保持活跃发展势头。

表 9-1 三版《测绘法》相关法条对比

版本	立法宗旨	基础测绘成果更新制度
1992 版	第一条　为了保障测绘事业的顺利发展，促进测绘事业为国家经济建设、国防建设和科学研究服务，制定本法	×
2002 修订	第一条　为了加强测绘管理，促进测绘事业发展，保障测绘事业为国家经济建设、国防建设和社会发展服务，制定本法	第十五条　基础测绘成果应当定期进行更新，国民经济、国防建设和社会发展急需的基础测绘成果应当及时更新
2017 修订	第一条　为了加强测绘管理，促进测绘事业发展，保障测绘事业为经济建设、国防建设、社会发展和生态保护服务，维护国家地理信息安全，制定本法	第十九条　基础测绘成果应当定期更新，经济建设、国防建设、社会发展和生态保护急需的基础测绘成果应当及时更新

3. 促进测绘地理信息转型升级

新《测绘法》将生态保护纳入立法宗旨，落实了国家生态文明建设的要求，自此，测绘地理信息为生态保护服务成为一项法定工作内容，将指引事业的发展向服务生态文明建设拓展，对测绘地理信息转型升级具有巨大的促进作用。

服务生态保护是测绘地理信息工作拓展服务领域、提升保障能力和水平的机遇。新《测绘法》使这些工作成为测绘地理信息部门的法定工作职责，能够促进测绘地理信息事业在新的服务领域不断改革创新。国家测绘地理信息局三年多的地理国情普查工作实践已证明：地理国情监测工作是从地理空间的角度研究国情、把握国情的特殊测绘工作，同时也是对资源环境及生态进行监测分析的主要技术手段。

(二)地理国情监测写入《测绘法》后如何落实

推进测绘依法行政，是对测绘管理工作的基本要求。《测绘法》是在我国从事测绘活动和进行测绘管理的准则依据。“地理国情监测”写入《测绘法》，标志着地理国情监测工作已成为测绘地理信息部门依法行政的重要职责之一。地理国情监测工作将有法可依，更要做到有法必依，各级测绘地理信息部门有责任有义务主动开展相关工作，充分发挥地理国情监测的作用。

《测绘法》对建立地理国情监测制度做出了如下原则性规定：“县级以上人民政府测绘地理信息主管部门应当会同本级人民政府其他有关部门依法开展地理国情监测，并按照国家有关规定严格管理、规范使用地理国情监测成果。各级人民政府应当采取有效措施，发挥地理国情监测成果在政府决策、经济社会发展和社会公众服务中的作用。”这些条款分别对地理国情监测的组织实施、成果管理与推广应用等方面做出了安排。

从上述条款内容和《测绘法》修订过程中全国人大常委会以及专门委员会相关委员提出的建议[①]可以看出，对地理国情监测的规定仍需在进一步理解其内涵的基础上细化上述条款，增加一些刚性要求，完善

① 《中华人民共和国测绘法释义》，中国民主法制出版社，2017。

地理国情监测制度环境，具体如下。

1. 地理国情监测要由测绘地理信息部门会同有关部门依法开展

《测绘法》要求“县级以上人民政府测绘地理信息主管部门应当会同本级人民政府其他有关部门依法开展地理国情监测”，这一条款对地理国情监测的组织实施做了规定，主要体现在“应当”“会同”“依法开展”这三个法律词条上。具体来说。

——“应当”是用来规定当事人的法律义务，是一种强制性的规定，是与“可以”相对应的一个词语。

——“会同”即指协调两个或者两个以上的不同资源或者个体，协同一致地完成某一目标的过程或能力[①]。地理国情监测与有关部门开展的资源生态环境监测一起为我国国家宏观经济管理等各项经济工作提供政策咨询服务，这是测绘地理信息部门与有关部门共同的责任。因此，“应当会同本级人民政府其他有关部门”要求测绘地理信息部门要联合有关部门共同开展地理国情监测。结合地理国情监测工作实践，与相关部门的协同主要围绕规划计划、需求对接、标准衔接、成果服务等工作环节。地理国情监测要长期不断地进行，应当依据经济建设、国防建设、社会发展和生态保护的长期需要统筹实施，需要有全局性的长远计划，并落实责任，不能重复实施。地理国情监测规划就是这样的地理国情监测中长期发展计划，是对地理国情监测一定时期内发展目标的确定。政府有关部门和军队测绘主管部门根据本部门对地理国情监测的需求提出建议，由测绘地理信息部门进行需求项目分析，综合平衡，提出一定时期内地理国情监测任务安排（即地理国情监测规划），报本级政府批准实施。

——“依法开展”要求地理国情监测工作应在职责职能范围内。在工作定位、任务内容上既要满足国情研究工作的要求，又要突出测绘工

① 百度百科“协同”词条。

作和特点。为此,地理国情监测不能等同于相关领域的资源环境生态监测,要与之形成良好的配合关系。资源生态环境监测侧重于通过监测要素的经济社会"属性特征",而地理国情监测侧重于要素的"地理空间"属性特征。空间位置与分布、空间关系等空间属性特征只是资源生态环境监测内容的一个方面。因此,森林资源监测、水资源监测、海洋监测及矿产资源监测内容中都有测绘地理信息可以着手的内容,这正是专题性地理国情监测服务资源生态环境监测的着力点。

2. 要严格管理、规范使用地理国情监测成果

《测绘法》要求"按照国家有关规定严格管理、规范使用地理国情监测成果",这一条款对地理国情监测成果管理和使用做了规定,主要体现在"严格管理""规范使用"这两个法律词条上。

1)制定地理国情监测成果管理措施

参照基础测绘成果管理的相关要求,地理国情监测成果管理主要包括成果更新、成果保管、质量管理等关键环节。

成果更新。只有对地理国情监测成果动态更新,才能真实反映各类要素的现实状态及其相互关系。因此,根据地理国情监测成果的时效性以及投入水平、技术水平、人力资源等,合理确定与经费投入、计划管理、技术规范等条件相匹配的更新机制。

成果保管。主要包括两方面:一方面,采取措施保障监测成果的安全。监测成果是广大测绘工作者付出艰辛后获得的结果,有些成果属于国家秘密范畴,事关国家安全,需采取必要的措施管理好。另一方面,按照有关规定向社会公开和提供使用,这是减少重复测绘,发挥监测实际功能,最终实现成果共享的必要手段。

质量管理。地理国情监测作为一项国情研究工作,具有一定的严肃性,其成果为政府管理决策提供参考依据,其成果质量将直接影响政府管理决策成效。因此,需要对监测成果质量责任主体和相关行政责任做出规定。

2)建立地理国情监测成果分发机制

“规范使用”是明确规定政府及有关部门和社会有关方面使用地理国情监测成果的范围、责任和程序，以保证地理国情监测成果的权威性。具体来说：

第一，统一规范。依据《统计法》《政府信息公开条例》《测绘成果管理条例》《重要地理信息数据审核公布管理规定》等有关要求，将监测成果纳入现有测绘地理信息成果管理办法或制定专门的管理办法（如国土部于2016年12月发布了《土地调查数据公开与共享应用实施方案》），规定地理国情信息数据审核、报批与分发程序，规范地理国情成果分发。

第二，分类服务。地理国情监测与国家重大战略实施、政府管理需求紧密相关，其服务方式及成果提供形式应与地理信息市场化服务有所不同，要体现为政府管理服务、为战略实施服务的特点。目前，地理国情监测成果按照表现形式可以分为数据库、应用系统、监测图、监测报告等。为此，从服务对象和成果重要性两方面对地理国情监测成果实现分类服务：一是按政府领导决策、政府有关部门、社会公众等不同对象分类发布。二是按地理国情信息重要性分类发布。一般性地理国情监测成果信息由国家级、省级及省以下级测绘地理信息行政主管部门通过网站、报纸、皮书等形式发布；重要地理国情监测成果信息可采取召开新闻发布会、公告等形式发布。属于重要地理信息数据范围的地理国情监测信息成果，还需遵循重要地理信息数据审批发布有关规定。

3. 各级人民政府要发挥地理国情监测的主体作用

《测绘法》要求“各级人民政府应当采取有效措施，发挥地理国情监测成果在政府决策、经济社会发展和社会公众服务中的作用”，这一条款是对推广使用地理国情监测成果的主体——各级人民政府做出了规定，并对地理国情监测成果的主要应用领域——政府决策、经济社会发展和社会公众服务做出了阐述。

地理国情监测工作价值是通过提供有关数据和信息来实现的。因此，要在工作实践中，利用大数据、云计算、人工智能等高新技术，建立有效措施，推广使用地理国情监测成果，提供多样化、个性化的监测服务，不断满足各领域对测绘地理信息的需求，成为各级人民政府应尽职责。而作为代表政府行使政府管理职能的测绘地理信息部门更要主动作为。为此，参照市县级人民政府在推广应用数字城市地理空间框架中的经验和做法，建立监测成果应用的“有效措施”。

一是及时发布可以公开的地理国情信息。修订完善《基础地理信息公开表示内容的规定(试行)》，增加地理国情普查监测相关内容，让社会公众和市场主体充分地了解和使用监测成果，引导鼓励全社会对地理国情信息的开发应用。

二是加强在有关资源生态环境监测中的应用和成果共享。地理国情监测的对象和有关资源生态环境监测的对象基本是一致的，所不同的是测绘地理信息部门更侧重于监测对象的空间化特征、属性和本体定义，侧重在一般国情监测对象的空间特征和空间表达诉求。相关部门开展的资源生态环境监测目的是了解经济社会开发活动本身，以及对专项资源及相关配套设施等的影响及变化，为制定本行业发展规划和方针、政策提供科学依据。因此，要落实“开放共享”的理念和“大数据”发展要求，建立健全政府部门间地理信息资源共建共享机制，加强地理国情监测成果与相关资源生态环境监测成果共享，实现数据融合、信息联通，促进广泛应用。

4. 注重在政府决策、经济社会发展和社会公众服务中应用监测成果

从《测绘法》中有关监测成果应用方向来看，“服务大局”为国家重大战略提供融合式服务，是地理国情监测的主要职责，是测绘地理信息部门践行“服务大局、服务社会、服务民生”三服务宗旨中“服务大局”业务。目前，参与资源环境及生态调查评价、支撑国土空间开发与管控、自然资源资产审计、京津冀空间规划编制实施等应当是地理国情监测常态化应用的主要领域。

在为政府管理、为战略实施提供服务的同时，为经济社会发展和社会公众提供服务。因此，深刻理解“地理国情是重要的基本国情”的内涵，并指导地理国情监测应用机制建设，通过对地理国情普查成果进行更新以及集成相关信息进行统计分析，形成反映基本国情的指标信息，并建立每年对重要基本国情进行研究、分析机制。对社会公众有影响的行政管理、新闻传播、对外交流、教育科研等活动中使用的与地理空间相关的基础数据要以地理国情相关的基本国情为标准。

二、“进规划”

根据《国务院关于投资体制改革的决定》(国发〔2004〕20 号)中“政府投资主要用于关系国家安全和市场不能有效配置资源的经济和社会领域”的规定，以及《国务院关于加强国民经济和社会发展规划编制工作的若干意见》(国发〔2005〕33 号)中“专项规划是以国民经济和社会发展特定领域为对象编制的规划，是政府指导该领域发展以及审批、核准重大项目，安排政府投资和财政支出预算，制定特定领域相关政策的依据”的规定，为了保障地理国情监测事业全面协调可持续发展，有必要将地理国情监测纳入国家专项规划管理轨道进行管理。

(一)探索建立地理国情监测规划体系

地理国情监测规划体系包括国家级规划和各地方规划。从国家层面看，由于地理国情监测工作涉及面广，需要相关部门的配合和合作，需要编制国家层面专项规划。从近期看，将地理国情监测规划纳入国家专项规划序列有较大难度，因此，建议滚动编制“国家地理国情监测总体方案”。以中央财政组织开展财政三年中期计划编制工作期间国家测绘地理信息局制定的《2016—2018 年国家地理国情监测总体方案》为基础，滚动编制，将地理国情监测近期的发展目标、工作内容、保障措施等纳入。同时，争取编制地理国情监测规划，并纳入国家专项规划序列，对地理国情监测的发展目标、主要任务、保障措施等做出统筹安排。

从地方层面看，要编制各地方的地理国情监测规划，争取纳入地方政府专项规划序列，并由地方政府印发执行。地理国情监测涉及国家和地方测绘地理信息部门的协作分工，地方地理国情监测规划一方面是全国监测工作布局的贯彻落实，另一方面是本地监测工作的安排部署。因此，国家测绘地理信息局应加强对地方地理国情监测规划编制工作的指导。地方测绘地理信息行政主管部门在编制本区域地理国情监测规划时，要做好与全国地理国情监测规划之间的衔接，保证全国性规划和地方性规划的协调一致，确保形成地理国情监测工作合力。

通过对 22 个省级测绘地理信息部门“十三五”地理国情监测发展思路进行梳理，发现一些地区在规划编制过程中仍将地理国情监测的任务内容纳入基础测绘进行布局（占已印发规划总数的 83%），从而导致地理国情监测和基础测绘两者业务边界不清晰。这一方面在于监测规划编制体例的局限，而其主要原因在于推进地理国情监测的工作模式仍在沿袭基础测绘的思路。

（二）建立地理国情规划编制机制

利用规划手段，规范需求管理，根据国家和地方重大战略规划和深化改革任务编制地理国情监测规划，对规划期内的监测任务做出原则性安排。

1. 开展地理国情规划的编制工作

由测绘地理信息部门牵头各有关部门建立地理国情规划编制机制，制度化开展地理国情规划编制工作，确定一定时间内地理国情监测需求及任务。在此基础上凝练地理国情监测阶段性工作重点，并做好地理国情监测规划与基础测绘规划、测绘地理信息事业规划之间的衔接。具体来说：

第一，规划期限。所谓“一定时间”，为保证其可操作性，可以是1年或2年，但一般不超过5年。

第二，规划形式。在当前地理国情监测尚未纳入专项规划序列的背景下，规划形式可以为某一段时间内的工作方案（如国家地理国情监测2016—2018工作方案）、行动计划、项目指南（如专题性地理国情监测项目指南）以及地理国情监测专项规划（如国内首个省级地理国情监测规划——《云南省地理国情监测“十三五”规划》）。

第三，编制程序。主要分两种情况：

一是已纳入专项规划序列的，按照规划编制程序进行，具体包括：

——前期准备阶段。制订详细的规划编制工作方案，广泛收集相关资料，组织开展问卷调研和多次实地调研。工作方案明确规划编制工作的目标、任务、人员分工和时间安排。收集的基础资料包括国家经济社会发展重大战略规划、相关地区经济社会发展重要战略规划、地理国情监测工作现状等。

——深入研究阶段。主要完成调研资料整理、分析和研究，形成本地区地理国情监测发展思路和发展路径。根据问卷调查的数据和资料，结合实地访谈和个案访谈，开展地理国情监测现状整理、需求分析、差距比照、经验归纳、思路研究，撰写详细的研究报告。研究报告主要包括发展思路、发展目标、主要任务等内容。针对以上内容，召开专家座谈会，深入研讨，进行修改完善。针对研究报告中的重点监测领域、范围、内容、指标、周期、成果等与政府相关部门进行对接和沟通。

——规划起草阶段。在前一阶段工作基础上，完成《规划》（初稿），并开展专题咨询，重点对规划编制过程中积累的不确定和有疑问的问题，以及规划目标、任务等相关指标设置的科学性和合理性等进行对接。

——咨询论证阶段。主要对规划文本广泛开展咨询论证和风险评估工作,邀请行业专家、学者等召开咨询论证会议,并不断修改和完善规划文本,形成最终稿。

二是对于没有纳入专项规划序列的,可借鉴云南省地理国情监测规划编制的方式,将《规划》作为重大行政决策事项,通过履行重大行政决策程序而获得法律保障。

《国务院关于加强法治政府建设的意见》(国发〔2010〕33 号)明确指出,"规范行政决策程序……要把公众参与、专家论证、风险评估、合法性审查和集体讨论决定作为重大决策的必经程序"。按照《重大行政决策程序暂行条例(征求意见稿)》[①]重点将以下内容纳入重大行政决策事项:①需要县级以上人民政府批准的专项发展规划和重要区域发展规划;②政府投资的重大社会公益建设项目批准和实施。

重大行政决策事项草案形成后,决策事项承办单位应当征求本级政府有关部门和下级政府意见。由于地理国情监测工作与全省经济社会发展大局有密切关系,其监测成果将成为政府管理决策的重要依据。为此,为了保障地理国情监测实现依法监测,有必要履行重大行政决策程序,将地理国情监测纳入国家专项规划管理轨道进行管理。

2. 报政府审批后实施

地理国情监测需求计划(规划)报送本级政府批准后,作为测绘地信部门编制地理国情监测年度计划的重要依据。如《云南省地理国情监测"十三五"规划》作为全国第一个省级地理国情监测规划(见图 9-1),已由云南省人民政府同意印发各州、市人民政府,省直各委、办、厅、局实施,每年财政投入约 6000 万元。

(三)做好地理国情监测规划计划的衔接

在争取将地理国情监测纳入计划管理轨道、做好地理国情监测规

① 参见国务院法制办网站。

划编制工作的基础上，应当进一步做好中长期规划、年度计划、项目之间的衔接。

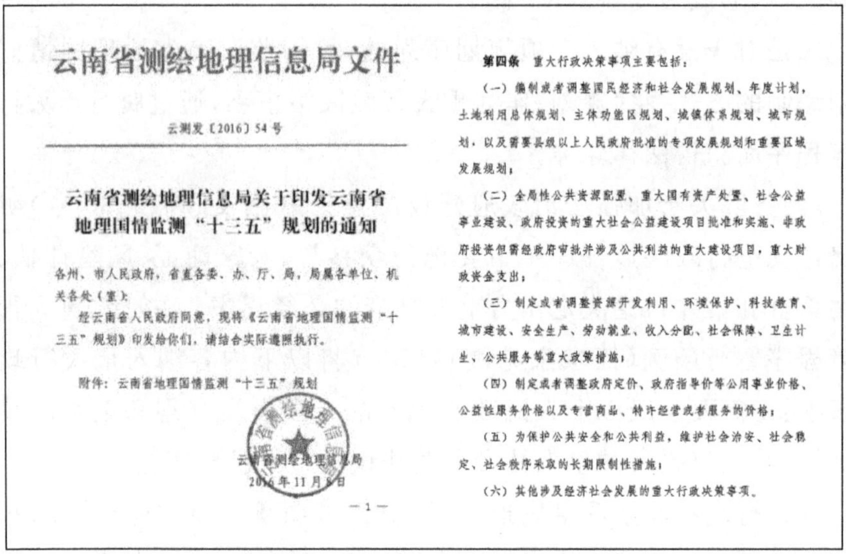
云南省测绘地理信息局文件

云测发〔2016〕54号

云南省测绘地理信息局关于印发云南省地理国情监测“十三五”规划的通知

各州、市人民政府，省直各委、办、厅、局，局属各单位、机关各处（室）：

经云南省人民政府同意，现将《云南省地理国情监测“十三五”规划》印发给你们，请结合实际遵照执行。

附件：云南省地理国情监测“十三五”规划

云南省测绘地理信息局
2016年11月8日

—1—

第四条 重大行政决策事项主要包括：

（一）编制或者调整国民经济和社会发展规划、年度计划，土地利用总体规划、主体功能区规划、城镇体系规划、城市规划，以及需要县级以上人民政府批准的专项发展规划和重要区域发展规划；

（二）全局性公共资源配置、重大国有资产处置、社会公益事业建设、政府投资的重大社会公益建设项目批准和实施、非政府投资但需经政府审批并涉及公共利益的重大建设项目，重大财政资金支出；

（三）制定或者调整资源开发利用、环境保护、科技教育、城市建设、安全生产、劳动就业、收入分配、社会保障、卫生计生、公共服务等重大政策措施；

（四）制定或者调整政府定价、政府指导价等公用事业价格、公益性服务价格以及专营商品、特许经营或者服务的价格；

（五）为保护公共安全和公共利益，维护社会治安、社会稳定、社会秩序采取的长期限制性措施；

（六）其他涉及经济社会发展的重大行政决策事项。

图9-1 《云南省地理国情监测“十三五”规划》和《云南省重大行政决策程序规定》

1. 年度计划编制主体

2011年9月，国务院以国办〔2011〕1543号签报同意地理国情监测立项，要求“由国家测绘地理信息局牵头组织实施地理国情监测工作，所需经费由中央财政和地方财政按承担的工作任务共同分担”。《全国基础测绘中长期规划纲要（2015—2030年）》中要求“研究探索将地理国情监测等工作纳入年度投资计划管理”。从以上规定可以看出，地理国情监测投入模式应采取中央和地方分级的原则，并要求积极开展年度计划编制。因此，参照《基础测绘计划管理办法》[①]中对年度计划编制主体和程序的规定，地理国情监测年度计划也实行分级编制，分别由国家测绘地理信息局和各地测绘地理信息主管部门负责编制。

① 国家发展和改革委员会，国家测绘局，2007。

2. 年度计划组成

地理国情监测任务内容包含“两个类型、三个层级”，即由基础性与专题性两个监测类型，以及国家、省（自治区、直辖市）、市（县）三个监测层级组成。因此，地理国情监测年度计划由国家级地理国情监测计划和地方级地理国情监测计划组成。

3. 年度计划内容

1997 年，国家测绘局联合原国家计委制定了基础测绘计划指标体系。随着技术发展和基础测绘任务内容的变化，原有的管理制度和计划指标体系已经不能满足实际需要，指标体系分类不能全面、准确地涵盖基础测绘工作内容；2007 年，国家测绘局对基础测绘计划指标体系进行了调整，形成了 2007 年版基础测绘计划指标体系（见表 9-2）。

表 9-2 基础测绘计划指标体系

序号	指标名称	计算单位
1	大地、重力基准和控制网建立与维护	点
2	高程、深度基准和控制网建立与维护	千米
3	基础控制数据库建立与维护	点
4	地形图测绘与更新	幅（平方千米）
5	航空摄影	平方千米
6	卫星影像获取	平方千米
7	基础地理信息数据库建立与维护	幅（平方千米）
8	基础测绘公共服务系统建立与维护	项
9	地形图编制与印刷	幅（平方千米）
10	标准制定和生产性实验	项
11	其他	×

参照基础测绘年度计划的内容和指标体系，列入国家级地理国情监测计划的内容主要包括：①全国基础性地理国情监测；②制定专题性监测技术指南及相关技术规范，并组织实施；③组织开展跨区域、多省区联动的专题性监测。列入地方地理国情监测计划的内容主要包括：①本区域内的基础性地理国情监测；②围绕本地区国土空间开发利用、资源环境及生态管理、空间规划编制与实施、区域协调发展战略、重大

自然灾害防治、生产力优化布局等方面的需求，因地制宜、注重实效，自主开展的专题性地理国情监测。

根据年度计划内容，采用“项目＋指标”相结合的计划编制方式，在编制地理国情监测计划指标体系时，把年内需要开展的项目和项目达成的指标都作为计划指标体系的内容，以促进计划指标体系与生产项目挂钩，计划指标体系能够反映地理国情监测项目实施、经费投入的情况，有利于对地理国情监测生产服务情况的统计分析和总体把控。根据地理国情监测任务内容，年度计划指标见表 9-3。

表 9-3 地理国情监测计划指标体系

序号	项目名称	指标名称	计算单位
1	航空航天遥感影像数据获取	遥感影像获取与分发	平方千米
		国产卫星遥感影像收集	平方千米
2	数据资料收集与整合	基础地理信息数据整合收集	幅(平方千米)
		专题数据资料收集与整理	幅(平方千米)
3	基础性地理国情监测	地表覆盖变化	幅(平方千米)
		国情要素变化	幅(平方千米)
4	专题性地理国情监测	国土空间变化监测	项
		城市空间扩展监测	项
		生态环境监测	项
		其他	项
5	地理国情成果数据库建设	遥感影像数据库	幅(平方千米)
		多尺度数字高程模型数据库	幅(平方千米)
		地表覆盖数据库	幅(平方千米)
6	地理国情信息统计分析	基本统计	幅(平方千米)
		综合统计分析	幅(平方千米)
		基本统计成果数据库	幅(平方千米)
7	地理国情信息服务	公报	份
		专报	份
		应用系统	项
8	标准制定和生产性实验	×	项
9	其他	×	×

4. 年度计划编制程序

年度计划编制程序主要包括计划编制、计划论证、上报三个环节。

《基础测绘计划管理办法》第二十五条对年度计划编制程序进行了具体说明，给地理国情监测计划编制提供了参考。主要包括如下：

第二十五条　基础测绘年度计划编制按照下列程序：

（一）国务院测绘行政主管部门根据国民经济和社会发展年度计划编制要求和全国基础测绘中长期规划，组织编制并提出全国基础测绘年度计划建议，报国务院发展改革主管部门。

（二）县级以上地方测绘行政主管部门根据国民经济和社会发展年度计划编制要求和本行政区域基础测绘中长期规划，组织提出本行政区域基础测绘年度计划建议，报经同级发展改革主管部门平衡后，在10个工作日内由测绘行政主管部门和发展改革部门分别报上一级测绘行政主管部门和发展改革主管部门。

（三）国务院发展改革主管部门对上述计划建议进行汇总和综合平衡，编制全国基础测绘年度计划草案，作为全国国民经济和社会发展年度计划的组成部分，正式下达给国务院测绘行政主管部门和省级发展改革主管部门。

（四）市、县级基础测绘年度计划的编制程序由省级发展改革主管部门会同测绘行政主管部门研究确定。

当前，地理国情监测已经纳入国民经济和社会发展"十三五"规划，以及由国家发展改革委、国家测绘地理信息局联合印发的《测绘地理信息事业"十三五"规划》（发改地区〔2016〕1907号），并列入中央财政一级预算科目。因此，以国家总体规划、测绘地理信息事业中长期规划为依据，统筹考虑财政支持能力，确定一定时间内的地理国情监测重点。同时，鉴于不同地区的政府及部门年度工作重点时有变化，在编制地理国情监测年度计划时，由政府有关部门和军队测绘主管部门根据本部门对地理国情监测的需求提出建议，由测绘地理信息部门进行需求项目分析，综合平衡，提出年度地理国情监测任务计划安排，报本级政府批准实施。

一是建立并完善地理国情监测年度计划协调机制。树立全国一盘棋的思想，国家测绘地理信息主管部门强化对地理国情监测年度计划的指导。基础性地理国情监测工作由国家测绘地理信息局统一组织，制定更新计划；专题性地理国情监测工作由国家测绘地理信息局通过业务指导、项目带动、资金配套等方式，引导所涉及省份共同开展监测工作。

二是完善预算项目库形成机制。建立项目库是落实规划的重要步骤，要进一步完善形成地理国情监测规划项目库的工作机制。地理国情监测项目的安排根据地理国情监测规划所确定的目标要求，从经费保障、技术可行性等方面对规划项目做进一步论证，对规划项目进行分类排序，厘清需要优先实施的项目。同时，要在此基础上，编制规划项目年度实施计划建议，作为编制项目申报指南、项目审批和年度计划及预算编制的依据。

（四）加强规划实施过程管理

保证地理国情监测规划所确定的目标和主要任务得到落实，不但要求通过建立规划评估机制等手段加强对规划实施情况的监测和评估，还必须加强对规划编制、实施等各环节的控制和管理。通过制度建设、绩效考评、项目稽查等手段，对规划实施的全过程进行有效管理。进一步明确规划、计划、管理、实施、评估等各类主体的权利与责任，强化责任制，加强监督，逐步建立咨询、决策、实施、监督相互独立、相互制约的规划管理体制。在做好上述管理工作的同时，对地理国情监测规划执行情况适时开展评估。规划评估不但要对有关规划发展目标的完成情况进行客观评价，对规划所确定的主要任务和重点项目实施进度情况、完成质量及产生的效益等进行分析，还要根据规划实施过程中所遇到的问题，对规划所提出的发展目标和重点任务等事项的科学性和实现的可能性做出客观评价，并对规划下一阶段工作提出建议。

三、“进预算”

为了确保测绘地理信息事业的持续健康发展，财政资金的支撑渠道须与事业发展的需要相一致。针对事业发展的趋势和特点，在对事业结构以及中央和地方事权划分调整的同时，要使预算结构与之相匹配。

一方面，简单地在基础测绘经费渠道上提高增量，不仅厘不清基础测绘与地理国情监测的关系，也反映不出事业结构调整和转型升级的新态势。因此，在中央财政收入增长下降和支出刚性增长的矛盾下，按照公益性测绘地理信息事业新格局的思路，将“五大业务”列为部门预算的专用一级项目，从而实现既增加渠道又提高增量的目标。基于此考虑，2015 年 7 月，在中央财政组织开展财政三年中期计划编制工作期间，国家测绘地理信息局提出将地理国情监测纳入中央财政一级预算项目的建议，并得到财政部采纳，为监测工作提供了稳定的财政投入。

另一方面，根据中央和地方测绘地理信息主管部门有关地理国情监测工作重点分工，建立事权和支出责任相适应的制度。

(一)建立地理国情监测分级投入模式

分级投入直接和分级管理体制相关。长期以来，基础测绘采取分级管理制度。1995 年，在分税制改革大背景下，国家划分了中央和地方的基础测绘职责权限。2001 年，财政部印发了《基础测绘经费管理办法》(财建〔2001〕923 号)，正式确立了基础测绘分级投入体制。在划分中央与地方两级事权基础上，按照财政与事权相统一的原则，明确各级政府支出范围。国家体制要求是设计地理国情监测投入机制的大前提。参照基础测绘分级投入的原则，2011 年 9 月，国务院以国办〔2011〕1543 号签报同意地理国情监测立项时要求“由国家测绘地理信息局牵头组织实施地理国情监测工作，所需经费由中央财政和地方财政按承担的工作任务共同分担”。2013 年 2 月,《国务院关于开展第一次全国地理国情普查的通知》(国发〔2013〕9 号)对地理国情普查投入做出了如下规定:“全国地理国情普查工作所需经费按工作任务由中央财政和地方财政分别承担。中央财政所需承担经费在现有的地理国情监测经费中统筹安排。”从而,各省级测绘地理信息主管部门都以国务院文件为依据向各地财政部门争取到了经费。据统计,截至 2016 年 6 月底,全国 31 个省(自治区、直辖市)落实地理国情普查经费约 73.7 亿元(省级 62.3 亿元,市县级 11.9 亿元),中央财政投入 12.7 亿元。地理国情监测分级投入是中央经济体制改革要求在测绘地理信息领域的具体体现,有利于发挥中央和地方各级行政主管部门作用,形成工作合力,争取更多的资金、人力等各种资源。

针对大部分地方尚未将地理国情监测纳入本级财政预算科目的实际,各地测绘地理信息部门应加强与本地区财政、发改等部门的沟通,积极落实国务院立项要求和国家规划的有关精神,参照地理国情监测纳入测绘地理信息部门中央财政一级预算科目的模式,争取财政资金的稳定、持续支持。

(二)中央与地方经费分担参照生产服务环节划分

按照《国务院关于推进中央与地方财政事权和支出责任划分改革的指导意见》(国发〔2016〕49 号)中“将所需信息量大、信息复杂且获取困难的基本公共服务优先作为地方的财政事权”方向,在地理国情监测分级投入的框架下,中央与地方经费分担参照生产服务环节划分,具体来说,中央财政负担的经费:一是用于国家统一购置和处理航空航天遥感影像资料,统一制作监测基础图件,以保证监测成果的统一性;二是用于国家级地理国情监测实施;三是用于国家直接组织实施对监测成果的全面内业检查和重点区域或特殊区域外业实地核查,以保证监测数据的真实性和可靠性;四是用于建设国家级地理国情监测数据库,建设国家、省(自治区、直辖市)、市(县)三级服务系统,以保证全国地理国情信息的互联共享。地方财政负担的经费用于本地区的地理国情监测及建设监测数据库等工作。

该模式主要有以下几个特点：

一是中央和地方事权划分以生产服务环节为标准，而非比例尺标准。中央财政经费负责的项目主要集中在影像获取和后期建库及地理国情信息的统计分析服务，从生产服务流程来看主要集中在前端和后端，中间端需要耗费大量劳动力的数据处理工作主要由地方来完成。这样有如下优势：①避免重复采购，加强影像统筹，统一分发。中央经费负责承担航空航天影像的获取和购买，在现有经费能力范围内，获取最高分辨率影像并分发给各地方。地方也可根据各自财政能力，用更高分辨率的影像资源。②消除信息孤岛，促进信息共享和地理国情信息"大数据"应用。建立物理分散、逻辑统一的全国地理国情信息数据库，才能开展基本地理国情内容指标的"大数据"分析，形成反映一个国家的基本地理国情信息，这是地理国情监测作为一项国情研究工作的基本要求。

二是符合中央弱化组织生产方面的支出，强化统筹监督等事权转变的要求。《中共中央关于全面深化改革若干重大问题的决定》明确提出："加强中央政府宏观调控职责和能力，加强地方政府公共服务、市场监管、社会管理、环境保护等职责。"对于地理国情监测来说，加强宏观调控主要就是加强地理国情信息的共建共享、互联互通，从标准、质量控制等方面为地理国情信息的广泛应用打下坚实基础。地方政府职能主要体现在按照国家要求，组织好地理国情信息的生产，为地方经济社会建设提供多样化的保障服务。具体来说，中央经费主要承担前期影像资料分发和获取、相关软件开发、标准制定、质量控制、后期的成果验收、国家重要地理信息统计分析、分发服务等管理支出。

三是注重加强中央统筹的同时体现了地方差异。我国幅员辽阔，地方经济社会发展差异大，由于采取分级投入的制度，地理国情监测投入差异也很大。一方面，各地区地理国情监测经费投入多少与其经济水平密切相关，据统计，各省普查经费投入不均衡，单位面积普查经费投入最高与最低近100∶1。另一方面，也和地方行政主管部门的积极性有关。有些地区领导重视、行政管理体制顺畅，争取到的经费就较多，而某些地区工作基础较差，争取到的经费也就相对较少。在这种情况下，各地的地理国情监测发展水平差异也就越来越大。

因此，中央财政包含了经济困难地区的数据处理和生产，根据不同地区的经济发展现状，确定国家对省、省对市的援助地区；同时，鉴于边远地区、少数民族地区经济相对落后，资源生态环境往往比较脆弱，对开展地理国情监测的需求更加迫切。针对这些地区地方财政相对比较困难的实际，建立了欠发达地区财政补助长效机制，中央财政还承担边远少数民族地区、贫困地区的数据采集生产和更新，并在实际工作中划片将任务按照就近原则分给5个直属局。例如，为确保与基础测绘相关工程的充分协同，2016基础性地理国情监测责任区的划分与1∶5万基础地理信息数据库更新的责任区划分方式保持一致，全国划分成五大监测责任区。

省级财政对本省较落后地区但未达国家贫困标准的地区进行补助，各地区的等级定期调整，以此调动地方政府加大地理国情监测投入的积极性，推动本行政区域内的边远地区、少数民族地区地理国情监测的开展。

四、“进职责”

按照国务院对地理国情监测立项时关于“由国家测绘地理信息局牵头组织实施地理国情监测工作”的要求，在地理国情监测工作发挥作用、产生影响的基础上，争取将地理国情监测纳入测绘地理信息部门的职能、机构、人员编制等的“三定”规定，促进其从项目建设向业务建设发展。

一方面，做好职能分解。地理国情监测实施国家和地方分级管理。根据国家事业单位分类改革要求，适应信息化测绘发展以及地理国情监测工作的需要，优化测绘地理信息事业队伍布局、调整人才队伍结构，梳理国家测绘地理信息局直属事业单位职责，成立地理国情监测相应的专门机构和队伍等（具体内容已在第七章第五节详细阐述）。

另一方面，做好职责分工。地理国情监测是测绘地理信息行业一项全新工作，地理国情监测工作初期，建议按照中央和地方事权划分改革要求，借鉴第一次全国地理国情普查工作“全国统一领导、部门分工协作、涉及地区分级负责、各方共同参与”的组织实施原则，明确各级测绘地理信息部门以及相关部门的职责分工。形成测绘地理信息部门主导、有关部门支持的地理国情获取、监测及发布的部门间长效协作机制，各级测绘地理信息部门既分工明确、又统筹协调的行业内上下联动机制。

第三篇　地理国情监测应用案例

国家测绘地理信息局自 2010 年将地理国情监测确定为一项重要战略任务之后，在陕西、黑龙江、四川、浙江等省先后开展了地理国情监测试点，以便总结组织保障、资源整合、技术方法及工作流程等方面的经验，推动该项工作常态化、业务化开展。各地测绘地理信息部门按照“边普查、边监测、边应用”的要求，加快推进地理国情普查成果的应用，共开展了 100 多项地理国情监测示范应用，成效显著。此外，国家测绘地理信息局还围绕国土空间开发、生态环境保护、资源节约利用、城市空间发展变化、区域总体发展规划等国家重点工作，组织开展了多项地理国情监测试点，形成了一批很有价值的监测成果。本篇选择了各地若干具有代表性的地理国情监测案例进行剖析，期望为今后开展类似监测工作提供参考和借鉴。

第十章　地理国情监测服务市县空间性规划“多规合一”

一、背　景

当今市场经济条件下，以强制性、指令性计划的经济社会发展五年规划（“十五”之前称为计划），已经变为约束性、指导性规划。虽然我国现有规划体系，如《城乡规划法》等法律文件中明确要求，要以经济社会发展规划为依据开展城乡规划、土地规划、环保规划等，但经济社会发展规划空间约束力不强，对空间性规划的统筹管理不够，使其他行业规划有缺位、越位和错位现象，造成各规划相互掣肘、内容交叉重叠、同一地块不同部门用地分类不同，造成管控措施矛盾，制约环境保护和经济社会发展。同时，我国生态文明建设水平明显滞后于经济社会发展，资源约束趋紧，环境污染严重，生态系统退化，发展与人口资源环境之间的矛盾日益突出，这已成为经济社会可持续发展的重大瓶颈。因此，十八大我国提出了推进生态文明建设，树立“尊重自然、顺应自然、保护自然”的理念，要求到 2020 年要基本形成主体功能区，加快建立人与自然和谐发展的现代化建设新格局。在生态文明建设进程中，测绘作为国家经济建设、国防建设和社会发展服务的保障部门，必须要做好优化国土空间开发格局、形成主体功能区的应用服务，做好构建我国空间规划体系方面探索、研究和应用。

为加快我国生态文明建设，贯彻国家主体功能区规划战略，深入进行我国规划体系体制改革，解决各行业快速发展，各行业空间要素的空间基准、规划期限、技术标准不一等诸多问题。我国需要进行“多规合一”，科学规划市县经济社会发展。

2014 年是我国“多规合一”空间规划的关键年。2014 年 8 月，国家发展和改革委员会联合住建、国土和环保部门下发文件，在全国选择 28 个市县开展“多规合一”试点试验。2014 年恰逢经济社会发展“十三五”规划编制年，国家发展和改革委员会为了强化经济社会发展规划的约束性、空间统筹性，下发了《关于“十三五”市县经济社会发展规划改革创新的指导意见》(发改规划〔2014〕2477 号)，明确提出要强化空间布局，优化空间结构，科学划定城镇、农业、生态三类空间以及生态保护红线、基本农田保护红线和城镇发展边界，特别是要将经济社会发展与优化空间布局相融，体现在经济社会发展的总体规划中。引导市县编制统领发展全局的空间规划，形成一个市县一本规划、一张蓝图。在此之际，国家测绘地理信息局开展的地理国情普查在 2014 年年底初步成果完成，按照“边普查、边监测、边应用”的原则，正在积极筹划地理国情监测应用工作。因此，2014 年 12 月，国家发展和改革委员会与国家测绘地理信息局联合组织了应用地理国情普查监测技术开展“十三五”市县经济社会发展规划编制试点项目，为创新编制“十三五”市县经济社会发展规划做好基础性研究、生产试验和应用示范。

二、如何“多规合一”

“多规合一”的目的是落实市县主体功能区定位，理顺市县空间秩序，在符合自然生态保护的原则下，进行适度开发，防止过度开发或无序开发。鉴于我国规划体系现状，首先要进行市县资源环境承载能力和国土空间开发适宜性评价，再结合地方实际情况，进行三类空间的划分，以及三线划定，形成空间规划底图，在“三区三线”上进行空间规划。在承载能力和适宜性评价，以及“三区三线”划分的过程中，完成各部门管理的核心数据的有效衔接和整合，以及相互之间矛盾协调和处理。即利用标准统一的客观地表覆盖数据，评价国土空间生态、农业和城镇开发适宜性，科学划定市县城镇、农业、生态三类空间；依托三类空间落实经济社会发展任务空间布局、实施差异化管控措施，为形成一个市县一本规划、一张蓝图奠定基础。

(一)资源环境承载能力评价

市县承担的人类生活生产能力，受市县资源本底条件制约。人类生活的质量受市县土地资源、水资源、环境、生态和灾害影响，具体地说可利用土地资源、水资源丰富程度、环境纳污能力、海洋承载能力、生态系统本底条件和灾害发生的可能性和危险性影响，这些先天条件决定了地方的发展方向、速度和程度。因此，市县空间规划首先要从客观实际出发，对市县进行资源承载能力评价。

对土地资源、水资源、环境、生态和灾害每项指标做出单一评价后，需要进行综合集成评价，形成对市县的承载能力强、较强、中等、较弱和弱等五个等级的评价，评价结果具体落实到市县不同区域，作为市县空间规划的依据。

(二)国土空间开发适宜性评价

在对资源承载能力进行准确评价后，还需要掌握并分析影响空间布局的主要因素，客观判断空间发展趋势，根据发展适宜程度，顺应自然地进行国土空间开发和保护。通过国土空间客观的现状数据、人口和经济的发展趋势，结合相关的其他规划数据，对市县区域空间资源环境承载能力及结构进行分析，对国土空间开发做出适宜性评价。

1. 影响国土空间分布的主要因素及相互关系

空间结构反映到用地上，就是人口用地、工作场所、基础设施、农业用地和森林草场用地等，其中人口用地、工作场所和基础设施是区域城镇社会环境主要用地。人口、工作场所和基础设施网络，三者之间相互作用，构成区域的社会环境。人口和工作场所决定了交通网络的密集度，影响着交通网络的有序性，同时基础设施又决定着人的居住地和工作场所的选址。人口、工作场所和基础设施的空间分布具体通过住宅、生产建设用地反映出来，研究评价三者关联的特征，对判断空间发展趋势具有重要意义。

2. 选择影响国土空间开发的主要指标

根据影响国土空间分布的主要因素，把空间分布制约作用指标分为两类：一是发展适宜性指标：地形地貌、交通干线影响、区位优势、人口聚集度、经济发展水平和能源保障；二是约束性指标：可利用土地资源、可利用水资源、自然灾害影响、生态环境脆弱性、生态环境容量，临海市县还有海洋，共计十二大指标，根据地方资料等实际情况，可选择适用指标。发展适宜性指标是评价市县三类空间发展适宜程度的指标，是国土空间开发评价的必选指标；约束性指标是指约束和限定市县三类空间发展类型的指标，各地方根据实际情况选择使用。

3. 评价国土空间开发能力

确定影响国土空间开发的主要指标后，利用指标影响强度来确定国土空间开发能力。对于市县区域内受自然地理条件等因素影响不适宜开发，或国家法律法规明确禁止开发的国土空间不再进行开发评价，如基本农田、生态公益林、自然保护区等，列入国土空间开发负面清单。对于市县区域内城镇建成区，已经为开发土地，也不再做国土空间开发能力评价。因此，仅对除了国土空间开发负面清单和市县建成区以外的国土空间进行城镇、农业、生态三种功能适宜性进行评价。

发展适宜性指标和约束性指标由多个影响因子构成。根据地方实际情况，结合各类空间性规划的区域空间分区和管制方法，利用客观地表覆盖数据和人口经济数据，对指标的影响因子进行数据分析计算、等级划分，得出单项指标评价图。选择影响生态、农业、城镇三种功能的单项指标分别进行叠加处理，面向全域，分别得到生态、农业和城镇三类空间发展判别图，结合地表实际情况和各类相关规划，对生态、农业和城镇空间开发适宜程度分别进行科学评价。

(三)“三区三线”划分

依据国土空间开发适宜程度评价结果,结合地方实际情况,形成市县三类空间。根据以人定地和以产定地原则,分析确定规划期城镇发展用地量和发展方向,形成城镇开发边界;根据国土部门提供的基本农田数据,形成永久基本农田保护红线;根据环保部门提供的环境功能区划数据,形成生态保护红线。三类空间以及三线落实到三类空间的合理性,经实地核实后,最终划定“三区三线”。

1. 收集资料,进行整合分析

根据客观地表覆盖数据及地方确定的负面清单内容,包括自然保护区、基本农田、水源保留区等数据,以及地方提供的经济、人口、区域规划等资料,需要提炼、甄别使用准确现势强符合要求的资料。

2. 梳理矛盾,推动协调解决

在编制三类空间划分的空间规划工作底图时,需要进行现状地表分区数据生产,将从市县收集到的地方确认的负面清单内容落实到客观地表数据上,全面梳理城规、土规、环规等各自管理的核心数据现状与地表覆盖客观事实间的矛盾。查看基本农田范围内是否存在建筑、林地、草地等情况,国家公益林里是否存在耕地、荒地等情况,如果有矛盾就需要地方协调。

梳理各类规划土地利用之间的矛盾,需要将城规与土规、环规及其他规划土地利用之间进行叠加分析。同样,地方各行业部门根据自己行业情况来确定土地利用之间是否有矛盾,如果内容之间存在矛盾,须进行核查、协调解决。准确定义市县空间开发负面清单所覆盖区域,避免机械、错误划定,影响市县规划编制。

3. 科学评价,划分“三区三线”

按照“三区三线”划定技术规程,结合现状地表分区以及相关规划,进行三类空间初步划分。按照城市规划的发展规模和趋势,在初步划分的城镇空间内划分城镇开发边界,结合地方可利用土地资源等实际情况，本着土地集约高效、集中连片，由实入虚地划分未来一定时期内城镇空间和城镇开发边界；按照地方提供的基本农田保护红线，结合地方已审批确定的退耕还林等与基本农田相关的规划，划分基本农田保护红线；按照地方提供已确认的生态保护红线等，结合地方确定执行的生态功能区划，结合实际地块划分生态保护红线。

4. **核实确认，划定“三区三线”**

对于已划分的“三区三线”内地物归属的合理性，需实地核实确认，例如在生态保护红线内如果存在房屋和耕地，但房屋为千年古刹，耕地为僧人开垦，这种情况为合理存在；“三区三线”的界线合理性，也需影像解译核实，存在疑问的地方需要实地核查。因为影像有其时效性，从影像解译出来的内容也存在不确定性，需要必要的实地核查。三类空间不是一个市县孤立的功能管理空间，在相对大的区域范围内，与相邻市县接壤处，需进行协调处理，以减少潜在矛盾。

(四)空间布局

空间秩序理顺后，需要制定包括由三类空间、六类分区和土地用途构成的三级综合空间管控原则，落实到“三区三线”单元，形成空间规划底图，作为规划落实的依据。按照地方发展诉求，布设城镇化、产业、生态等布局。

用地规划图布设，首先，明确三类空间开发程度，制定开发强度上限，提出空间开发与保护原则和方向，以及贯穿三类空间的基础设施廊道和生态廊道管控要求。其次，根据六类功能区定位及保护程度差异，依据各区主要用途和保护重点，制定差异化的空间管控原则和要求，提出空间开发建设行为的空间准入要求、条件、程度，提出准入负面清单管控原则。最后，重点针对三大类用地，从现状管制、规划管制、审批管制和开发管制等方面提出管控原则。

在明确功能及管控原则的“三区三线”上，按照空间规划用地分类标准，有机整合各类空间规划的空间要素。在“三区三线”形成的六个区域上有机整合重大基础设施、公共服务、生态要素、农村用地、城镇用地等。在整合过程中，要按照各区功能要求和管控原则进行有机融合，对于违反要求和原则的，要进行协调和处理。

三、“多规合一”综合管控

市县通过资源环境承载能力和国土开发空间适宜性评价，划定“三区三线”，形成用地分类图，市县空间发展格局已经形成，要在市县全范围内进行科学规划，保持健康有序发展，还需要利用“多规合一”信息管理平台，进行综合管控。目的是实现政府相关规划部门的数字化、信息化与可视化办公，提高政府空间管控能力和办事效率。“多规合一”信息管理平台任务是部署市县“三区三线”空间，展示“三区三线”上的各类空间性规划布局，利用空间规划管控原则，监管规划实施，实现市县经济社会发展的平衡与可持续发展。具体用于市县空间规划的综合管理，实现“三区三线”准确科学的划定、“多规”调整，形成市县一张蓝图，对市县“多规合一”规划实施进行监督，对规划项目进行预审，使“多规合一”相关成果能够更好地为相关部门提供业务服务。

市县“多规合一”信息管理平台主要包括三部分：基础部分、管控部分和审批部分。基础部分实现“三区三线”快速划分，规划矛盾梳理、协调和解决，初步形成由一系列图构成的一张蓝图，以及“多规合一”数据库管理；管控部分，在以“三区三线”为基础的一张蓝图上，依据空间规划管控原则，实现投资项目的预审批、空间规划数据更新、规划实施监督和管控，将更新数据传给基础部分，将预审批结果传递给政府办公；审批部分，政府办公对未通过预审批的投资项目，进行告知或者退件等处理，对预审批通过的项目进行多行业、多部门的并联审批，并在审批后执行项目数据更新，同时回传给管控部分，接受和处理管控部门下达的监督整改工作。

“多规合一”信息管理平台搭建，需要注意规范市县“多规合一”信息管理平台建设体系架构、运行环境和运维等方面的内容。体系架构方面，一方面需明确“多规合一”信息管理平台各部分工作内容，规范各部分之间及对外数据服务接口；另一方面需建立规划预审和规划监督流程，明确系统功能与性能、平台网络环境、平台维护部门等方面的要求。运行环境方面，需明确系统软件和安全保密等方面的要求，数据要符合标准规范。系统维护方面，需明确人员配备、机构建设、运维机制，确保平台正常运行。

“多规合一”信息管理平台的搭建，需要建立一套完整的“多规合一”监测机制、管理机制和运维机制，保证数据存储共享使用安全可靠，数据分析处理科学合理，数据成果传递畅通无阻，保证政府办公顺畅和快速，管理使用密级分明，使得“多规合一”能够充分发挥其在市县经济发展中的作用。

“多规合一”是一项庞杂、多部门协调，并涉及体制、机制、法制层面的工作，需要不断完善。在使用科学方法，经过多部门空间管理数据整理后，要想不再发生规划混乱现象，需要采用地理国情监测技术，运用数字化、信息化、可视化的监督监管手段，动态掌握国土空间发展秩序，及时了解各类空间性规划执行情况，用一套行之有效的空间规划管控体制机制，从法律法规层面确保“多规合一”建立起来的空间规划，更好地为我国国民经济可持续发展提供辅助决策服务。

第十一章　地理国情监测服务空间性规划“多规合一”

——以浙江省开化县为例

长期以来，国民经济与社会发展规划、城乡规划、土地利用规划、生态环境保护规划等分别由发改、规划、国土、环保等多个部门分别负责编制。各种规划自成体系，缺乏资源环境承载能力分析，造成了国土空间无序开发、生态空间不断被挤压、生态环境日益恶化等问题。严重制约了社会经济的健康发展。统筹协调各类空间规划的工作显得尤为重要。

“多规合一”的开展就是解决规划间自成体系、内容冲突、缺乏衔接协调等突出问题，以主体功能区规划为基础统筹各类空间性规划，将众多规划融合到一张可以明确边界线的市县域图上，实现一个市县一本规划、一张蓝图。为未来“建立由空间规划、用途管制、领导干部自然资源资产离任审计、差异化绩效考核等构成的空间治理体系”打下基础。

2013 年 12 月，中央城镇化工作会议要求，城市规划要由扩张性规划逐步转向限定城市边界、优化空间结构的规划。习近平在会议讲话中指出，积极推进市、县规划体制改革，探索能够实现“多规合一”的方式方法，实现一个市县一本规划、一张蓝图，并以这个为基础，把一张蓝图干到底。2014 年 3 月，《国家新型城镇化规划（2014—2020 年）》中强调，加强城市规划与经济社会发展、主体功能区建设、国土资源利用、生态环境保护、基础设施建设等规划的相互衔接。推动有条件地区的经济社会发展总体规划、城市规划、土地利用规划等“多规合一”。2014 年 4 月，国家发展改革委就启动“十三五”规划编制工作举行新闻发布会时明确，“十三五”规划将积极推进市、县规划体制改革，探索能够实现“多规合一”的方式方法，实现一个市县一本规划、一张蓝图，并以此为基础，把一张蓝图干到底。2014 年 8 月，国家发展改革委、国土部、环保部和住建部四部委联合下发《关于开展市县“多规合一”试点工作的通知》，明确了开展试点的主要任务及措施，并提出在全国 28 个市县开展“多规合一”试点。

2017 年 1 月，中共中央办公厅、国务院办公厅印发《省级空间规划试点方案》，方案中明确强调中央深改组召开第二十八次会议。会议强调要以主体功能区规划为基础，全面摸清并分析国土空间本底条件，划定城镇、农业、生态空间以及生态保护红线、永久基本农田保护红线、城镇开发边界（“三区三线”），注重开发强度管控和主要控制线落地，统筹各类空间性规划，编制统一的省级空间规划，为实现“多规合一”、建立健全国土空间开发保护制度积累经验、提供示范。

一、基本概念、基本原则、主要目标、工作任务

（一）基本概念

1. 三类空间

主要包括城镇空间、农业空间和生态空间。

——城镇空间。主要承担城镇建设和发展城镇经济等功能的地域，包括城镇建成区、城镇规划建设区以及初具规模的开发园区。

——农业空间。主要承担农产品生产和农村生活等功能的地域，包括基本农田、一般农田等农业生产用地以及集镇和村庄等农村生活用地。

——生态空间。主要承担生态服务和生态系统维护等功能的地域。生态空间以自然生态景观为主划定。

2. 三条红线

主要包括城镇开发边界、永久基本农田保护红线和生态保护红线。

3. 空间开发负面清单

空间开发负面清单是由受自然地理条件等因素影响不适宜开发，或国家法律法规和规定明确禁止开发的空间地域单元集合。主要包括但不局限于基本农田保护区、自然保护区、风景名胜区、森林公园、地质公园、世界文化自然遗产、水域及水利设施用地、湿地、饮用水水源保护区等禁止开发，以及受地形地势影响不适宜大规模工业化、城镇化开发的空间地域单元。

(二)基本原则

——顶层设计。针对各类空间性规划存在的问题，加强体制机制、法律法规等顶层设计，研究提出系统解决重点难点问题的一揽子方案，打破各类规划条块分割、各自为政局面。

——坚守底线。坚持国家利益和公共利益优先，把国家经济安全、粮食安全、生态安全、环境安全等放在优先位置，确保市县空间规划落实国家重大发展战略和指标约束。

——利于推广。坚持好用管用、便于实施导向，立足服务党和国家工作大局，突出地方特色，鼓励探索创新，尽快形成可操作、能监管，可复制、能推广的改革成果。

(三)主要目标

——形成一套规划成果。在统一不同坐标系的空间规划数据前提下，有效解决各类规划之间的矛盾冲突问题，编制形成市县空间规划总图和空间规划文本。

——研究一套技术规程。研究提出适用于全国的空间规划编制办法，资源环境承载能力和国土空间开发适宜性评价、开发强度测算、"三区三线"划定等技术规程，以及空间规划用地、用海、用岛分类标准、综合管控措施等基本规范。

——设计一个信息平台。研究提出基于 2000 国家大地坐标系的规划基础数据转换办法，以及有利于空间开发数字化管控和项目审批核准并联运行的规划信息管理平台设计方案。

——提出一套改革建议。研究提出规划管理体制机制改革创新和相关法律法规立改废释的具体建议。

(四)工作任务

1. 明晰规划思路

遵循国土开发与承载能力相匹配、集聚开发与均衡发展相协调、分类保护与综合整治相促进、资源节约与环境友好相统一的理念和方法，健全国土空间用途管制制度，优化空间组织和结构布局，提高发展质量和资源利用效率，形成可持续发展的美丽国土空间。

2. 统一规划基础

统一规划期限，空间规划期限设定为2030年；统一基础数据，完成各类空间基础数据坐标转换，建立空间规划基础数据库；统一用地分类，系统整合《土地利用现状分类》(GB/T 21010—2007)、《城市用地分类与规划建设用地标准》(GB 50137—2011)等，形成空间规划用地分类标准；统一目标指标，综合各类空间性规划核心管控要求，科学设计空间规划目标指标体系；统一管控分区，以"三区三线"为基础，整合形成协调一致的空间管控分区。

3. 开展基础评价

开展陆海全覆盖的资源环境承载能力基础评价和针对不同主体功能定位的差异化专项评价，以及国土空间开发网格化适宜性评价。结合现状地表分区、土地权属，分析并找出需要生态保护、利于农业生产、适宜城镇发展的单元地块，划分适宜等级并合理确定规模，为划定"三区三线"奠定基础。将环境影响评价作为优化空间布局的重要技术方法，增强空间规划的环境合理性和协调性。

4. 绘制规划底图

根据不同主体功能定位，综合考虑经济社会发展、产业布局、人口集聚趋势，以及永久基本农田、各类自然保护地、重点生态功能区、生态环境敏感区和脆弱区保护等底线要求，科学测算城镇、农业、生态三类空间比例和开发强度指标。采取自上而下（省级层面向市县层面下达管控指标和要求）和自下而上（市县层面分解落实指标要求并报省级层面统筹校验汇总）相结合的方式，按照严格保护、宁多勿少原则科学划定生态保护红线，按照最大限度保护生态安全、构建生态屏障的要求划定生态空间；划定永久基本农田，统筹考虑农业生产和农村生活需要，划定农业空间；按照基础评价结果和开发强度控制要求，兼顾城镇布局和功能优化的弹性需要，从严划定城镇开发边界，有效管控城镇空间。以“三区三线”为载体，合理整合协调各部门空间管控手段，绘制形成空间规划底图。

5. 编制空间规划

重点围绕基础设施互联互通、生态环境共治共保、城镇密集地区协同规划建设、公共服务设施均衡配置等方面的发展要求，统筹协调平衡跨行政区域的空间布局安排，并在空间规划底图上进行有机叠加，形成空间布局总图。在空间布局总图基础上，系统整合各类空间性规划核心内容，编制市县空间规划，主要内容包括：市县空间发展战略定位、目标和格局，三类空间比例、开发强度等控制指标，“三区三线”空间划分和管控重点，基础设施、城镇体系、产业发展、公共服务、资源能源、生态环境保护等主要空间开发利用布局和重点任务，各类空间差异化管控措施，规划实施保障措施等。涉及国家安全和军事设施的空间规划项目等，应征求有关部门和军队意见。

6. 搭建信息平台

整合各部门现有空间管控信息管理平台，搭建基础数据、目标指标、空间坐标、技术规范统一衔接共享的空间规划信息管理平台，为规划编制提供辅助决策支持，对规划实施进行数字化监测评估，实现各类投资项目和涉及军事设施建设项目空间管控部门并联审批核准，提高行政审批效率。

二、工作流程

空间性规划"多规合一"工作的主要流程包括数据整合建库,空间规划编制,空间规划底图编制以及"多规合一"信息平台建设。首先,基于地理国情普查成果,对专项规划及专题资料进行格式转换、坐标转换、空间化处理,建立"多规合一"数据库;其次,根据整合好的数据,按照主体功能区规划要求,开展资源承载力和国土空间评价,合理划定"三区三线",编制空间规划底图;再次,立足当地现状条件和经济社会发展需要,统筹安排城镇发展、土地利用、生态保护、基础设施、产业发展等任务,确立空间管控原则,编制融合发展与布局、开发与保护为一体的市县空间总体规划;最后,依托数字城市地理信息公共服务平台,基于数据库、空间性规划、空间规划底图研发"多规合一"信息平台(见图 11-1)。

测绘地理信息部门主要在数据整合建库、空间规划底图编制以及平台研发上服务于"多规合一"工作,并形成全流程的服务保障解决方案。

(一)"多规合一"数据库建设

1. 数据库总体框架

建设"多规合一"数据库旨在统一各类规划技术标准,为"多规合一"各项工作的开展打下数据基础。

数据库的建设基于 2000 国家大地坐标系,充分利用现有的地理国情普查和监测成果、基础测绘成果,以及来自省交换平台的相关专题数据成果,整合其他部门的规划专题数据,建设形成集地理空间框架数据库、地理国情普查和监测成果数据库、规划专题数据库、空间性规划底图数据库、系统维护管理数据库为一体的"多规合一"数据库。数据库结构见图 11-2。

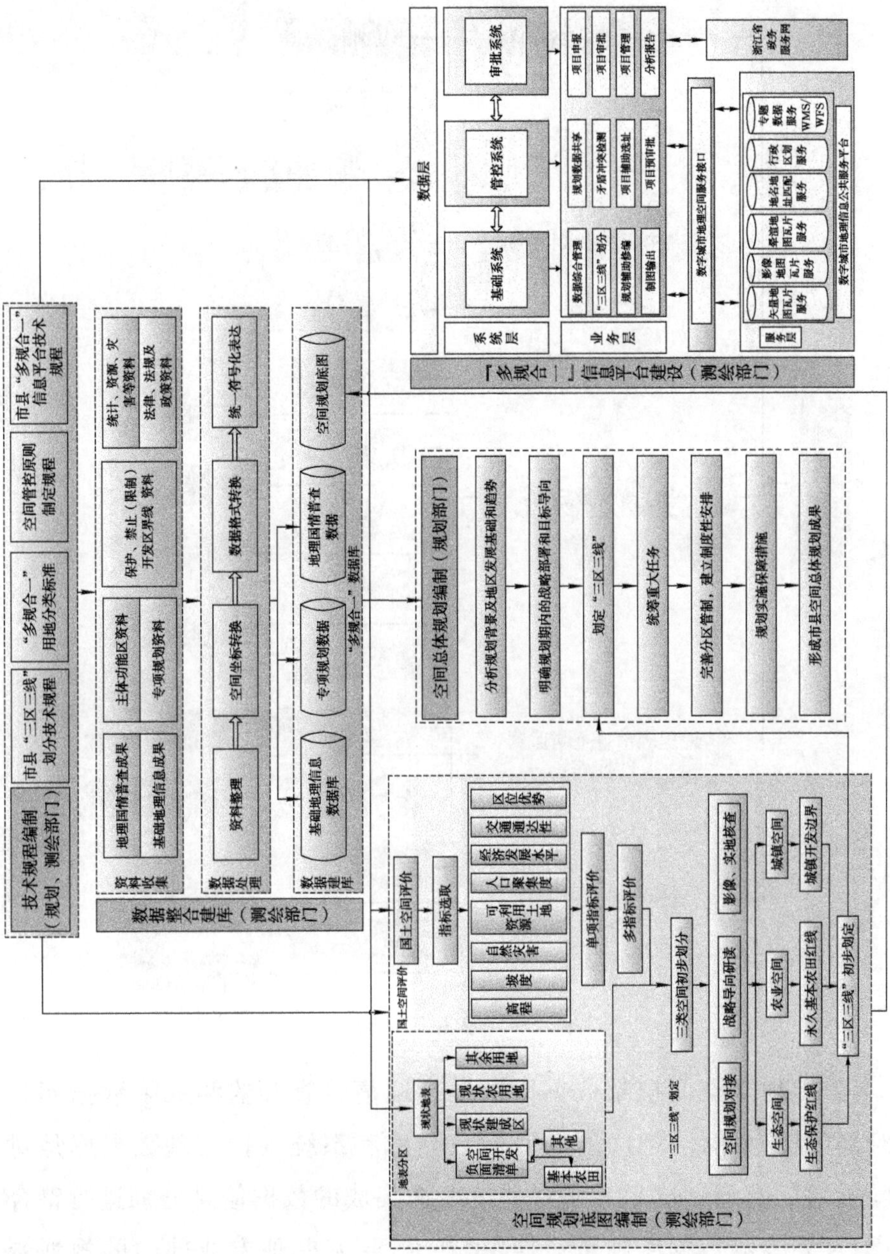

图11-1　市县"多规合一"框架

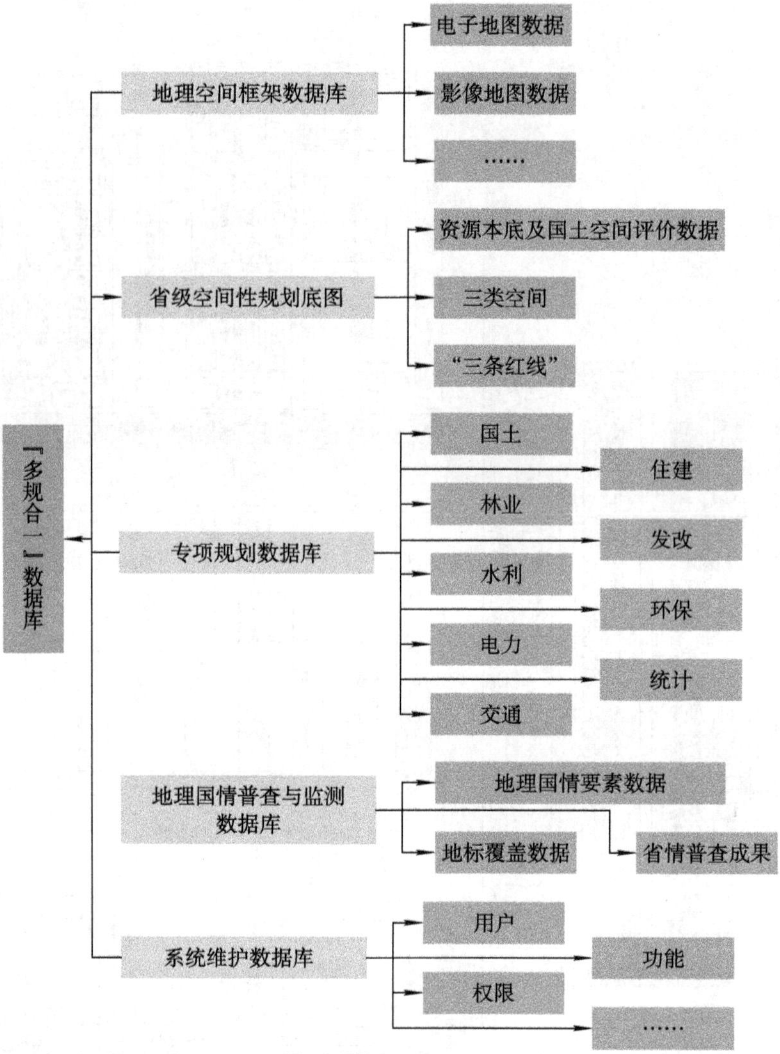

图 11-2 数据库结构

其中，地理空间框架数据库及地理国情普查和监测成果数据库为测绘部门已有库体；空间规划底图数据库和系统维护管理数据库是对空间规划底图编制成果和平台研发所需集成的数据信息分别进行整合建库；规划专题数据库则是对搜集、补充、更新其他专业部门的规划专题数据进行标准化处理，包括坐标转换、格式转换、空间化、属性化、对象化处理，以及统一符号化表达等处理整合工作，以完成专项规划数据库的建设。

2. 专项规划数据整合方案

1)空间化

搜集的数据资料格式和形式多样，需针对不同类型的规划资料采用不同的整合方案。

对于原始规划资料中各类矢量格式的数据(包括 SHP、DWG、DGN 及 MapGIS 等其他地理信息系统(GIS)格式)，采用格式转换、坐标变换进行整合。首先，利用转换工具，将非 GIS 格式的矢量数据转换为 GIS 格式。转换时，需确保图形、属性信息不丢失。其次，将转换后的数据坐标系统变换为 2000 国家大地坐标系(CGCS2000)，确保所有成果数据在统一的空间坐标系下。

对于原始规划资料中各类栅格格式的数据(包括 JPG、PNG、BMP、GIF 等格式)，采用几何纠正、矢量化进行整合。首先，基于 CGCS2000 坐标系的影像和矢量地理底图，将栅格图片进行几何纠正，并导出为能保存空间坐标系信息的 TIFF 或 IMG 格式栅格数据。其次，在导出的栅格数据基础上，以勾绘的形式矢量化图面上的重要规划要素。勾绘时根据规划要素的特点采用相应的点、线或面类型进行存储。

对于原始规划资料中各类文本表格格式的数据(包括 DOC、PDF、TXT、XLS 等格式)，采用位置关联等方式进行整合。若文本表格中的数据带有经纬度等具体坐标信息，则直接根据经纬度进行空间化；若文本表格中无具体坐标信息，则根据其中的位置描述信息，如名称、地址等与测绘部门的地名地址、行政境界等地理底图数据进行位置关联，进而实现空间化。

2)属性录入

对于不同类型的原始规划数据进行空间化时，需同步采集相应的规划专业属性信息，如名称、等级、类型、代码等属性。属性采集时需保持属性值与原始资料一致，并经过规整化。

3)符号化

对于空间化后的规划专题数据还需参考原始规划资料进行符号、字体、大小、颜色等样式方面的符号化设置，效果尽量与原始资料一致，以便于在平台上读图、判图。

(二)空间规划底图编制

1. 总体技术流程

技术流程见图 11-3。首先，基于地理国情普查与监测成果划定现状地表分区，主要包括现状建成区、现状农用地、空间开发负面清单等地类。其次，综合考虑自然地理环境、经济和社会发展需求等因素，对区域空间开发需求和保护需求进行分析，评价国土空间开发与保护的适宜等级。最后，将国土空间评价结果与现状主要空间规划进行对接，同时通过遥感解译、统计分析、相关趋势和发展导向研判等方式，划定市县城镇开发边界、永久基本农田保护红线和生态保护红线“三条红线”。

2. 现状地表划分

1)空间开发负面清单提取

根据空间开发负面清单定义及所含类型，以地理国情普查数据为基础，结合基本农田、各类保护、禁止(限制)开发区界线资料，划定空间开发负面清单范围，其中将基本农田划入农业空间，其余划入生态空间。

2)现状建成区提取

针对地理国情普查数据中的房屋建筑(区)、道路、硬化地表、交通设施、固化池、工业设施、其他构筑物、建筑工地、绿化林地、绿化草地等，提取这些地类边界，生成现状建成区数据。

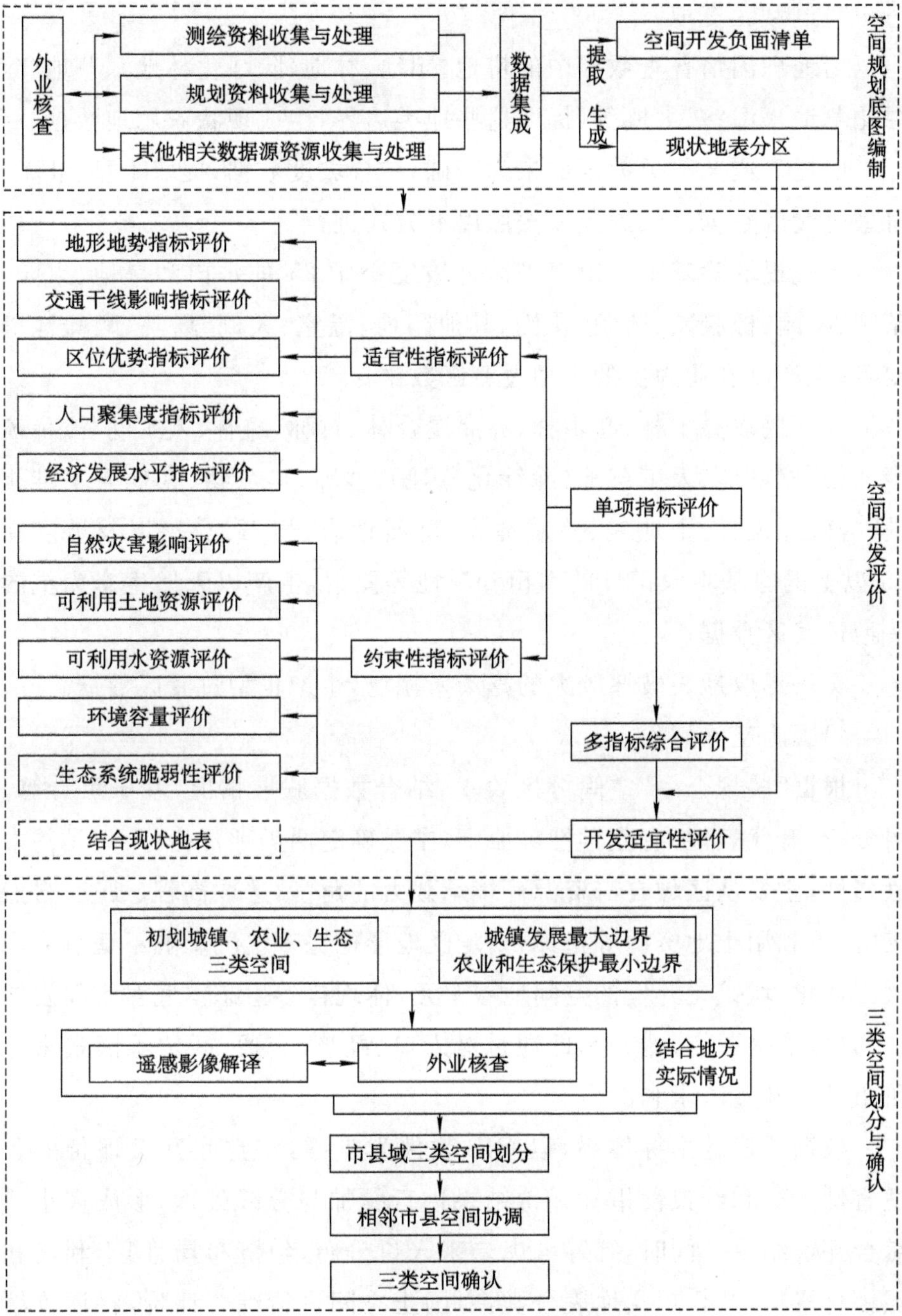

图 11-3　空间规划底图编制流程

3)过渡区提取

指地理国情普查数据中的耕地、园地、林地(除绿化林地)、草地(除绿化草地)、温室、大棚等，提取这些地类边界，生成现状农用地数据。

以地表覆盖归类数据成果为基础，结合坡度数据，提取Ⅰ型、Ⅱ型、Ⅲ型过渡区数据。数据提取按照以下方式进行：

——提取除基本农田保护区外坡度小于25°的水田和旱地、果园、茶园、桑园、橡胶园、苗圃、花圃、其他园地、温室、大棚、场院、晒盐池等要素，生产以农业为主的Ⅰ型过渡区数据；

——提取乔木林、灌木林、乔灌混合林、竹林、疏林、人工幼林、稀疏灌丛、天然草地、人工草地(除绿化草地)、沙障、堆放物、其他人工堆掘地、盐碱地表、泥土地表、沙质地表、砾石地表、岩石地表，以及坡度在25°以上的除基本农田外的水田和旱地等要素，生产以天然生态为主的Ⅱ型过渡区数据；

——提取地表破坏较大的露天采掘场，生产Ⅲ型过渡区数据。

4)国土空间评价

根据“多规合一”空间分区要求，结合数据获取情况，基于可计算、可分析、有代表性、有差异性等原则，主要确定两类评价指标：一是约束性指标，主要从区域自身资源环境承载力的角度，选取高程、坡度、自然灾害、可利用土地资源等指标，划定受地形地势等情况影响不适宜大规模工业化、城镇化开发的空间地域单元，体现自然生态本底对空间发展的约束；二是适宜性指标，即通过对人口、经济、交通、区位等因素来评价市县的开发需求和潜力。

根据选取的指标体系，以GIS软件为支撑，将空间开发评价的各适宜性指标和约束性指标评价结果进行叠加与分级处理，形成多指标综合评价结果。同时，统筹考虑未来人口分布、经济布局、国土利用和城镇化格局，结合现状地表分类，对国土空间进行综合评价，将评价结果分为四等：一等为最适宜开发区域；二等为较适宜开发区域；三等为较不适宜开发区域；四等为最不适宜开发区域。

5)“三区三线”界线确认

基于开发适宜性评价结果，结合现状地表分区，划分城镇、农业、生态三类空间。

城镇空间：包括现状建成区，与开发适宜性评价结果为一等和二等现状建成区相邻的Ⅰ型过渡区，与开发适宜性评价结果为一等和二等现状建成区相邻的Ⅱ型过渡区中的沙障、堆放物、其他人工堆掘地、盐碱地表、泥土地表、沙质地表、砾石地表、岩石地表，以及开发适宜性等级为一等的Ⅲ型过渡区。

农业空间：包括基本农田保护区、与开发适宜性评价结果为三等和四等的现状建成区相邻的Ⅰ型过渡区、不与现状建成区相邻的Ⅰ型过渡区。

生态空间：包括空间开发负面清单中除基本农田外的其他用地，以及除被划入城镇空间的其他Ⅱ型过渡区和Ⅲ型过渡区。

在三类空间基础上，可进一步划定农业和生态保护最小边界、城镇发展最大边界。其中，农业和生态保护最小边界分别为基本农田保护区和生态空间的保护界线；在农业和生态保护最小边界基础上，向外扩展0.5千米的缓冲区生成的边界即为城镇发展最大边界，当现状建成区与基本农田或生态区相邻距离小于0.5千米时，则现状建成区的边界即为城镇发展最大边界，城市建设不得突破此界线。当农业或者生态保护最小边界发生变化时，城镇发展最大边界也会随之发生变化。

(三)“多规合一”信息平台研发

1. 总体技术架构

空间性规划“多规合一”信息平台的技术框架见图11-4。“多规合一”信息化标准体系建设贯穿项目建设的整个环节，是项目建设的有力知识保障和规范依据，为平台提供运作支撑。在此基础上建设基础设施层、数据层、应用层和业务层，从而将平台分解为若干个逻辑层，通过政务网等网络环境为政府部门提供全面的“多规合一”和相关审批业务服务。

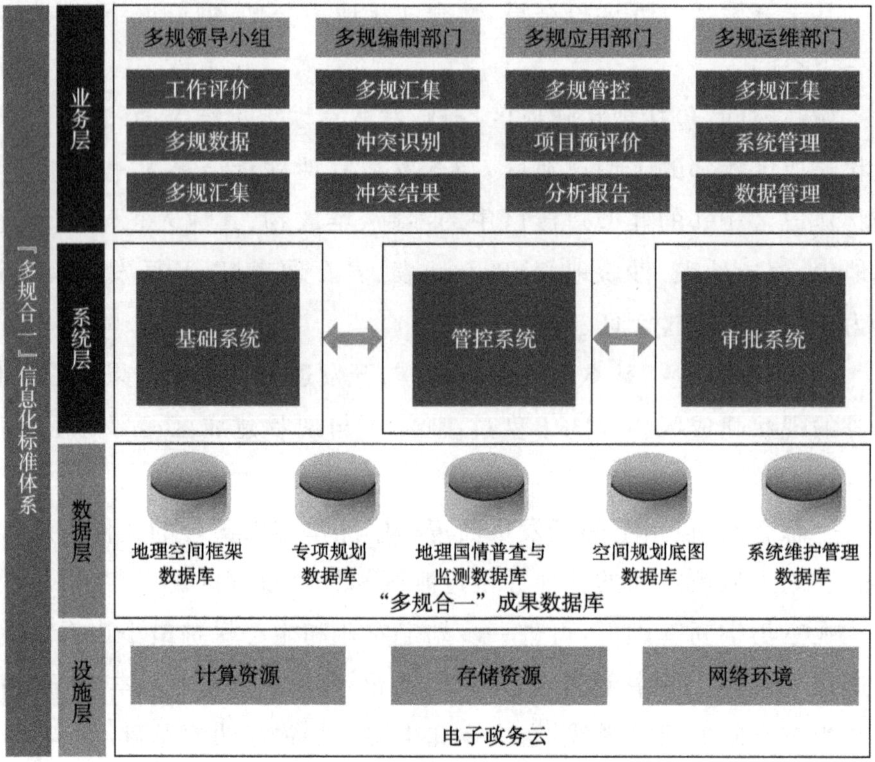

图 11-4 软件平台总体设计架构

1)设施层

设施层是整个项目建设的基础支撑,泛指项目部署、运行及管理维护的云计算中心所需的软硬件设施等。平台拟运行在电子政务云上,政务云应通过云计算技术进行硬件虚拟化、存储虚拟化和网络虚拟化等工作。设施层的实现是平台软件建设的基础。

2)数据层

数据层是多规平台的数据支撑层,通过数据库的方式集中存储整个平台的各类规划数据、地理空间框架数据、项目红线数据等,并通过脱密变形、加工提取、分门别类、叠加优化处理后,形成了“多规合一”成果数据库，是“多规合一”数据共享交换的基础支撑。

3)系统层

系统层包括基础系统、管控系统和审批系统。基础系统主要是通过对各部门规划成果整合建库，汇集各部门的规划成果数据，形成“多规合一”一张图，实现国土空间评价和“三区三线”划分。管控系统主要是通过各部门规划成果的共享交换，实现专题规划数据间的矛盾冲突检测和投资项目预评价等功能，并结合规划一张图对规划和项目进行管控。审批系统主要通过投资项目的并联审批来提高项目落地效率。

2. 平台设计

平台运用现代信息技术，通过互联网和信息化、数字化的手段，通过基础、管控、审批三大业务系统为规划的编制、管控、审批提供全方位技术支持，实现信息共享，最大限度地发挥了“多规合一”成果的效益，推动政府职能转变和管理水平提升。

基础系统面向专业规划编制人员，为规划编制提供辅助决策支持服务，主要体现在两个方面：一方面是基于主体功能区理念，为国土空间开发评价提供数字化、信息化和集成化；另一方面为“多规合一”的空间基础底图编制、各类空间规划有机叠入提供数字化基础。

管控系统部署于政务网，面向政府部门，系统主要实现信息资源共享和投资项目预审批。将空间要素有机叠入，同时汇聚各项管控措施，综合集成、分类管理，协同管控，并提供门槛式的预审批，通过预审批的项目推送到下一个联合审批阶段，真正做到项目空间管控的信息化、可视化。

审批系统面向业主及投资项目审批部门，该系统与现有的浙江省政务服务网进行有效的对接，进行一站式审批服务。实现一窗进件，一表申报，并联审批，一窗出件。

(四)编制标准规范

统一的标准可有效地解决各类规划指标体系不对接、规划期限不统一等问题，实现了技术指引、规划语言的有机统一。通过总结各项技术经验，编制相关技术规程，形成可复制、可推广的工作经验。

三、地理国情监测在空间性规划“多规合一”中的作用

地理国情监测在空间性规划“多规合一”工作中发挥了重要作用，主要包括：数据库建设、“三区三线”划定、平台建设以及标准规范编制。

（一）建设“多规合一”数据库

基于地理国情普查和监测数据，建设“多规合一”数据库旨在统一各类规划数据标准，为“多规合一”各项工作的开展奠定数据基础。

一方面，浙江地理国情普查和监测成果数据内容丰富且客观真实，通过建立地理国情普查和监测成果数据库，直接为各部门规划编制以及“多规合一”各项工作提供统一口径数据支撑。

另一方面，地理国情数据基于2000国家大地坐标系，精度高，规格统一。基于地理国情数据中的高分辨率遥感影像、地表覆盖数据，对其他部门的规划专题数据进行标准化处理，通过坐标转换、格式转换、空间化、属性化、对象化处理，以及统一符号化表达等处理整合工作，建设规划专题数据库，实现规划专题数据规格的统一。

（二）划定“三区三线”

充分利用地理国情普查和监测数据客观、精细的优势，结合地理国情分析评价技术，以国家发展改革委、国家测绘地信局联合发布的《市县经济社会发展总体规划技术规范与编制导则（试行）》为依据，以主体功能区规划为基础，开展资源承载力及国土空间开发适宜性评价并划定“三区三线”。

根据选取的指标体系，结合地理国情分析评价技术，利用地理国情普查数字高程模型（DEM）数据评价区域坡度、高程等地形地势；利用国情要素道路、火车站、机场、码头等重要交通设施数据评价交通干线、区位优势；利用国情要素行政区划数据、DEM数据以及地表覆盖建设

用地评价可利用土地资源；利用国情要素行政区划数据结合经济、人口等统计数据评价区域人口聚集和经济发展水平；利用省情普查水土流失成果评价生态系统脆弱性；利用地表覆盖数据划分现状地表分区；再利用空间分析技术对指标进行综合评价分析，划定“三区三线”。

(三)研发“多规合一”信息平台

测绘地理信息部门参与并负责“多规合一”信息平台建设的全部工作。平台建设以地理国情成果管理及发布系统为依托，可以调用地理国情普查与监测的各类成果及统计分析等应用服务，通过基础、管控、审批三大业务系统为规划的编制、管控、审批提供全方位技术支持。

(四)编制标准规范

基于地理国情普查地表覆盖分类体系，兼顾住建、国土、水利、林业、交通、农业等领域相关标准规范，编制《空间规划要素分类及代码》，形成“多规合一”用地分类标准。分类代码包括 5 个一级类、27 个二级类和 33 个三级类，涵盖了与土地规划分类、城乡用地分类、地表覆盖分类的对应关系，可作为不同规划间矛盾检测的依据和标准。

四、案　例

2016 年 3 月 4 日，国家发展和改革委员会、国家测绘地理信息局、浙江省人民政府签署了《关于开展省级空间性规划“多规合一”试点的合作协议》，根据协议要求，浙江省测绘与地理信息局在国家发展和改革委员会、国家测绘地理信息局、浙江省政府的领导下，联合浙江省发展和改革委员会在开化县前期试点基础上，开展了空间性规划“多规合一”深化试点工作，并以“开化模式”为基础推进省级空间性规划“多规合一”。

开化县“多规合一”试点成果建立从技术规范到体制机制管理的有效协调融合模式，形成全县一张蓝图。现已成功实现“6 个统一衔接”：

①建立统一衔接的规划体系。以主体功能区为基础，统筹协调全县各主体规划，构建“1＋X”规划体系，编制《开化县空间规划（2016—2030年）》作为有着顶层设计要求和高度的统领性规划。②推进统一衔接的空间布局。在开展资源环境承载力和国土空间评价的基础上，精准划定城镇、农业、生态“三类空间”以及城镇开发边界、永久基本农田保护红线和生态保护红线“三条红线”，并明确重大基础设施布局，形成空间规划底图，配套综合性空间管制政策，显著增强空间管制的约束性和指导性。③明确统一衔接的基础数据。整合处理各类规划及专题数据，建设形成一个自然资源、专项规划、人口、经济、土地、社会等统一标准的数据库。④制定统一衔接的技术标准。根据试点工作及技术经验，编制一系列标准规范，形成可复制、可推广的模式和办法。⑤建设统一衔接的信息平台，已研发部署了“多规合一”信息平台，实现各部门规划信息共享和规划衔接协调，为规划编制、管控、审批、成果展示和实施监测提供技术支撑。⑥形成统一衔接的管理机制，编制了配合“多规合一”试点工作的机制体制改革方案，以及相关法律法规的“立改废”建议。

在中央全面深化改革领导小组第二十八次会议上，开化县的“多规合一”模式得到了党中央的充分认可。测绘地理信息部门牵头编制及开发的“多规合一”标准规范及信息平台也受到了国家发展改革委的充分肯定。开化县“多规合一”试点成效显著，有效促进了县域经济社会发展。主要表现在：

一是实现粗放发展向科学发展转变。充分利用“多规合一”试点成果，淘汰落后产能，从生态保护角度出发淘汰搬迁企业123家，生态移民1万余人。进一步明晰产业布局，在不同空间分区布局与之相适应的产业项目，优先发展生态产业。

二是实现多头规划向统一规划转变。根据试点成果，协调规划差异，落实主体功能定位，整合提升空间资源利用效率，盘活存量土地

1307 亩，新增建设用地指标 3050 亩，实现了节约集约开发。

三是实现独立审批向同步审批转变。充分利用“多规合一”成果，整合部门信息资源，促进资源共建共享，实施统一监管，实现一个窗口、一个平台运行。

第十二章　地理国情监测服务生态保护红线划定

党的十八大以来，我国先后出台一系列关于生态文明建设的政策法规文件，明确要求划定生态保护红线，保护好生态环境。《中共中央国务院关于加快推进生态文明建设的意见》(中发〔2015〕12 号)强调，要“严守资源环境生态红线”，明确要求“在重点生态功能区、生态环境敏感区和脆弱区等区域划定生态红线”“科学划定森林、草原、湿地、海洋等领域生态红线”。中共中央、国务院印发的《生态文明体制改革总体方案》强调指出：“将用途管制扩大到所有自然生态空间，划定并严守生态红线，严禁任意改变用途，防止不合理开发建设活动对生态红线的破坏，完善覆盖全部国土空间的监测系统，动态监测国土空间变化。”2015 年 7 月施行的《国家安全法》第三十条规定，“国家完善生态环境保护制度体系，加大生态建设和环境保护力度，划定生态保护红线”。我国对耕地已建立了严格的用途管制，但对生态空间如水域、林地、滩涂等自然生态空间的管制力度不够，致使一些违法占用土地、超量开发利用、破坏生态环境的现象屡见不鲜，同时各类生态红线之间存在冲突。为解决这些问题，可利用测绘地理信息技术，获取地表自然和人文地理要素的现状和分布特征，明确掌握国土空间实际利用状况，了解生态红线内各类用地的面积变化，确保生态保护红线功能不降低、面积不减少、性质不变化。

2015 年 5 月，环境保护部印发了《生态保护红线划定技术指南》，用以指导全国生态保护红线划定工作。本章主要基于此文件，对生态保护红线划定工作进行阐述。

一、生态保护红线:概念、基本特征、管控要求、划定原则

(一)相关概念

1. 生态保护红线

指依法在重点生态功能区、生态环境敏感区和脆弱区等区域划定的严格管控边界,是国家和区域生态安全的底线。生态保护红线所包围的区域为生态保护红线区,对于维护生态安全格局、保障生态系统功能、支撑经济社会可持续发展具有重要作用。

2. 重点生态功能区

指生态系统十分重要,关系全国或区域生态安全,生态系统有所退化,需要在国土空间开发中限制进行大规模高强度工业化、城镇化开发,以保持并提高生态产品供给能力的区域。

3. 生态敏感区

指对外界干扰和环境变化具有特殊敏感性或潜在自然灾害影响,极易受到人为不当开发活动影响而产生负面生态效应的区域。

4. 生态脆弱区

指生态系统组成结构稳定性较差,抵抗外来干扰和维持自身稳定的能力较弱,易于发生生态退化且难以自我修复的区域。

5. 禁止开发区

指依法设立的各级各类自然文化资源保护区域,以及其他禁止进行工业化、城镇化开发、需要特殊保护的重点生态功能区。

6. 生态安全

指在国家或区域尺度上,生态系统结构合理、功能完善、格局稳定,并能够为人类生存和经济社会发展持续提供生态服务的状态,是国家安全的重要组成部分。

(二)生态保护红线基本特征

1. 生态保护的关键区域

生态保护红线是维系国家和区域生态安全的底线,是支撑经济社会可持续发展的关键生态区域。

2. 空间不可替代性

生态保护红线具有显著的区域性特征,其保护对象和空间边界相对固定。

3. 经济社会支撑性

划定生态保护红线的最终目标是在保护重要自然生态空间的同时,实现对经济社会可持续发展的生态支撑作用。

4. 管理严格性

生态保护红线是一条不可逾越的空间保护线,应实施最为严格的环境准入制度与管理措施。

5. 生态安全格局的基础框架

生态保护红线区是保障国家和地方生态安全的基本空间要素,是构建生态安全格局的关键组成部分。

(三)生态保护红线管控要求

生态保护红线须依据生态服务功能类型和管理严格程度实施分类分区管理,做到"一线一策"。生态保护红线一旦划定,应满足以下管控要求:一是性质不转换,生态保护红线区内的自然生态用地不可转换为非生态用地,生态保护的主体对象保持相对稳定;二是功能不降低,生态保护红线区内的自然生态系统功能持续稳定发挥,退化的生态系统功能得到不断改善;三是面积不减少,生态保护红线区边界保持相对固定,区域面积规模不可随意减少;四是责任不改变,生态保护红线区的林地、草地、湿地、荒漠等自然生态系统按照现行行政管理体制实行分类管理,各级地方政府和相关主管部门对红线区共同履行监管职责。

(四)生态保护红线划定原则

1. 强制性原则

根据《环境保护法》规定，应在事关国家和区域生态安全的重点生态功能区、生态环境敏感区和脆弱区以及其他重要的生态区域内，划定生态保护红线，实施严格保护。

2. 合理性原则

生态保护红线划定应在科学评估识别关键区域的基础上，结合地方实际与管理可行性，合理确定生态保护红线方案。

3. 协调性原则

生态保护红线划定应与主体功能区规划、生态功能区划、土地利用总体规划、城乡规划等区划、规划相协调，共同形成合力，增强生态保护效果。

4. 可行性原则

生态保护红线划定应与经济社会发展需求和当前监管能力相适应，预留适当的发展空间和环境容量空间，切合实际确定生态保护红线面积规模并落到实地。

5. 动态性原则

生态保护红线面积可随生产力提高、生态保护能力增强逐步优化调整，不断增加生态保护红线范围。

二、生态保护红线划定技术流程

《生态保护红线划定技术指南》规定，生态保护红线划定主要分为四个步骤：一是识别生态保护红线划定的范围，二是评估各类生态保护红线区的生态保护重要性，三是确定生态保护红线划定方案，四是核定生态保护红线边界。具体技术流程见图 12-1。

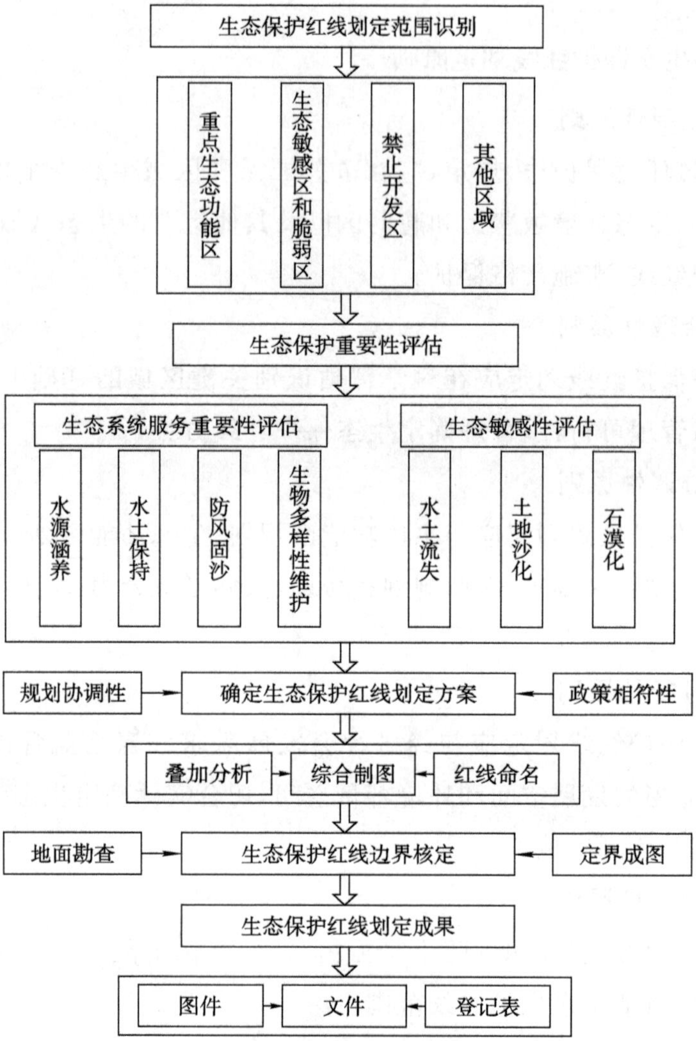

图 12-1 生态保护红线划定技术流程[①]

(一)生态保护红线划定范围识别

依据《全国主体功能区规划》《全国生态功能区划》《全国生态脆弱区保护规划纲要》(环发〔2008〕92 号)、《全国海洋功能区划(2011—

① 参见《生态保护红线划定技术指南》。

2020年)》《中国生物多样性保护战略与行动计划(2011—2030年)》等国家文件和地方相关空间规划,结合经济社会发展规划和生态环境保护规划,识别生态保护的重点区域,确定生态保护红线划定的重点范围。

1. 重点生态功能区范围识别

1)陆地重点生态功能区

主要包括《全国主体功能区规划》和《全国生态功能区划》的各类重点生态功能区,具体包括水源涵养区、水土保持区、防风固沙区、生物多样性维护区等类型。

2)海洋重点生态功能区

主要包括海洋水产种质资源保护区、海洋特别保护区、重要滨海湿地、特殊保护海岛、自然景观与历史文化遗迹、珍稀濒危物种集中分布区、重要渔业水域等区域。

2. 生态敏感区和脆弱区范围识别

1)陆地生态敏感区和脆弱区

主要包括《全国生态功能区划》《全国主体功能区规划》及《全国生态脆弱区保护规划纲要》的各类生态敏感区和脆弱区,具体包括水土流失敏感区、土地沙化敏感区、石漠化敏感区、高寒生态脆弱区和干旱、半干旱生态脆弱区等。

2)海洋生态敏感区和脆弱区

主要包括海岸带自然岸线、红树林、重要河口、重要砂质岸线和沙源保护海域、珊瑚礁及海草床等。

3. 禁止开发区范围识别

主要包括国家级自然保护区、世界文化自然遗产、国家级风景名胜区、国家森林公园和国家地质公园等类型。

4. 其他区域范围识别

包括其他未列入上述范围,但具有重要生态功能或生态环境敏感、脆弱的区域,包括生态公益林、重要湿地和草原、极小种群生境等。

(二)生态保护重要性评估

依据生态保护相关规范性文件和技术方法,对生态保护区域进行生态系统服务重要性评估和生态敏感性与脆弱性评估,明确生态保护目标与重点,确定生态保护重要区域。

各类生态保护红线的生态保护重要性评估方法参见《生态保护红线划定技术指南》。

(三)生态保护红线划定方案确定

对不同类型生态保护红线进行空间叠加,形成生态保护红线建议方案。根据生态保护相关法律法规与管理政策,土地利用与经济发展现状与规划,综合分析生态保护红线划定的合理性和可行性,最终形成生态保护红线划定方案。

(四)生态保护红线边界核定

根据生态保护红线划定方案,开展地面调查,明确生态保护红线地块分布范围,勘定生态红线边界走向和实地拐点坐标,核定生态保护红线边界。调查生态保护红线区各类基础信息,形成生态保护红线勘测定界图,建立生态保护红线勘界文本和登记表等。

(五)生态保护红线划定成果

生态保护红线划定成果包括图件、文本与登记表。

1. 生态保护红线图件

生态保护红线图件数据采用2000国家大地坐标系,1985国家高程基准;国家层面基本比例尺为1∶25万,省级层面基本比例尺不小于1∶5万,勘测定界图基本比例尺与当地土地利用图件保持一致。

生态保护红线图件主要包括以下内容:

——生态系统服务重要性评估系列图;

——生态敏感性评估系列图;

——不同类型生态保护红线分布图;

——生态保护红线分布总图；

——生态保护红线区土地利用现状图。

2. 生态保护红线文本

以文字报告形式表述生态保护红线划定的主要内容。具体内容包括：区域概况、主要生态问题、总则（包括划定目标、划定原则、划定依据、技术路线）、生态保护红线划定范围识别、生态保护红线划定方法、生态保护红线方案确定、生态保护红线管控措施等。

3. 生态保护红线区块登记表

生态保护红线区块登记表是文本的配套材料，与文本具有同等效力。登记表内容应涵盖地面勘查所得的生态保护红线区各类基础信息与专题信息，满足管理需求。登记表格式参见《生态保护红线划定技术指南》。

三、测绘地理信息在生态保护红线划定中的作用

测绘地理信息在生态保护红线划定工作中的作用主要包括：工作底图编制、生态保护红线划定方案确定、生态保护红线边界核定等。

（一）生态保护红线划定方案确定

此工作主要包括叠加分析和综合制图两个步骤。

1. 叠加分析

采用地理信息系统空间分析技术，在统一空间参考系统下，对划定的重点生态功能区保护红线、生态敏感区和脆弱区保护红线、禁止开发区保护红线进行空间叠加与综合分析，形成包含各类红线的空间分布图。当两种以上生态保护红线类型重叠时，须进一步明确主导生态功能和辅助生态功能。

2. 综合制图

生态保护红线制图是开展边界核定的前提和依据。以基础年的高精度遥感影像和土地利用数据为底图，将评估结果图与底图进行叠合，基于地理信息系统软件进行图斑聚合处理，扣除独立细小图斑和人工

用地。为保证生态保护红线区生态完整性和连续性，红线斑块最小上图面积原则为1平方千米。根据实际土地利用类型和影像地物分布进行遥感判读与补充勾绘，调整生态保护红线界线，形成边界清晰、切合实际、生态完整性好的生态保护红线分布图。

综合制图包括以下几个步骤。

1）数据与资料收集

收集专题图件、遥感影像、相关规划和区划等。

专题图件：包括1∶1万（或1∶5万、1∶10万）国家基本比例尺地形图、土地调查及变更数据、基本农田界线图、国家基础地理信息数据库；有明确边界的保护地分布矢量图（自然保护区、风景名胜区、森林公园、生态公益林、饮用水水源保护区等）。

遥感影像：包括高分辨率卫星遥感数字正射影像图（DOM）（如快鸟（QuickBird）、资源三号、高分1号、高分2号（GF-1、GF-2）等）或航空DOM，影像空间分辨率在5米以内。

相关规划和区划：包括主体功能区规划、土地利用规划、生态功能区划、环境功能区划、环境保护专项规划、自然保护区发展规划、资源开发规划、旅游发展规划等。

2）数据预处理

数据聚合：利用地理信息系统软件将生态系统服务重要性和生态敏感性评估数据转换为Shape格式，通过聚合工具将相对聚集或邻近的图斑聚合为相对完整连片图斑，聚合距离为250米，最小孔洞大小为1平方千米。各行政区可根据图斑的破碎化程度和行政区面积适当调整聚合的距离。

破碎斑块扣除：一般将评估所得的面积在1平方千米以下的独立图斑删除（若细小斑块为重要物种栖息地或其他具有重要生态保护价值的区域须予以保留），减少红线区的破碎化程度。独立图斑删除的面积阈值可根据评估结果和行政区面积大小进行适当调整。

人工用地剔除:根据土地利用现状图和规划图等资料,扣除聚合后图斑内的大型建设用地和集中连片农田。其中,建设用地重点考虑城镇、工业开发、矿产开发等类型(扣除在产大规模采矿用地,对于废弃的采矿用地根据保持生态完整性需要,可予以保留并进行生态修复)。为了保持生态保护红线区完整性,面积较小的村庄、农田、采矿废弃地等地块可予以保留,单个生态保护红线区块内的可保留人工用地面积比例原则上不超过5%。

3)边界调整与确定

经过上述处理后,仍较为破碎的红线区,可根据高分辨率数字正射影像图和土地调查数据,采用人机交互方式,补充勾绘出红线区。对于一些暂时无法确定的未知类型,先进行标记,再通过实地勘查进行确认,并根据调查结果确定斑块的最终边界。

4)专题图件制作

生态保护红线图件制作要求在地理信息系统软件下数字化成图,采用地图学规范方法表示,层次清晰,图式、图例、注记齐全。底图应包括行政区域界线、地表主要水系、水库、湖泊、交通线路、重要城镇等要素。

(二)生态保护红线边界核定

1. 边界核定原则

第一,与土地利用、城乡建设现状及规划、区域生态保护相关规划相协调;

第二,红线斑块连续成片,尽可能避免破碎化,有利于实际管理;

第三,尽可能保持已建各类保护区边界,与各部门管理边界相衔接;

第四,结合山脉、河流、地貌单元、植被等要素保留自然地理边界,保持森林、草地、湿地、荒漠等生态系统的完整性。

2. 边界核定与基础信息采集

1)地面勘查

根据生态保护红线分布图开展实地勘查,调查生态保护红线区各类基础信息，进一步查明图上难以明确界定或具有争议的生态保护红线区块边界走向，确定红线边界拐点地理坐标。

生态保护红线区须调查与收集以下特征信息：

——分布、面积与范围：包括所处行政区域和地理位置，红线区面积（以公顷为单位表示）、红线区拐点坐标等。

——自然环境状况：包括自然地理特征和自然资源状况、生态系统类型等。

——经济社会状况：包括区内人口、社区数量与分布、土地利用状况与权属、所在区域经济发展水平、产业类型、产业结构与布局，以及其他人类活动特征等。

——主要生态问题：包括现存的主要生态问题、潜在的生态风险、社会经济问题及其成因。

——管控措施：包括生态保护红线区内的禁止和限制行为，为保护和改善生态系统服务功能需开展的恢复治理措施等。

2）定界成图

根据生态保护红线地面勘查结果，在图上修正生态保护红线区块边界，形成生态保护红线勘测定界图。

四、案　例

黑龙江省生态保护红线划定工作于2014年启动，采用地理国情普查成果，确定了黑龙江省生态保护红线划定“先自上而下、再自下而上”技术路线，规范了底图数据处理、红线划定的流程与方法、成果图件编制等内容与要求，形成了利用地理国情普查成果开展生态保护红线市、县落地的工作模式与技术流程。2015年9月，黑龙江省测绘地理信息局和黑龙江省环保厅共同签署《框架合作协议》。2016年8月，两厅局联合编制并印发《黑龙江省生态保护红线划定实施方案》，用于指导开展黑龙江省生态保护红线划定工作。

这里列举黑龙江省宾县和木兰县两个生态保护红线划定的案例。

(一)黑龙江宾县生态保护红线划定

1. 指标分类体系构建

依据《国家生态保护红线——生态功能红线划定技术指南(试行)》(2014 年 1 月印发)、《黑龙江省主体功能区规划》(黑政发〔2012〕29 号)和《黑龙江省生态功能区划》(2005 年 9 月印发),研究构建黑龙江省生态功能红线划定分类体系。在地理国情普查分类指标体系的基础上,结合《生态环境状况评价技术规范(试行)》(HJ/T 192—2006),形成基于地理国情普查成果的自然资源要素分类指标;并针对宾县的自然资源状况和生态功能红线分布特征,确定宾县生态环境状况和生态功能红线区统计分析指标。

2. 生态保护重要性评价

依据《国家生态保护红线——生态功能红线划定技术指南(试行)》,完成宾县生态保护重要性评价,包括生态功能重要性评价和生态敏感性评价,评价结果作为生态功能红线划定的参考依据。

3. 生态功能红线划定与外业核查

依据黑龙江省生态功能红线划定分类体系,基于地理国情普查成果,参考高分遥感影像、生态保护重要性评价结果和森林公园、风景名胜区等相关专题资料,开展宾县的重要生态功能区、生态敏感区和脆弱区及禁止开发区生态功能红线边界提取工作,形成不同类型生态功能红线划定作业细则,以及宾县生态功能红线划定成果数据(见表 12-1)。

表 12-1　宾县生态功能红线划定成果

序号	红线类型	红线名称
1	重要生态功能区红线	宾县重要森林保护省级红线区
2		宾县二龙山水库水资源保护省级红线区
3		宾县松花江木兰段水产种质资源保护国家级红线区

续表

序号	红线类型	红线名称
4	生态敏感区和脆弱区红线	宾县蜚克图河滨岸带敏感性省级红线区
5		宾县马蛇子河滨岸带敏感性省级红线区
6		宾县枷板河滨岸带敏感性省级红线区
7		宾县朝阳河滨岸带敏感性省级红线区
8		宾县海里浑河滨岸带敏感性省级红线区
9		宾县淘淇河滨岸带敏感性省级红线区
10		宾县摆渡河滨岸带敏感性省级红线区
11	禁止开发区红线	宾县长寿国家森林公园省级红线区
12		宾县双凤山省级森林公园省级红线区
13		宾县香炉山省级森林公园省级红线区
14		宾县二龙山省级风景名胜区省级红线区

完成宾县生态功能红线划定外业核查工作，包括收集禁止开发区边界范围资料；核查生态功能红线边界及红线区生态环境要素的正确性、合理性，并根据核查结果调整红线边界。

4. 自然资源要素采集与统计分析

依据自然资源要素分类指标，基于地理国情普查成果，进行数据处理。针对地表覆盖分类数据，属性项增加了自然资源要素代码；针对国情地理要素，增加了滩涂湿地、可利用草地、荒地的自然资源要素层；针对国情地理单元，增加了城镇建成区和农村居民点补充采集内容。处理后形成试验区自然资源与生态环境要素数据。

依据生态环境状况和生态功能红线区统计分析指标，完成了宾县基本情况、生态环境状况及生态功能红线统计分析，结果见表 12-2～表 12-4。

表 12-2 宾县自然资源总体分布情况

统计指标		林地	草地	滩涂湿地	河流
面积/平方千米		1251.53	111.19	86.14	×
覆盖率(占比)/%		32.53	2.89	2.24	×
斑块形状复杂度	平均形状指数	1.62	2.23	2.55	×
	面积加权形状指数	19.20	7.43	13.93	×
破碎度		0.36	0.73	0.12	×

续表

统计指标		林地	草地	滩涂湿地	河流
聚合度	蔓延度指标	91.67	100	100	×
	散布与并列指数	48.18	×	×	×
长度/千米		×	×	×	2843.13
密度/(千米/平方千米)		×	×	×	0.7389

表 12-3 宾县生态功能红线基本统计

红线类型	红线名称	面积/平方千米
重要生态功能区红线	宾县重要森林保护省级红线区	812.28
	宾县二龙山水库水资源省级保护区红线	269.92
	宾县松花江木兰段水产种质资源保护国家红线区	73.29
宾县禁止开发区省级红线	二龙山省级风景名胜区省级红线区	18.80
	双凤山省级森林公园省级红线区	28.82
	香炉山省级森林公园省级红线区	23.69
	长寿国家森林公园省级红线区	33.88
宾县河滨岸带敏感性省级红线	朝阳河滨岸带敏感性省级红线区	3.29
	马蛇子河滨岸带敏感性省级红线区	1.42
	摆渡河滨岸带敏感性省级红线区	0.95
	淘淇河滨岸带敏感性省级红线区	2.26
	海浬浑河滨岸带敏感性省级红线区	1.88
	蜚克图河滨岸带敏感性省级红线区	5.22
	枷板河滨岸带敏感性省级红线区	3.02

表 12-4 宾县生态功能红线基本统计

地表覆盖类型	重要森林保护省级红线区	
	面积/平方千米	占比/%
耕地	33	4.06
林地	771.79	95.02
草地	6.99	0.86
建筑用地	0.46	0.06
未利用地	0.01	0
水域	0.04	0

5. 专题图件编制

宾县生态功能红线成果图件包括基础图系列、生态保护重要性评价图系列以及生态功能红线划定图系列。

(二)黑龙江木兰县生态保护红线划定

利用地理国情普查成果、基础地理信息成果及高分遥感影像等,提取木兰县生态保护红线边界,提出不同类型的生态保护红线划定技术流程及作业细则。

生态保护红线初步划定后,木兰县政府及相关部门对红线的边界进行规划协调,并对红线边界进行外业核查确认,最终确定木兰县生态保护红线边界,形成木兰县重点生态功能区、禁止开发区及其他生态保护红线区的红线划定数据成果(见表 12-5)。

表 12-5　木兰县生态保护红线划定成果

序号	红线类型	红线名称
1	重点生态功能区红线区(6 个)	木兰县蒙古山水源涵养功能保护红线区
2		木兰县香磨山水库及上游水源涵养功能保护红线区
3		木兰县白杨木水库及上游水源涵养功能保护红线区
4		木兰县柳河水库及上游水源涵养功能保护红线区
5		木兰县五一水库及上游水源涵养功能保护红线区
6		木兰县松花江木兰段生物多样性功能保护红线区
7	禁止开发区红线区(3 个)	木兰县木兰达河山城址保护红线区
8		木兰县蒙古尔山城址保护红线区
9		木兰县太平遗址保护红线区
10	其他生态保护红线区(7 个)	木兰县少陵河国家公益林保护红线区
11		木兰县镇阳河上游国家公益林保护红线区
12		木兰县木兰达河中游国家公益林保护红线区
13		木兰县镇阳河下游国家公益林保护红线区
14		木兰县二道黄河国家公益林保护红线区
15		木兰县白杨木河西岸国家公益林保护红线区
16		木兰县白杨木河东岸国家公益林保护红线区

依据地理国情普查成果,开展木兰县县域范围、面积、高程、四至点等基本统计;完成生态保护红线的地理位置、面积以及红线区地表覆盖类型、面积、占比及构成比的统计计算,统计结果可作为县级生态保护红线生态补偿制度实施的基础数据。

结合生态保护红线划定应用成果,编制完成《黑龙江省哈尔滨市木兰县生态保护红线划定报告(讨论稿)》,包括木兰县区域概况、红线划定方案、划定成果及红线管控措施等内容。

遵循可复制、可推广、规范化、模块化的编制原则,按照专题图编制要求及图件模板,完成木兰县生态保护红线划定成果图件制作,包括木兰县基础图(8 幅)和生态保护红线划定图(19 幅)。

第十三章　地理国情监测服务领导干部自然资源资产离任审计

自然资源是人类社会赖以生存和发展的重要物质基础。十八大以来，党中央高度重视生态文明建设，并提出了一系列新的理念和举措。开展领导干部自然资源资产离任审计，是党中央、国务院加快推进生态文明建设的一项重大决策部署。2015年11月，中共中央办公厅、国务院办公厅印发了《开展领导干部自然资源资产离任审计试点方案》，标志着此项工作正式拉开帷幕。自然资源资产审计已经成为生态文明建设的重要内容，是践行“五大发展理念”的重大举措，对促进领导干部更好地履行自然资源资产管理和生态环境保护责任，推动经济转型升级、实现绿色发展具有十分重要的意义。浙江省委十三届五次全会通过的《关于建设美丽浙江创造美好生活的决定》对建立领导干部自然资源资产离任审计制度做出了全面部署。《浙江省审计条例》明确将自然资源的开发利用和保护治理情况纳入审计事项。

领导干部自然资源资产离任审计虽然属于领导干部经济责任审计的范畴，但有别于传统的经济责任审计，是一项开创性举措。自然资源资产审计范围涉及森林资源、土地资源、水资源、矿产资源、大气资源、海洋资源等诸多方面，这些自然资源资产分别由不同的政府职能部门管辖，自然资源管理分散、信息破碎、标准不一，信息基础薄弱，信息提取难度大。近年来，测绘与地理信息部门着力推进地理国情普查和监测工作，获取了大量地形、水系、交通、地表覆盖等要素的基础信息，并对其进行了动态化、定量化、空间化的监测和变化统计分析。地理国情监测内容与自然资源资产审计范围高度重合，开展地理国情监测，能为领导干部自然资源资产离任审计提供全面、系统、真实的自然资源基础信息和相关信息提取分析技术支撑。

一、领导干部自然资源资产离任审计:内涵、对象、目标和意义

(一)内涵

《中共中央关于全面深化改革若干重大问题的决定》中首次提出自然资源资产离任审计。为促进生态文明建设,实现我国"五位一体"总体布局,在衡量领导干部政绩时,不仅应评价他们在任职期内的经济责任履行情况,还应评价自然资源资产管理和生态环境保护责任情况。自然资源资产离任审计是现行干部经济责任审计的补充,站在宏观角度评价领导干部经济责任履行与环境责任、自然资源开发利用等方面是否做到协调统一,是绩效审计的延伸。领导干部自然资源资产离任审计是为了维护国家自然资源安全,加强自然资源资产管理,对领导干部在整个任期内所管辖区域自然资源资产管理、使用、开发、保护等情况而进行审查、鉴定的总体评价活动。

(二)对象

我国《宪法》规定,主要自然资源属国家所有。国家依法将自然资源资产的管理权授予各级党政的主要领导干部,具体负责自然资源资产的有效管理,承担对自然资源资产的受托管理责任。自然资源资产产权性质决定必须以国家审计机关为审计主体。因此,要加强统一部署和顶层设计,建立由审计、财政、国土、环保、水利、农业、林业、海洋、统计、测绘等部门共同参加的审计联动工作机制。自然资源资产离任审计对象主要是各市、县(市、区)、乡(镇、街道)党委和政府主要领导干部,适当考虑对自然资源资产有法定管理职责的职能部门主要领导干部。

(三)目标和意义

开展领导干部自然资源资产离任审计应按照"因地制宜、重在责

任、稳步推进”的基本原则，以相关部门统计监测数据为基础，摸清被审计领导干部任期内所在地区主要自然资源资产实物量(包括数量和质量)和生态环境质量状况变化情况；揭示资源环境领域存在的重大违法违纪违规问题、严重损毁自然资源资产和重大生态破坏环境污染典型问题；对领导干部履行自然资源资产管理和生态环境保护责任情况进行审计评价并界定责任，推动其在工作中守法、守纪、守规、尽责。

自然资源资产离任审计是中央加强生态文明建设的一项重要举措，也是中国特色社会主义审计制度的一项重大创新，对于促进领导干部树立科学发展观和正确政绩观，推动生态文明建设具有重要意义。也是国家审计机关为落实中共中央办公厅、国务院办公厅《关于实行审计全覆盖的实施意见》的具体举措，是环境资源审计与领导干部经济责任审计的有效融合。

二、领导干部自然资源资产离任审计的内容与重点

开展领导干部自然资源资产离任审计，要根据各地主体功能区定位及自然资源资产禀赋特点和生态环境保护工作重点，确定审计内容和重点。应以领导干部任期内所在地区主要自然资源资产实物量及生态环境质量变化为基础，以其任职期间履行自然资源资产管理和生态环境保护责任情况为主线，以森林资源、土地资源、水资源、海洋资源管理和矿山生态环境治理、大气污染防治等领域为重点，主要开展以下审计：

第一，审查主要自然资源资产管理和生态环境保护法律法规、政策措施及规划执行情况和效果。重点审查相关禁止性、限制性、约束性政策要求是否纳入当地国民经济和社会发展规划计划中及执行效果是否达到预期目标。关注有无贯彻落实不力，上有政策、下有对策，有令不行、有禁不止等问题。

第二，审查自然资源资产管理、节约资源和生态环境保护约束性指

标、目标责任制完成情况。重点审查相关数据来源、生成过程的真实性和合规性，有无数据不规范甚至擅自修改结果数据、虚报、瞒报等问题；检查各类约束性指标的完成情况，关注突破红线约束、突破控制指标等问题。

第三，审查自然资源资产开发利用和生态环境保护重大决策及执行情况。重点审查决策程序是否合规、内容是否合法，对破坏资源和污染环境的问题是否依法依规处理，等等。

第四，审查自然资源资产开发利用和生态环境保护相关资金征收管理使用和项目建设运行情况。重点审查有无挤占挪用相关资金和项目进展缓慢、质量不达标等问题。关注有无领导干部违规插手、干预项目建设及资金分配，相关单位骗取财政资金中饱私囊、谋取私利，以及违反中央八项规定精神和国务院“约法三章”等问题。

第五，审查自然资源资产开发利用和生态环境保护监管情况，重大资源环境事件、环境风险隐患及相关预警机制建设及执行情况。重点审查有无因领导干部对资源环境违法问题和工程质量事故督察不力、责任追究不到位、预警机制不健全、处置不当等，造成其任期内和离任后自然资源资产严重损毁、生态环境状况明显恶化等重大典型问题。

第六，审查主要自然资源在领导干部任职期内总量变化情况。审查森林、土地、水、矿产、大气等主要自然资源总体结构分布、数量和质量，统计任期内数量变化，反映该地区主要自然资源的变化趋势。

三、地理国情监测在领导干部自然资源资产离任审计中的作用

地理国情监测成果有助于公正、系统、精准地开展领导干部自然资源资产离任审计。地理国情监测成果能客观反映整个地表的变化情况，不带任何部门利益，更具权威性、客观性和公正性，契合审计工作权威、专业、公正的基本要求。且地理国情监测从系统性、全面性的角度出发，能全面反映各专题要素之间的关系，系统性地解决好自然资源资

产所涉及的基础要素数据“打架”问题，实现自然资源资产基础数据的一致性、匹配性，为真正实现自然资源资产审计“一张图”奠定坚实基础。地理国情监测的动态监测特点也满足了领导干部自然资源资产离任审计对审计时点的精确要求，即需要比较分析领导干部离任之时与上任之初的自然资源资产变化情况。同时，地理国情监测统计分析过程中形成的遥感变化检测、空间分析、统计分析、定性与定量评价等技术方法可为领导干部自然资源资产离任审计评价提供有力的技术支撑。

围绕领导干部自然资源资产离任审计内容与重点，充分利用地理国情监测数据成果和相关技术方法，辅助审计部门开展领导干部自然资源资产离任审计，主要作用包括构建审计评价指标体系、统一审计评价底图、辅助审计指标计算、研发审计信息化平台等。

(一)构建审计评价指标体系

围绕审计需求，与审计部门共同探索构建基于遥感、地理信息系统等技术的审计评价指标，综合反映自然资源资产实物量和生态环境质量状况变化情况，客观评价领导干部履行自然资源资产管理和生态环境保护责任情况。评价内容包括森林资源、土地资源、水资源、矿产资源、大气资源、海洋资源、生态状况 7 个方面 47 个指标，其中 32 个指标所需数据是能够用测绘地理信息技术获取或分析处理得到的。

利用指标体系辅助定量评价领导干部责任的审计技术方法流程见图 13-1。结合被审计领导干部所在地区主体功能区定位、经济社会发展总体状况、自然资源禀赋和实际情况勾选评价内容，对各评价指标内容按照指标计算公式进行计算；利用特尔斐法确定各级指标权重，具体依据不同目标、子目标、指标对总指标的影响程度确定，五类资源的权重基于该县主体功能区定位和资源禀赋确定；标准化方法依据各指标参考值确定，针对正向指标、负向指标、任务完成情况指标分别采用不同的标准化方法，最终形成介于 0～100 的分值，主要参考值依据目标值法、经验借鉴法、专家咨询法确定;最终得到总分及评价分级。

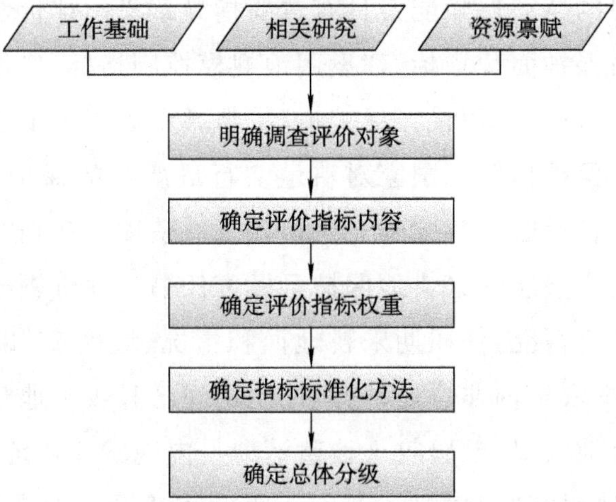

图 13-1 构建指标体系辅助定量评价领导干部责任的审计技术方法流程

评价内容主要包括以下七个方面:森林资源、土地资源、水资源、矿产资源、大气资源、海洋资源、生态状况。

1. 森林资源

评价森林资源总体现状及变化情况。森林覆盖率和森林蓄积量两项指标是反映森林资源的丰富程度、绿化程度,衡量森林生态环境优劣和开发利用的重要依据。主要评价任职期内林地面积变化情况、森林蓄积量变化情况、森林覆盖率变化情况,任职期末人均林地面积情况。

评价公益林保护情况。主要分析任职期末公益林内非林地占比情况。

评价控制指标的执行情况。林地是林业生存和发展的根基,为了确保林地和森林保有量,国家对占用征用林地实行定额管理,每年下达占用征用定额指标。为了加强森林资源保护管理,严格控制森林资源消耗,国家对采伐实行了限额制度,每年下达采伐限额指标。主要分析任职期末森林采伐限额指标执行情况、占用征用定额指标执行情况。

2. 土地资源

评价土地利用总体规划的执行情况。土地利用总体规划对统筹土地资源的开发利用和保护，保障发展与保护资源，提高土地资源利用对经济社会发展的持续保障能力具有重要指导意义。评价领导干部任职期末基本农田保护面积指标、建设用地规模控制指标、耕地保有量指标的完成情况，以及禁止建设区保护情况、与城乡规划的衔接情况。

评价耕地保护情况。国家对耕地实行最严格的保护制度，每年浙江省政府下达各设区市年度补充耕地和土地整理任务，省、市、县(区)、乡(镇)四级政府层层签订耕地保护目标责任书。评价领导干部任职期间耕地面积变化情况，任职期末耕地面积情况、坡度25°以上基本农田分布情况、基本农田内非耕地情况，任职期间已验收土地整治项目内疑似违规新增耕地情况、已验收土地整治项目内现状非耕地情况。

评价建设用地利用情况。评价任职期间建设用地变化情况，任职期末建设用地面积、单位国内生产总值(GDP)耗地量、土地闲置情况，任职期间超出规划建设用地范围供地情况。

3. 水资源

评价水资源总体现状及变化情况。主要分析任职期间水域面积或常水位水面面积变化、水资源量变化，任职期末水域面积或常水位水面面积、水资源量。

评价控制指标执行情况。国家对水资源实行最严格管理制度，确立水资源开发利用总量控制、利用效率控制和水功能区纳污总量控制"三条红线"。分别通过任职期末用水总量控制指标执行情况、万元GDP用水量、总体水质达标率控制指标执行情况来反映。

4. 矿产资源

评价矿产资源总体现状及变化情况。主要分析任职期间矿区面积变化情况、矿产资源储量变化情况。

评价矿产资源总体规划执行情况。审查矿产资源勘查、开采是否严格按照总体规划执行，划定的矿产资源开采区、禁采区是否得到严格执行。主要分析任职期末开采总量控制指标执行情况、规划开采区与禁采区执行情况。

5. 大气资源

评价空气质量指标现状及变化情况。主要分析任职期间空气质量指数(AQI)优良率变化情况、PM2.5浓度变化情况、负氧离子浓度变化情况。

6. 海洋资源

评价海洋资源总体现状及变化情况。主要通过任职期间大陆海岸线长度变化和沿海滩涂资源及后备资源面积变化、任职期末近海海洋功能区水质达标率是否达到下达的比例来反映。

评价海洋功能区划的执行情况。评价沿海土地利用总体规划、城乡规划、生态环境功能区规划涉及海域使用的区域是否与海洋功能区划相衔接。

7. 生态状况

评价生态系统健康度情况。生态系统健康度主要表征社会经济活动压力下生态系统的健康状况,通过发生水土流失、土地沙化、盐渍化和石漠化等生态退化的土地面积比例反映,主要评价土地退化情况、水土流失情况。

(二)统一审计评价底图

评价指标体系涉及多个部门多项专题数据,而各类数据坐标系统、格式、精度等都不一致,需要在开展审计分析之前将各类数据经预处理形成统一的审计评价底图。基于地理国情数据中的高分辨率遥感影像、地表覆盖数据,对其他部门的自然资源相关专题数据进行标准化处理,包括坐标转换、格式转换、空间化、属性化、对象化处理,以及统一符号化表达等预处理整合工作。

主要涉及的专题资料包括国土、环保、林业等行政主管部门管辖的自然资源存量、分布、开发利用、保护、补偿、管理等内容。重点了解自然资源资产管理、资源节约和生态环境保护相关的禁止性、限制性、约束性政策在空间上的落实情况。应搜集反映领导干部任职期内涉及自然资源规划目标完成情况的相关资料，包括土地利用总体规划、土地变更调查、矿产资源规划、公益林、水资源公报、生态环境功能区划等。

（三）辅助审计指标计算

基于审计评价底图，运用遥感变化检测、空间分析、统计分析等技术方法实现对各指标的数值计算。其中最重要的数据处理方法是空间叠置分析，即利用地理信息系统软件的空间叠置模型，在评价底图上按需进行裁切、并集、求异、求交、擦除等操作，形成相关评价指标的矢量图形，对比遥感影像进行进一步查证，最终完成对指标的计算。如利用地表覆盖与基本农田、公益林、供地、土地整治项目、矿产资源规划等进行快速叠置分析，发现基本农田和公益林内疑似非法建设、已验收土地整治项目现状非耕地、供地后闲置用地、露天采掘场超出规划开采区等问题，形成矢量图形并对比遥感影像进行进一步的查证，最终得到基本农田内非耕地占比、土地整治项目现状非耕地占比、闲置用地占供地比例、露天采掘场超出开采区比例等指标。同时对于问题较为突出的疑似违规图斑可导出图形与坐标供审计外业进一步核查。部分数量数据指标目前仍由专业部门提供，可直接按公式进行计算，如森林蓄积量年变化率、水资源量年变化率、矿产资源储量年变化率等指标。

（四）研发审计信息化平台

针对审计部门领导干部自然资源资产离任审计任务繁重、审计力量不足的实际问题，开发自然资源审计信息化（原型）平台，系统总体设计框架见图 13-2。该平台集成了审计评价指标体系、统一审计评价底图、辅助审计指标计算等环节，将评价流程和相关模型在软件系统中予以实现，为审计部门提供快捷、高效的信息化审计途径。该平台采用 B/S 架构，以在线服务的形式提供给用户，方便多端应用。平台可实现审计评价体系运算、疑问图斑的快速检测发现及简要评价报告自动导出，为实现"全覆盖审计"，形成数字化审计作业方式奠定基础。

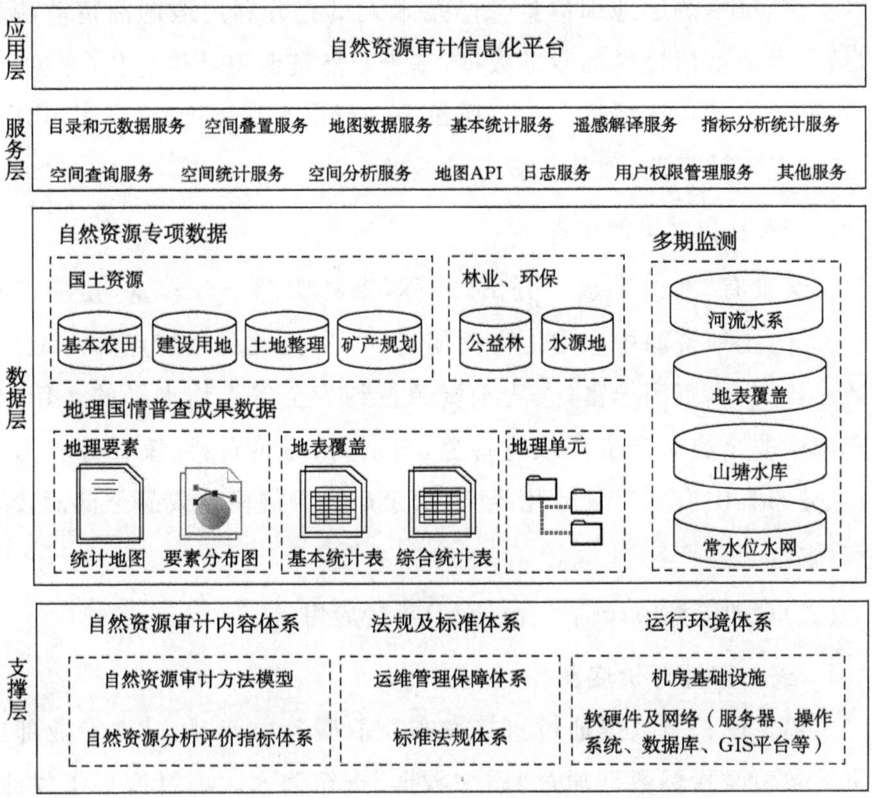

图 13-2 自然资源审计信息化(原型)平台系统框架

四、案　例

2015 年 5 月，浙江省审计厅与浙江省测绘地理信息局就领导干部自然资源资产审计签订了战略合作协议，选取试点开展合作，利用地理信息成果和技术对相关自然资源数量、变量、质量等进行审查，形成了多个专题方向的审计技术方法，建立了合作开展自然资源资产审计的工作模式，取得较好成效。2016 年审计署统一部署开展领导干部自然资源资产离任审计试点工作，浙江省审计厅按照审计署要求以 A 县为试点开展该项工作，对该县相关领导干部任职期间履行森林、土地、水、矿产、大气等自然资源资产管理和生态环境保护相关责任进行了审计。在本次试点中，测绘地理信息部门技术人员充分利用地理国情监测数据，结合专业部门提供的专题数据，基于自然资源审计信息化（原型）平台，对相关自然资源数量、变量、质量等进行审查和评价，提高了审计效率，拓宽了审计思路，取得了较好的成效。

（一）A县自然资源情况

A县素有“九山半水半分田”之称，森林资源十分丰富，是浙江省重点林区；土地资源中农用地占比超过95%，土地利用特点为山地多，林地占比大；水资源丰富，人均水资源量约为全省人均水平的4倍；矿产资源中非金属矿产资源较有特色，石灰岩、建筑石料、萤石等较为丰富，且分布集中有利于规模化经营，其余矿产因规模小或品位低而较难开发。

（二）自然资源审计信息化（原型）平台应用

1. 统一审计评价底图

所需空间矢量数据通过直接发布获取服务内容，从其他专业部门搜集的数值类指标数据通过“添加数据”按钮输入。项目搜集了发改、国土、规划、住建、环保、水利、农业7个部门共25类数据，对这些数据进行空间配准、矢量化、格式转换、坐标统一等数据处理整合，最终统一到2000国家大地坐标系，*.shp格式。其中，因林业部门信息化管理落后，林地征占用、林业采伐数据是通过纸质材料参考二类小班范围线来确定具体范围，进一步矢量化提取。经过以上处理整合形成了统一的审计评价底图。

2. 总体评价

根据试点实施方案要求，在平台上勾选森林资源、土地资源、水资源、矿产资源、大气资源5类资源共计39个指标。结合该县省级重点生态功能区的主体功能区定位及自然资源禀赋确定森林资源、土地资源、水资源、矿产资源、大气资源的权重比例为3：2：2：1：2。平台按照模型进行计算，得到总分值和评价分级。

3. 典型疑问地块情况

平台在进行指标运算时，可生成和导出违规问题突出、面积较大的典型疑问地块。按照典型疑似违规类型进行空间自动叠加分析，得到典型疑问地块，可导出图形与表格，供审计部门进一步核实。以公益林内非林地为例具体介绍。

在"分析提取"下拉菜单内，勾选公益林、地表覆盖，点击"分析提取"按钮，则自动生成公益林内非林地图斑，通过符号化显示设置和面积排序，展示典型疑问图斑，还可选择叠加影像图呈现具体图斑情况。

4. 简要报告生成

根据总体评价与典型疑问地块情况，自动生成简要报告，主要包含各类资源评价、总体评价、典型疑问地块三方面内容。其中典型疑问地块包含具体地块的坐标点和局部影像截图，便于审计人员进一步外业核查。

(三)应用效果

通过利用自然资源审计信息化(原型)平台，实现了快速、高效的评价指标运算、典型疑问情况发现和简要报告自动导出，以较少时间和人力投入即准确获取了该县相关自然资源的总体情况并发现了违规问题，通过评价指标体系辅助审计人员较为客观地评价该县自然资源开发、利用、保护和管理情况，审计人员可通过空间可视化界面直观看到各类自然资源相关数据，使得审计人员实现了互动式研究、讨论和发现问题的工作模式，从而高效、快速得出相关结论。具体成效如下：

1. 实现总体评价

利用指标体系对该县进行评价，该县森林资源评价总分为89，土地资源评价总分为78，水资源评价总分为92，矿产资源评价总分为85，大气资源评价总分为96。确定总分为87.7，评价分级为较优，即资源开发、利用、保护、管理的综合效果较好。这一评价结果为审计工作的实施提供了参考。

2. 发现典型疑似违规问题

发现了基本农田情况、公益林情况、土地开发项目违规、违规开采矿产等问题。以基本农田为例具体说明。

该县存在将坡度大于25°耕地、生态公益林划定为基本农田的问题。该县基本农田中含坡度大于25°的耕地1606.16公顷，生态公益林1677.09公顷，不符合国土资源部《关于明确基本农田数据库建设有关事项的函》(国土资厅函〔2013〕1078号)关于“下列类型的耕地禁止新划定为基本农田：坡度大于25°且未采取水土保持措施的耕地、易受自然灾害损毁的耕地”和最严格耕地保护制度关于“不准占用基本农田进行植树造林”的规定。

该县存在基本农田闲置、荒芜的现象。审计发现，基本农田内存在大于0.5公顷的撂荒地块14处，面积54.3公顷。上述做法不符合《基本农田保护条例》第十八条“禁止任何单位和个人闲置、荒芜基本农田……”的规定。

第十四章　青海湖流域自然生态状况综合监测

一、项目建设背景

青海湖流域地处青藏高原东北部，是一个封闭的内陆盆地，流域四周高山环绕，北有大通山，东有日月山，西面分布大量高原丘陵，南有青海南山以及野牛山，区域面积 2.97 万平方千米。其中神奇、浩瀚的青海湖是我国内陆面积最大的咸水湖，2005 年被评为“中国最美的湖泊”之首。

青海湖流域生态地位极其重要，按照气候和地貌的差异，整个中国可以划分为三个自然区：西北干旱区、东部季风区和青藏高原区，青海湖流域正位于中国三大自然区交汇处，它是维系青藏高原东北部生态安全的重要水体，是阻挡西部荒漠化向东蔓延的天然屏障，是青藏高原生物多样性最丰富的宝库。如果没有青海湖，柴达木盆地的风沙将会吞噬大半个中国，秦岭以西就是一片荒漠，青藏高原就不会有人类生存，所以说，青海湖在整个西部生态平衡中起着不可替代的特殊作用。

由于气候变化和人类活动的综合影响，青海湖流域出现了青海湖水位不断下降、天然草地持续退化、渔业资源濒临灭绝、珍稀野生动物栖息地环境持续破坏、野生动物数量不断减少、鼠虫害不断加剧，以及青海湖周边土地沙化面积不断扩张、沼泽湿地面积进一步萎缩等一系列环境问题。

青海湖流域生态环境恶化的严峻态势，引起政府的高度重视，先后开展了一系列生态环境保护和综合治理工程。青海省测绘地理信息局为更好地服务于青海省生态保护与建设，充分利用先进测绘技术，通过多年、多期的遥感影像数据对青海湖流域的青海湖水面、退化草地、沙化土地、常年冰川(积雪)进行监测。

二、项目监测方法

(一) 青海湖面积监测

青海湖面积的变化,是青海湖流域生态质量状况的晴雨表,为科学地开展青海湖面积动态监测,提供权威监测成果,监测团队围绕遥感影像的选择、监测时间的确定、监测区域等方面做了大量试验与研究,其研究成果及监测方案如下。

1. 遥感影像选取

在湖泊面积监测中,可用于面积监测的影像众多,但用哪种影像监测精度更高、效率更高、更经济实用呢? 由于青海湖面积较大,目前高分遥感影像均不能同期覆盖整个湖区,且影像购买经费较高、后期加工工作量大。为了验证不同分辨率影像监测精度,综合考虑经费及影像获取等原因,选择了 P5 卫星(影像时间为 2007 年 12 月—2008 年 9 月)和 CBERS 卫星(2008 年 8 月)开展试验,经测算,两种影像所量算的青海湖面积相差 2.2 平方千米,占总面积的 0.05%。因此,中分辨率影像解译所带来的误差相对青海湖面积动态监测而言,是完全可以接受的。

为了验证解译精度,2008 年项目组采用全外业控制测量方法,于 11 月 5 日至 11 月 16 日,使用 6 台拓普康双频接收机,采用静态测量方法,采样历元 10 秒,高度截止角 10°,每组同步环观测时段 50 分钟以上,共围绕青海湖采集水涯线检测点 39 个,对上述 P5 卫星和 CBERS 卫星解译的水涯线平面准确度进行分析,经对比平面解译水涯线中误差,其中 CBERS 卫星为 13.765 米,0.7 个像元,P5 卫星为 4.835 米,1.9 个像元。可以说,高分辨率影像解译精度高于中分辨率影像。

经综合分析,开展青海湖面积动态监测,选用如 CBERS 卫星、Landsat-8 卫星、环境星等中分辨率遥感影像,具有一次能获取覆盖青海湖全湖区的影像、投入低、工作量较小、精度满足监测需求的优点。但鉴于 Landsat-8 卫星遥感影像源获取相对更稳定，在青海湖面积监测中，选择以 Landsat-8 卫星为主影像，辅助其他中分辨率影像开展监测。

2. 监测区域确定

在青海湖面积监测过程中，不同监测单位选择了不同的监测区域，有的单位只监测主湖区，有的单位监测青海湖及周边各个大小不一的所有湖泊。如何选择更合理？

随着青海湖面积不断缩小，除了主湖以外，又分离出 4 个较大子湖，分别是尕海、新尕海、海晏湾、洱海以及周边很多个较小的湖泊，应该说，这些小湖泊也是青海湖的组成部分。经过对多年遥感影像分析，除主湖与 4 个较大的子湖外，长期存在的其他小湖共计有 19 个，其中大于 0.1 平方千米的有 10 个，面积约 4.34 平方千米；0.05～0.1 平方千米的湖泊 2 个，面积约 0.14 平方千米；小于 0.05 平方千米的湖泊 7 个，面积约 0.12 平方千米。可见，面积小于 0.1 平方千米的湖泊总面积对整个湖区面积影响较小，且由于面积小，通过遥感影像无法有效监测其变化量，因此，青海湖监测面积应采用主湖、4 大子湖以及周边面积大于 0.1 平方千米的所有湖泊面积之和(不扣除海心山和三块石的面积)。

3. 监测时间的选择

1)历史监测年份的确认

为保证历史监测数据能真实反映青海湖面积变化特征，收集整理了青海湖下社水文站测量的 1974 年至 2014 年共 40 年月平均水位数据(见图 14-1)。可以看出：1974 年至 1988 年青海湖水位整体呈下降趋势，1988 年至 1990 年水位有所回升；1990 年至 2004 年水位一直下降并达到历年最低；2004 年以后，水位持续上升。在分析各类遥感影像源的基础上，监测年份方案为：20 世纪 70 年代由于缺少影像，选用 1∶10 万数字栅格图(DRG)；影像选择了 1987 年、1992 年、1995 年，以及 1999—2009 年每年监测一期；从 2010 年开始年内多期监测。

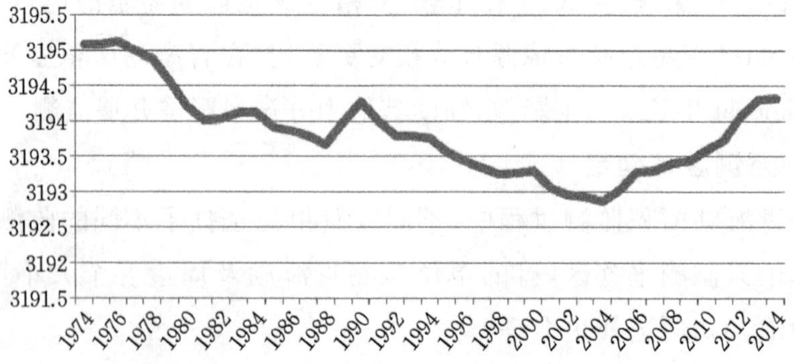

图 14-1 1974—2014 年青海湖水位图(单位:米)

2)年内监测月份的确定

将历年年内每月平均水位减去年平均水位,计算出水位差,并将最接近平均水位的月份进行统计分析发现,平均水位分布在 6 月、7 月这 2 个月的概率达到 67.5%,同时,历年 6 月不是平均水位的年份,其水位值基本都低于平均水位,反之 7 月水位值基本都高于平均水位。从遥感监测的角度来说,可将 6 月底至 7 月上旬的遥感影像作为监测源,其监测面积可作为当年度的湖面平均面积。

求出历年年内最高水位与最低水位差,年内水位最小差 0.16 米,最大差 0.75 米,40 年平均水位差 0.32 米,应该说,年内水位差对青海湖面积变化影响较大。在历年水位表中,统计最高、最低水位出现的月份。最高水位主体分布在 9 月,可将 9 月监测的面积作为丰水期的面积。最低水位主体在 12 月,但从 2004 年以来,最低水位主要分布在 1 月—4 月。考虑到青海湖从每年 12 月开始封冻,至来年 4 月中旬才全部解冻,冰雪封冻的影像对湖面边线提取影响很大,不宜用于面积监测。近 10 年来,4 月水位与最低水位平均仅相差 0.02 米,对面积影响不大,因此,可将每年 4 月监测的面积作为枯水期面积。

4. 监测主要方法

1)遥感影像解译方法

青海湖水面边线提取方法相对简单,常用方法为人工目视解译或遥感影像自动边线提取。在利用遥感影像光谱特征进行水体连线提取时，其浅水区提取的边线误差较大，且边线锯齿状修改工作量较大；人工目视解译能一次成图，但对解译人员经验要求较高。综合认为，在青海湖面积监测中，采用人工目视解译相对工作量较小，质量较高。

2)多年度面积监测技术方法

在保证各期影像套合误差不大于1个像素的前提下，以最低水位2004年作为基准年，提取2004年面积大于0.1平方千米的所有湖泊边线，经检验后，其面积作为2004年的青海湖面积，并将2004年的边线拷贝到2005年，在2004年边线的基础上修改变化部分，形成2005年的面积，再将2005年的湖泊边线拷贝到2006年，以此类推，形成多年度连续监测面积。在湖泊连线采集过程中，切忌分年度全部按新影像采集边线：一是会带来人为采集误差，二是影像套合会带来误差。

5. 监测成果

监测发现：1974年至2004年，青海湖水位整体呈下降趋势；2004年至2016年，面积在不断扩大(见图14-2)；1974年至2016年，青海湖面积从4526.6125平方千米减少到4419.4917平方千米，面积减少了107.1208平方千米，约为1974年湖面积的5.91%；2004年以来，青海湖面积持续增加，截至2016年7月达到峰值，为4419.49平方千米，但与1974年相比，青海湖面积还是减少了约2.37%。原因分析如下：

一是河流径流量增加。青海湖是以降水补给为主的内流湖泊，近些年来青海湖面积持续增加，主要得益于入湖河流径流量的增加。

二是青海湖流域暖湿化趋势明显。青海湖周边气象站点刚察站监测数据显示：与1974年至2004年相比，2005年至2016年的年均气温增加0.8℃；年均降水量增加33.70毫米。气温上升可能导致青海湖流域积雪融水增加，也对入湖河流径流量增加有贡献。

三是生态保护与治理。在流域生态环境治理过程中，政府对布哈河等6条入湖河流进湖区200千米河道进行了清理,拆除了附近的小型电站、水利设施,这样也会引起入湖河流径流量增加,有利于青海湖面积增加。

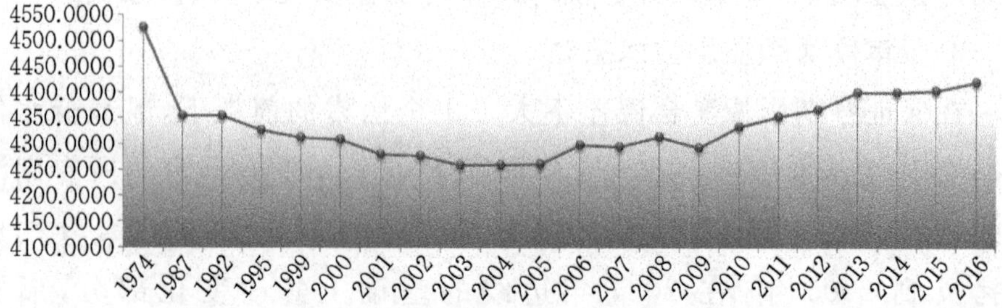

图14-2 1974—2016年青海湖面积变化(单位:平方千米)

(二) 草地生态系统监测

在青海湖流域草地生态系统监测中,主要监测了流域植被覆盖度、退化草地以及草地产草量监测。

1. 植被覆盖度监测

1)辐射及几何纠正

首先对卫星影像数据进行辐射定标,然后在此基础上利用大气校正模块(FLAASH)进行大气辐射纠正。再利用专业软件将影像纠正为2000国家大地坐标系,高斯克吕格投影,数据类型为8位byte型。

2)样点数据采集

在项目区布设必要的样点(见图14-3),野外实地采样的主要目的是对植被覆盖度反演结果进行验证和优化参数,记录其坐标、植被覆盖度、产草量及实拍照片。对样点植被覆盖度的认定中,采用实地估计、室内图片估计和计算机自动判别。对每个样点而言,在三个值接近的情况下,取三者平均;如果差异很大,取两个差异小的值平均,计算出每一个样点的实测植被覆盖度。

3)植被指数计算分析

最优土壤调节植被指数(OSAVI)是在土壤调节指数(SAVI)的基

图 14-3 外业草地样方图

础上提出来的，它可以很好地消除土壤背景对植被指数的干扰。Rondeaux 通过 SALL 模型模拟了该指数在不同土壤类型及不同水分条件和粗糙度条件下的表现，确定了用来减少土壤影响的优化值为 0.16。计算公式为：

$$OSAVI = 1.16(R_{nir} - R_{red})/(R_{nir} + R_{red} + 0.16)$$

式中：OSAVI 为最优土壤调节植被指数；R_{nir} 为近红外波段的反射率；R_{red} 为红波段的反射率。

4)植被覆盖度计算

植被覆盖度估算主要是依托 OSAVI 指数结果，结合样点内插参数，估算植被覆盖度。植被覆盖度 Fc 的估算公式为：

$$Fc = (OSAVI - OSAVI_{soil})/(OSAVI_{veg} - OSAVI_{soil})$$

式中：OSAVI 为影像中各像元的 OSAVI 值；$OSAVI_{soil}$ 为全裸土覆盖区域的 OSAVI 值；$OSAVI_{veg}$ 为纯植被覆盖像元的 OSAVI 值。

5)2016 年度植被覆盖度

青海湖流域植被覆盖度整体相对较高，呈现中间高、两头低的趋势。青海湖流域西北部区域天峻县境内，共和县、海晏县东南部植被覆盖度相对较低，流域中部区域植被覆盖度相对较高。

2. 草地产草量监测

在基于流域植被覆盖度监测的基础上，主要开展地面样点采集、草地类型数据库建设及产草量估算。

1)地面样方获取与处理

外业样点数据由青海省草原监理站提供，样点坐标为1984世界大地坐标系(WGS-84)地理坐标，共提供1372个样点数据。外业实地样方采集方式为在全省设置相对固定的200米×200米样地，每个样地内设置1～3个1米×1米的样方，采集每个样方的经纬度坐标、海拔高度、植被覆盖度、草种数量、草层平均高度、鲜草产量、可食鲜草产量等信息。对收集到的样点数据按样地进行分类，分析并剔除异样点，计算每个样地的平均覆盖度、鲜草产量和可食鲜草产量，并建立全省样地的空间数据。

2)草地类型数据库

收集第二次青海省草原普查数据库，数据为SHP文件，1980西安坐标系。对收集来的数据库投影转换到国家大地坐标系(CGCS2000)，并按9个草地类进行合并，形成9大类草地类型分布图。

3)产草量估算

采用地理加权回归(GWR)和反距离权重插值(IDW)建模，在ArcGIS软件中利用GWR模型，通过实地样点求得各点的A、B、C参数，然后利用反距离权重插值求得每个点的未知参数，最后利用已知的全省EVI指数、植被覆盖度估算求得全省产草量。GWR模型公式为：

$$Y=AX_1+BX_2+C$$

式中：Y表示产草量(千克/平方千米)，A、B、C分别表示参数1、参数2、参数3(为建模得到的每点的未知参数)，X_1、X_2分别表示EVI指数、植被覆盖度估算结果。

4)2016年度产草量

青海湖流域实际产草量呈现中部高，东、西部低的趋势。天峻县东北部、刚察县北部区域实际产草量相对较高，共和县中部区域实际产草量较高。

3. 退化草地监测

青海湖生态保护与治理工程从2008年开始实施,项目选择2000年、2005年、2010年、2013年、2015年开展5期退化草地监测工作,计划后期每两年监测一次。

1)退化草地定义

退化草地的定义见表14-1。

表14-1 退化草地的定义

类别	定义
人工草地	人工种植牧草的草地,包括人工培植用于牧业的灌木地
未退化草甸	以天然草本植物为主,未经改良,用于放牧或割草的草地,包括以牧为主的疏林、灌木草地,原生植被覆盖度不小于90%的天然草甸草地
轻度退化草甸	原生植被覆盖度不小于75%而小于90%的天然草甸草地
中度退化草甸	原生植被覆盖度不小于60%而小于75%的天然草甸草地
重度退化草甸	原生植被覆盖度不小于40%而小于60%的天然草甸草地
极度退化草甸	原生植被覆盖度小于40%的天然草甸
未退化草原	原生植被覆盖度大于70%的高寒草原草地
中度退化草原	原生植被覆盖度大于50%而不大于70%的高寒草原草地
重度退化草原	原生植被覆盖度大于30%而不大于50%的高寒草原草地
极度退化草原	原生植被覆盖度不大于30%的高寒草原草地

2)解译方法

解译方法以人工目视解译为主,辅助植被覆盖度反演成果。在实际操作过程中,选择2000年为基准年,首先人工目视解译并进行质量检查修改,形成2000年度高质量成果,在2000年青海湖流域草地矢量数据的基础上,依次对照下一期遥感影像对变化区域进行提取,形成新的年度成果。

(三)沙岛及冰川变化监测

青海湖流域沙地主要分布在环湖周围的山前平原地带,沙丘类型主要为新月形沙丘、沙山、沙垄及沙地,沙山最高达160米。本次监测主要是针对青海湖东北部沙岛区域及沙岛周围面积大于0.09平方千米的孤立沙丘。监测年份为20世纪70年代、80年代，以及1992年、1995年、1999年和2000年后每年监测1期。

冰川监测主要是对流域范围内的常年雪山范围进行监测。监测青海湖流域范围内20世纪70年代、80年代，以及1990年、1994年、2000年、2005年、2010年、2014年、2015年、2016年的常年积雪范围。需注意的是遥感影像要选用当年7月、8月的影像，如果其中1期范围发生较大变化，需怀疑可能是临时下雪造成，就需获取当年其他时期的影像进行判断。

三、青海湖生态状况总体评价

结论1：

青海湖流域近40年来冰川的变化：①30年来，冰川处在持续退缩状态；②近10年来，冰川消融速度加快；③30年来，规模较大冰川消融分解，而规模较小冰川消失；④低海拔地区退缩比高海拔地区迅速；⑤南坡、东南坡和西南坡退缩较快，北坡、西北坡退缩较慢，其余坡向介于两者之间；青海湖流域内18.18%的雪山是青海湖流域内河流和湖泊的主要源头，其余的81.82%是流域外河流和湖泊的主要源头，说明此处的雪山对流域内的水资源贡献率相对较小。

结论2：

青海湖面积从1974年至2004年，青海湖水位整体呈下降趋势，2004年至2016年，面积不断扩大。1974年至2016年，1974年和2004年的青海湖水面面积变化量最大。2004年以来，青海湖面积持续增加，截至2016年7月达到峰值，但与1974年相比，青海湖面积还是减少了107.12平方千米。

结论3：

青海湖流域的沙地主要分布在青海湖东部，在1974年至2016年

40 多年期间，青海湖流域沙地逐渐向东移动；2004 年沙化面积达到峰值，2004 年以后沙地面积总体呈下降趋势，至 2016 年沙地减少面积达 64.2816 平方千米。说明青海湖流域生态保护和荒漠化治理效果显见成效，湖水水位上升，湖面面积有所增加。

结论 4：

青海湖流域在 2000 年至 2015 年期间，未退化草甸是整个流域最主要土地覆盖植被，占整个流域面积的 28.95%，极度退化草原是覆盖面积最小的，占整个流域面积的 1.24%，退化草地有好转的趋势，但整个区域草地退化趋势还没有得到完全扭转，需要进一步采取行之有效的生态保护和建设措施，巩固已有成果，促进退化草地持续恢复并发生实质性的改善。

通过监测可见，青海湖流域草原植被恢复明显，沙化草地植被覆盖度提高 11%，黑土滩植被覆盖度提高 38%，可食牧草增长 9.53%，青海湖面积从 2004 年以来持续增大，生态环境状况有明显的改善。但同时，我们也可看见，流域内还存在较大面积的退化草地、冰川在持续减小、沙地还在持续扩张，整个区域草地退化趋势还没有得到完全扭转，需要进一步采取行之有效的生态保护和建设措施，巩固已有成果，促进退化草地持续恢复并发生实质性的改善。

四、下一步研究方向

随着青海湖旅游景区的知名度进一步提高，到青海湖游玩的人越来越多，青海湖周边的垃圾已经对草原和当地的生态系统带来了巨大影响。这会不会超过青海湖流域生态环境的承受能力？会不会进一步加剧青海湖流域生态环境的持续恶化？青海湖流域内相关景区总体能承受客流的极限是多少？这都会成为我们今后将要进行生态监测的一部分内容。

第十五章　国家级新区建设变化监测模式探索

——以兰州新区地理国情监测为例[①]

2012年8月，国务院印发了《国务院关于同意设立兰州新区的批复》(国函〔2012〕104号)，正式同意设立兰州新区。批复文件中对兰州新区的定位为"西北地区重要经济增长极、国家重要的产业基地、向西开放的重要战略平台和承接产业转移示范区"。自设立以来，兰州新区实施了大规模的城市建设，包括道路、绿化工程、房屋建筑、公共设施、出城入园企业等。短短几年，建成区范围快速扩大，城市框架逐渐成型。新区政府通过积极对外招商引资，吸引了多家企业入驻，如青岛啤酒、正威国际等。2013年，应甘肃省测绘地理信息局的要求，兰州新区被列为全国第二批地理国情普查试点区域，开展了新区的地理国情普查工作。

一、监测需求分析与总体目标

新区面貌的快速变化为地理国情监测提出了需求。甘肃省测绘地理信息局快速反应，将兰州新区列为普查和监测的重点区域。2014年，兰州新区被国务院普查办列为全国7个综合统计试点项目区域之一。2015—2016年，兰州新区被国家测绘地理信息局列为专题性地理国情监测区域，开展了兰州新区建设变化的持续监测。

以功能完备的地理国情动态监测，综合信息分析平台和常态化的地理国情监测机制为基础，持续对自然、生态等地理环境要素进行空间

① 项目来源于国家专题性地理国情监测项目。

化、定量化、常态化监测，构建地理国情信息网格，形成定期报告和监督机制，反映国家重大战略、重要工程实施状况和效果，为政府、社会各行业部门、大众提供业务化、常态化地理国情信息服务是开展地理国情监测的重要目标。兰州新区地理国情监测是甘肃省开展的首个以地理国情监测为主要内容的项目。在项目开展过程中探索地理国情监测的对象、内容、方法、机制建设等，探索和验证省级地理国情监测的方向和内容，为今后开展地理国情监测提供思路。

二、监测内容与评价指标体系

监测内容与评价指标体系依据国务院对设立兰州新区的定位和兰州新区开发建设的实际情况而制定。基础监测内容以地表覆盖、建成区范围、城市建设用地、道路交通、生态绿地等城市建设相关内容为主，通过对其持续监测，掌握兰州新区地表形态及发展现状，记录兰州新区城市建设的发展变化。评价指标体系则从规划实施情况、土地资源开发、产业布局、基础设施配置、人居环境等方面，基于构建的各类评价指标，对兰州新区建设进程与建设效果进行综合分析与评价。

(一)城市建设变化监测内容

1. 城市地表覆盖

地表覆盖包括种植土地、林草覆盖、房屋建筑(区)、铁路与道路、构筑物、人工堆掘地、荒漠与裸露地、水域等内容。通过监测新区设立以来地表覆盖变化，客观真实反映兰州新区土地变迁及城市面貌转变。结合兰州新区开发建设的实际情况，重点对地表覆盖中的路面、房屋建筑(区)、建筑工地、水域、绿化林地、绿化草地等内容进行监测，反映兰州新区城市建设状况。

2. 建成区范围

建成区指城市行政区内实际已成片开发建设、市政公用设施和公共设施基本具备的地区。监测中从建成区面积增长、范围扩张等角度反映新区开发建设以来城市范围的空间扩展情况。

3. 城市建设用地

根据城市用地分类与规划建设相关标准，将城市建设用地分为居住用地、公共管理与公共服务用地、商业服务业用地、工业用地、物流仓储用地、交通设施用地、绿地等。监测各类城市建设用地的现状及变化，反映兰州新区城市开发建设的成就，并为新区城市建设用地的规划管理提供重要参考信息。

4. 城市重要基础设施

重要基础设施是指为社会生产和居民生活提供公共服务的物质工程设施，是用于保证国家或地区社会经济活动正常进行的公共服务系统，它是社会赖以生存发展的一般物质条件。基础设施不仅包括公路、铁路、机场、通信、水电煤气等公共设施，即俗称的基础建设，而且包括教育、科技、医疗卫生、体育、文化等社会事业。结合地理国情普查内容与指标，重点对新区范围内的铁路与道路、交通设施、停机坪与跑道、绿化林地、绿化草地、人工水域、停车场、露天体育场、广场、学校、医院等内容进行监测，反映兰州新区重要基础设施的建设情况。

5. 城市生态用地

结合近年来专家学者对“城市生态用地”内容的研究，监测中基于地理国情普查内容与指标，对与生态用地相关的因子，如种植土地、林草覆盖、水域等内容的变化进行监测。重点对改善城市环境、保障城市生态安全和城市健康起重要作用的人工绿地、人工水域、湿地保护区等城市生态用地内容进行监测与分析，评价新区城市生态建设的成效。

(二)建设综合指标分析

1. 建成区扩张趋势分析

基于多期建成区范围数据，计算各期建成区的空间重心指数，通过跟踪不同时期建成区空间重心的移动，得到城市扩展方向变化轨迹。根据多个时期的重心变化，结合新区发展现状及总体规划，预测建成区空间发展趋势。通过分析建成区在各个方向上的扩展量、扩展强度、扩展速度等，总体分析新区建成区扩展的方向性。

2. 现状与规划对比分析

新区建设现状与规划的对比分析主要从两个层面来进行：一是将现状城市建设用地数据与新区用地规划图进行对比，计算并分析现状城市建设用地与规划的符合度；二是对照规划，通过为各类城市建设用地赋予建设状态属性，包括已建成、在建、待建等，分析新区各类城市建设用地按照规划的实施情况，反映新区的总体建设进度和发展程度。

3. 产业布局与发展态势

结合新区总体发展目标和定位，对新区建设中重点发展的第二产业和第三产业的产业类型、空间分布、聚积情况等进行定量化分析，体现新区的产业布局，并为新区产业结构的优化调整提供依据。以规划的工业和物流园区为统计单元，分析新区先进装备制造、电子信息、生物医药、新能源、新材料等主导产业的入驻和空间分布情况。统计分析新区设立以来地区生产总值、第一产业产值、第二产业产值、第三产业产值的变化情况，反映新区的经济发展水平和发展趋势。

4. 基础设施空间布局

监测中主要从三个方面对新区内重要基础设施的空间布局进行总体分析：一是通过计算新区范围内铁路、公路、城市道路、农村道路等各类型道路的路网密度，分析新区交通网络的便利程度；二是基于新区道路交通网，利用可达性分析方法，通过计算新区区域内任何一点距离最近的火车站、机场、学校、医院等重要基础设施的时间成本，划分各重要基础设施的腹地范围，分析新区内重要基础设施的道路可达性；三是计算不同服务半径下，教育机构和医疗机构对城乡居民点建设用地和行政村、居住小区的覆盖率，分析新区内教育机构和医疗机构的服务能力及空间分布的合理性。

5. **人居环境分析**

人居环境是由多尺度、多种形式的人工环境和自然环境相结合构成的总体。按照兰州新区总体规划，其总体定位为“加强先进制造业与现代服务业的融合发展，打造宜业宜居宜游的现代化产业新城区”，因此，“宜居”将是兰州新区发展建设的重要目标之一。监测中从以下两个层面对兰州新区目前的人居环境进行了总体分析与评价：一是从气候适宜度、植被覆盖情况、水体分布状况、生态廊道等自然环境角度，分析评价新区的自然人居环境状况；二是从新区的人工绿地、人工水域覆盖情况、城市道路通行能力、公园服务能力、居住适宜度等城市人工环境角度，分析评价兰州新区城市人居环境建设的效果。

6. **土地资源开发利用分析**

针对兰州新区发展特色，开展“平山造地”专题监测，分析新区近年来“平山造地”范围的扩展、“平山造地”前后高差变化，以及“平山造地”工程土方量，对兰州新区低丘缓坡沟壑等未利用地的开发情况进行总体评价。结合新区建设现状与历史地表覆盖数据，统计计算新区建设以来，对耕地、园地、林地、草地等各类土地资源的占用情况，为新区土地资源的管理、规划与开发提供依据。

三、监测技术支撑体系

(一)总体技术路线

总体技术路线见图 15-1。

1. **资料收集与整理**

在监测开展之前，收集监测所需的各监测期遥感影像、地理国情普查成果、基础地理信息数据、行业专题数据与资料等，并对其进行整理整合，包括：影像数据正射纠正、镶嵌，行业专题数据坐标变换、格式转换以及与地理国情普查数据空间匹配，社会经济资料空间化处理，等等。

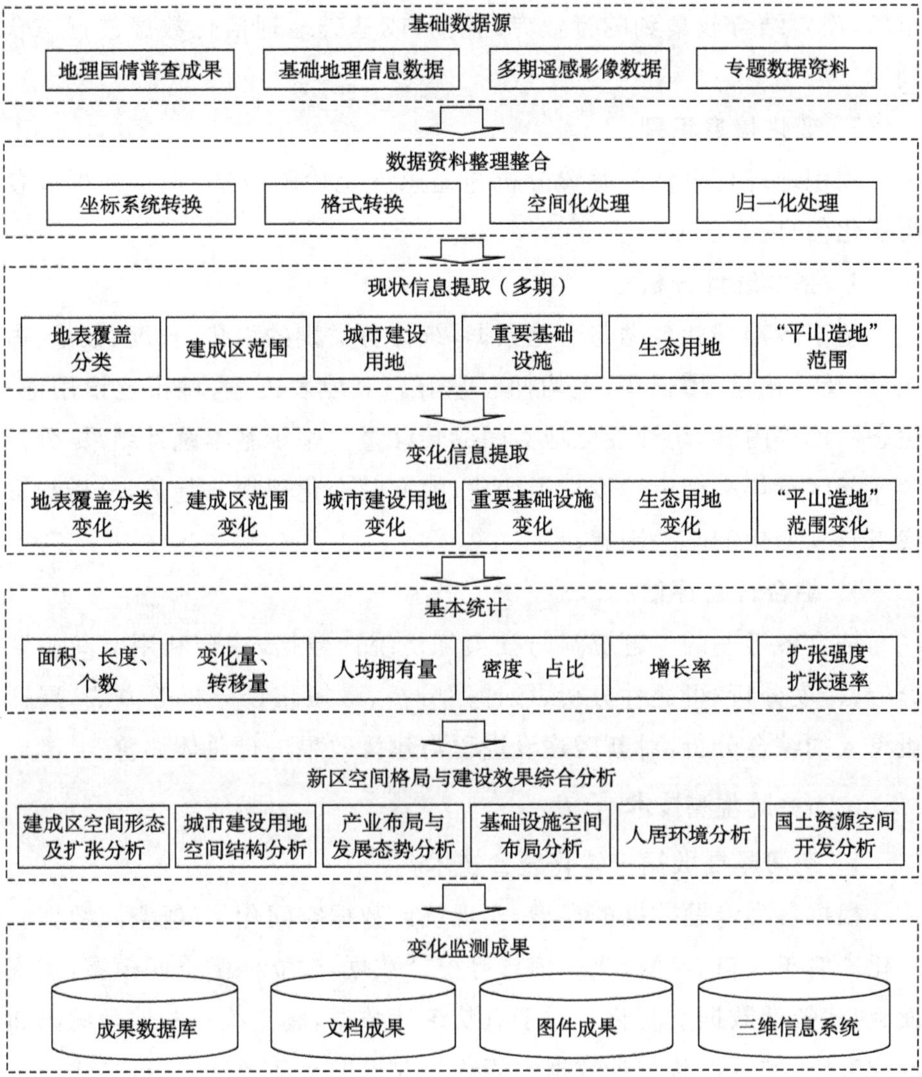

图 15-1 兰州新区变化监测总体技术路线

2. 指标体系构建与信息提取

以遥感影像数据为基础，结合各类专题资料，通过构建监测内容与地理国情普查内容及指标的对应体系，利用内业解译与外业调查相结合的方式，综合提取各期建成区范围、地表覆盖、城市建设用地、道路交通、重要基础设施、生态用地、“平山造地”范围等内容。对于前期历史影像，需要结合收集到的行业专题资料或基础地理信息数据进行综合判读。

3. 变化信息识别

利用地理信息空间叠置分析与遥感变化检测方法，识别并提取各类变化信息。

4. 基本统计分析

基于各期现状数据与变化数据，统计各类别的面积、长度、数量、占比，以及变化量、增长率、人均拥有量等。对地表覆盖、城市建设用地、生态用地等内容，统计变化地类间的转移量。基于基本统计结果，分析兰州新区近年来城市建设发展变化，探究其变化规律与趋势，分析与查找引起其变化的驱动因素。

5. 综合分析评估

结合各行业的专题资料与社会经济统计数据，综合利用空间叠置分析、密度分析、可达性分析、缓冲区分析、最短路径分析等方法，展开更深入的综合分析，对新区建设进程与建设效果进行总体评价。

(二)关键监测技术

1. 空间属性数据一体化整合技术

根据各类专题数据的类型，实现统计数据空间化，专题空间数据归一化。对于人口、经济、交通信息等统计数据，建立匹配空间模型，实现面、线状统计数据空间化。对于点状统计数据，建立统一的地理编码和地物编码，实现点状统计数据空间化。对专题空间数据，进行格式与坐标系统转换和实体化整合。按照地理国情普查与监测内容和指标，制定空间统一要素编码，实现要素一致性管理。

2. 空间实体动态变化检测技术

根据新区建设变化监测对象在空间、时间、光谱等不同维度上的特征，建立监测对象在多维动态遥感数据中的形态、时态、纹理和空间关系等特征，优化各种特征组合，增强变化特征。以此为基础，建立目标区域的类型变化特征库与解译知识库，明确监测对象目标及其特征变化规律。利用影像开展多源多时相遥感影像对比、影像对矢量的变化检测分析等，通过批处理方式对经过预处理的影像和矢量数据进行检测，判断监测对象是否变化、确定变化区域、鉴定变化类别，并生成初步的变化模板和变化图斑。

3. 目标地物变化解译与识别技术

综合利用自动检测出的变化模板或者变化图斑，以及地理国情普查成果、历史专题数据和基础地理信息成果，通过计算机辅助与人工识别相结合方法，开展内业解译与判读。采用人机交互式方式对自动变化检测结果进行加载显示，并逐图斑检查、识别、编辑图斑变化类型及相关属性信息，确保变化检测结果的可靠性；同一时相数据相邻地区解译完成后进行接边处理，实现空间拓扑上的一致性；如果有历史外业实地调查核查资料，则进一步对变化信息解译成果进行编辑、修改，补充完善相关属性信息，形成满足新区建设变化监测技术要求和图件产品制作要求的成果。

4. 多尺度综合指标分析技术

通过建立多尺度地理空间单元划分标准体系，形成地理国情统计单元。基于既定的地理单元，采用空间分析等方法，通过叠置分析、对比分析、可达性分析、密度分析、扩张分析等技术开展综合统计与分析，从不同维度综合分析地理国情监测对象的内在空间特性、相互关系，揭示其分布规律和发展趋势。

四、组织实施与取得的成果

(一)组织实施

兰州新区地理国情监测备受国家测绘地理信息局的高度重视，近几年一直被列为国家专题性地理国情监测的重点内容。同时，兰州新区地理国情监测也是甘肃省测绘地理信息局立项的常态化持续监测项目，由甘肃省测绘地理信息局具体组织实施，并负责成果的发布、推广应用等统筹管理工作。中国测绘科学研究院作为项目的合作单位及国家级新区建设变化监测牵头单位，为监测开展提供技术支撑。兰州新区管理委员会提出成果应用需求，配合项目承担单位完成各部门专题资料收集和提供。

(二)取得的主要成果

从成果形式来看，包括基于空间数据库管理的矢量数据成果、监测报告、图集图册等纸质成果，以及成果展示片、三维地理信息系统等多媒体成果等；从成果内容来看，主要有空间数据成果、建设进程与效果综合分析等。

1. 空间数据成果

经过2014年至2016年对兰州新区开展变化监测，形成了多期现状与变化空间数据成果，主要包括核心区域1993年至今的8期地表覆盖数据及各期变化数据；2010年、2013年、2015年、2016年4期建成区范围、城市建设用地、道路交通、重要基础设施、生态用地及各期变化数据，以及2012年至2016年"平山造地"范围数据及各期变化数据。历年监测的空间数据成果基于空间数据库统一组织与管理。各类空间数据成果是开展信息提取与变化分析的基底数据，通过对数据进行基本统计与分析，掌握新区地理区情、建设现状以及发展变化。例如，从兰州新区被确定为国家级新区前后的地表覆盖变化情况看，2010年至2015年，地表覆盖转移主要集中于耕地、低覆盖度草地到人工堆掘地、道路、房屋建筑区之间，反映出随着大规模城市建设，新区地表逐渐由自然覆盖类型向人工覆盖类型转换，城市框架基本形成。

2. 新区建设进程与效果综合分析成果

结合专题资料开展的新区建设进程与效果分析成果主要内容见表15-1。

表 15-1 新区建设进程与效果综合分析成果内容

一级指标	二级指标	指标解释说明
建成区空间形态及扩张趋势	建成区空间形态	指建成区的用地轮廓形态，主要模式有集中团块型、带型、放射型、组团型、星座型、散点型等
	建成区空间重心指数	计算公式如下： $$X_t=\frac{\sum_{i=1}^{n}(C_{ti}\times X_i)}{\sum_{i=1}^{n}C_{ti}}$$ $$Y_t=\frac{\sum_{i=1}^{n}(C_{ti}\times Y_i)}{\sum_{i=1}^{n}C_{ti}}$$ 式中：X_t、Y_t 分别为 t 时间建成区重心坐标；X_i、Y_i 为第 i 个建成区地块的几何中心坐标；C_{ti} 为第 i 个地块面积
	建成区空间紧凑度	指建成区在空间上的集中程度，其公式为： $$C=2\sqrt{\pi A}/P$$ 式中：C 为建成区空间紧凑度；A 为建成区面积；P 为建成区轮廓周长
	建成区扩张弹性系数	指一定时期内建成区面积增长率与人口增长率之比，最优值为 1.12. 系数高于 1.12 时，建成区内土地利用效率就会降低；低于 1.12 时，城市基础设施不足，舒适度差等问题就会凸显
建设用地空间结构分析	城市建设用地结构	根据《城市用地分类与规划建设用地标准》(GB 50137—2011)，分析各新区城市建设用地中各用地类别人均占有面积和占城市建设用地比例的适宜性
	规划符合度	规划符合度＝与规划相符区域面积/城市建设用地总面积
	规划实施率	规划实施率＝城市建设用地总面积/规划的城市建设用地总面积
产业布局与发展态势	第二产业布局	第二产业类型构成、空间分布、空间聚集情况
	第三产业布局	第三产业类型构成、空间分布、空间聚集情况
	主导产业入驻情况	主导产业入驻、空间分布情况
	产业发展态势	自新区设立至 2015 年各项产值变化

续表

一级指标	二级指标	指标解释说明
基础设施空间布局	路网密度	指一定区域范围内由不同功能等级、区位的道路，以一定的密度和适当形式组成的网络体系结构。计算方法为： $D_i = L_i / S_i$ 式中：D_i 为类型路网密度；S_i 为区域面积；L_i 为类型道路在该区域内总长度
	道路可达性	道路可达性是评价道路交通网络效率的有效指标，反映了一个地方到另一个地方的便利程度
	空间覆盖度	指重要基础设施在不同服务半径下对城乡居民点建设用地、行政村、居住小区的覆盖率
	基础设施互通性	新区周边与新区范围内重要基础设施的互通性
城市人居环境	气候适宜度	基于温湿指数与风效指数分析。温湿指数(THI)和风效指数(K)按下列通常采用的公式来计算： $THI = t - 0.55(1-f)(t-14.4)$ $K = -(10\sqrt{V} + 10.45 - V)(33-t) + 8.55s$ 式中：t 为气温(℃)；f 为相对湿度；V 为风速(米/秒)；s 为日照时数(小时/天)
	生态环境状况指数	依据《生态环境状况评价技术规范》(HJ 192—2015)
	人口密度	人口密度是指单位面积土地上居住的人口数，它是表示区域内人口密集程度的指标
	绿地、水面覆盖率	城市内绿化林地、绿化草地、人工水域面积占城市总面积比例
	城市道路通行能力	城市道路在单位时间内可通行车辆数
	公园服务能力	不同服务半径下公园的覆盖范围、对居住小区、单位企业的覆盖率，以及居住小区到最近公园所需最短时间
	居住适宜度	结合设定的适宜居住条件，为各区域划定居住适宜度等级，包括高适宜区、较高适宜区、中适宜区、低适宜区等
土地资源开发利用	城市建设占地情况	城市建设区域所占耕地、园地、林地、草地的面积及比例
	“平山造地”空间扩展情况	包括“平山造地”范围扩展情况、“平山造地”前后高差变化、“平山造地”工程土方量等

3. 图件成果

整合新区现状与变化监测成果、新区建设进程与效果分析成果，制作专题图集图册。图件内容包括新区概况（区位、影像、地形等）图、新区现状图、新区变化图、新区建设进程与效果分析图等图组。

4. 文档成果

基于各期监测成果，编写监测工作报告、技术报告、监测报告，对监测组织实施、技术方案等进行总结，图文并茂地记录新区发展变化。

（三）成果应用情况

监测成果移交兰州新区管理委员会后，在兰州新区规划、国土、环保、农林水务等行业部门得到了应用，为兰州新区规划建设、国土资源开发与管理、生态环境保护等管理决策提供了重要的参考信息。

五、监测机制的探索与建立

（一）体制机制的探索与建立

兰州新区持续化地理国情监测可以完整地记录新区发展历程，可以为新区建设提供准确、可靠且现势性强的地理信息服务。为实现兰州新区进行可持续化的地理国情监测，需要在组织保障、人员安排、经费投入等方面建立测绘地理信息部门与新区政府及行业部门联合的领导机制。

1. 组织保障

建立甘肃省测绘地理信息局与兰州新区管委会主导的领导小组工作机制，对兰州新区持续性常态化地理国情监测工作进行统一组织和部署。领导小组由甘肃省测绘地理信息局、兰州新区管委会、项目承担单位组成，成立以项目承担单位为依托，由新区国土、规划、环境保护、农林水务、统计等行业部门共同参加的领导小组，其主要职责是确定地理国情监测的对象、内容、实施计划等，并对具体业务开展过程中的问题进行协商处理。

2. 工作会商

建立新区与项目管理单位、项目承担单位的联络会商机制，具体负责监测需求调查、监测数据资料收集、整理及成果制作。由各部门安排人员进行具体计划实施和业务沟通交流。

（二）经验与体会

我国地域辽阔、人口众多，目前正处于经济快速发展的转型期，地表变化频繁，地理国情复杂。开展地理国情监测，全面掌握我国的地理国情信息，可以为科学发展观的贯彻落实提供重要决策依据。兰州新区持续、动态性地理国情监测为地理信息服务社会发展、服务测绘转型升级提供了手段，在城市变化监测、综合统计分析、普查成果综合应用等方面积累了经验，对于进一步探索、深度挖掘地理国情普查成果应用价值奠定了坚实基础。

一是开展地理国情监测要结合区域特色，以服务区域发展为目标，有针对性地选取监测内容。兰州新区地理国情监测内容依据兰州新区的定位与发展现状选取，符合兰州新区现阶段对监测的需求，对于服务兰州新区发展具有现实意义。

二是重视专题资料收集，为开展地理国情监测提供有力的数据支撑。结合设定的监测内容，从规划、国土、环保、统计、卫生、教育等行业部门收集权威、现势性好的专题资料，为监测中开展综合统计分析创建基础条件。

三是加强与监测区域主管部门的交流合作，建立常态化持续监测机制。监测过程中多次与区域主管部门沟通交流，充分掌握其对监测的需求，对于把握监测方向具有重要意义。

四是注重培养探索精神，充分利用前沿技术方法。监测过程中加强与科研院所、高校学者的合作，积极学习前沿监测方法与技术，为监测实施奠定技术基础。

五是深度挖掘地理国情普查成果价值，进一步加强成果推广应用。地理国情普查数据中蕴含了丰富的自然地理与人文地理信息，在监测中通过对普查成果的深度挖掘、分析与应用，进一步实现地理国情普查成果服务于社会民生、政府决策的总体目标。

（三）下一步工作的思考

地理国情监测是制定国家和区域发展战略与规划、调整经济结构布局、转变经济发展方式、推动经济社会科学发展的信息基础，是科学管理的必要支撑手段，可以为综合规划、决策、监督等部门提供独立、客观和现势的参考信息和数据，为相关专业部门的监测提供基础。地理国情监测是一项全新任务，需要不断地在体制机制和技术方法方面进行探索和创新。在后期工作中对监测的内容、方法进行持续改进，使监测内容更加切合兰州新区发展变化的需求，不但要发现新区建设中存在的一些问题，而且也要具备为新区在产城融合、城乡统筹发展等方面提供辅助决策的能力。

第十六章　北京“城市体检”的实践与探索

一、“城市体检”的提出

（一）大城市病

作为特大城市，北京在昂首迈向国际两千万人口大都市行列的同时，快速的膨胀也在加剧这座千年古都自身的消化不良和运行不畅。社会进步回避不了城镇化，中国的城市病是社会发展的必然产物。在交通拥堵、住房紧张、能源供给、环境污染、噪声、大气污染、蔬菜粮食供应、公共安全等不同方面都较为突出。

2014 年 2 月 26 日，习近平在北京考察工作时强调提出“努力把北京建设成为国际一流的和谐宜居之都”的要求。2017 年 2 月 24 日，习近平再次考察北京市指出，要坚持人民城市为人民，以北京市民最关心的问题为导向，以解决人口过多、交通拥堵、房价高涨、大气污染等问题为突破口，提出解决问题的综合方略。

所谓“城市病”（Urban Disease），是与人口在大城市过度聚集相伴随的若干社会管理和公共服务问题的统称。如果以城市发展愿景作为参照，按聚集于发达、宜居与文明作为衡量标准，现阶段我国城市病突出表现在人口拥挤、交通拥堵、环境污染、房价高企等方面。北京的城市病表现尤为突出（见图 16-1）。所以，如何监测城市病情、查找病源，进而提出应对策略成为当前城市治理的重要课题。

（二）地理国情普查的推动

为全面掌握我国地理国情现状，满足经济社会发展和生态文明建设的需要，国务院于 2013 年 2 月 28 日下发了《国务院关于开展第一次全国地理国情普查的通知》（国发〔2013〕9 号），决定于 2013 年至 2015 年开展第一次全国地理国情普查工作。国务院副总理、第一次全国地理国情普查领导小组组长张高丽指出“开展地理国情普查，摸清地理国情家底，科学揭示资源、生态、环境、人口、经济、社会等要素在地理空间上相互作用、相互影响的内在关系，准确掌握、科学分析资源环境的承载能力和发展潜力，有效应对各种风险挑战”。北京市测绘设计研究院配合北京市规划国土委组织推进地理国情普查工作，取得了翔实、丰富的普查成果。在普查的基础上，进一步开展地理国情常态化监测工作，使数据持续更新，使对城市病的监测成为可能。

（a）人口拥挤　（b）交通拥堵

（c）环境恶化　（d）房价高企

图 16-1　北京市城市病的主要表现示例

针对普查及监测成果如何应用，北京市测绘设计研究院于 2014 年首次提出开展“城市体检”工作[①]，即以普查成果统计分析作为切入点，

① 温宗勇：《走向大数据——从数字北京到智慧北京》，测绘出版社，2015。

为大城市病的诊治提供空间大数据支持，为政府决策管理提供支撑。2015 年 11 月 3 日，国务院第一次全国地理国情普查领导小组办公室发文，将北京市“城市体检”列为全国地理国情普查综合统计分析试点（国地普办〔2015〕20 号）。“城市体检”工作是对特大城市精细化管理的实践与探索，是全国第一次地理国情普查在北京市城市管理中的具体应用。

二、“城市体检”试点

（一）总体思路

“城市体检”的总体思路包括：确定体检指标、制定健康指数、测出体检报告、诊出城市病因四个方面。

确定体检指标：根据城市发展阶段与实际情况，在有效对接城市发展目标的情况下，建立科学、动态的评价“城市体检”指标体系。

制定健康指数：在世界范围内，一些与北京地理纬度和气候相当、位置相似的发达国家首都城市，在城市健康发展方面，为我们提供了有效的经验，像东京、伦敦；而一些城市，像新加坡堪为世界的范本。以这些城市为样板，根据体检指标制定出合理的可参照的健康指数。

测出体检报告：针对历史数据和现状数据，开发出针对性的数学模型，进行指标测定，将城市分析数值与评价指标所参照的指标数值进行比对，找出差异，形成本年度体检报告，实现定期体检。

诊出城市病因：根据“城市体检”现状指标与体检指标对比，分析城市发展问题和弊端，实现本城市不同时期的对比及与其他城市的对比，并对城市发展提出相应的意见和建议。

（二）工作架构

为高质量推进“城市体检”工作，2015 年 6 月，北京市测绘设计研究院与北京工业大学成立了北京地理国(市)情监测与城市评估研究中心,发挥各自优势,开展专题研讨、数据获取、分析评估等工作。根据城市发展需求,将"城市体检"工作分为首都层面、北京市层面和区乡镇街层面推进。北京工业大学借助其专家优势和国际视野,主要推进首都层面的体检工作;北京市测绘设计研究院以从事地理信息服务的两个不同的部门为主体,分别推进北京市层面和区乡镇街层面工作。建立了管理机制、交流机制和成果发布机制。通过产学研相结合,构建了"城市体检"的整体工作架构。

(三)工作试点——以丰台河东地区为例

2015 年 2 月,以丰台河东地区 14 个街道 128 平方千米作为研究区域,开展"城市体检"的试点工作。评估流程见图 16-2。

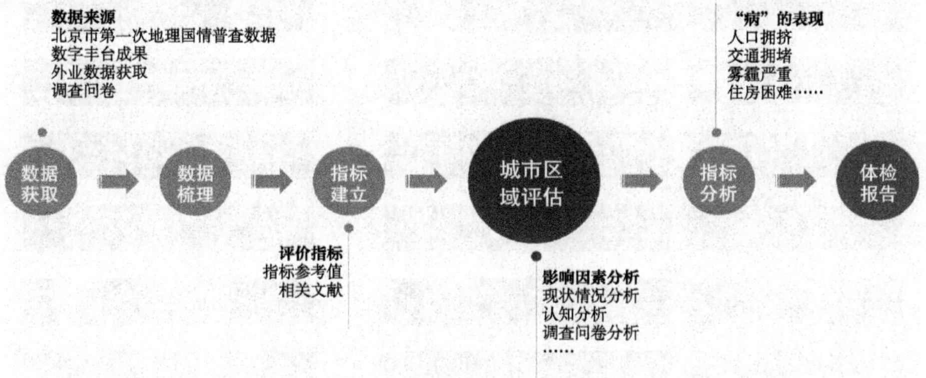

图 16-2 城市体检丰台试点的评估流程

1. 数据获取和梳理

梳理了《北京市第一次全国地理国情普查》所采集的数据成果、"数字丰台地理空间框架"数据成果,针对研究区域城市发展特色及现状发展情况,对研究区域的城市数据进行整合、加工、研究。同时,开展了面向公众的满意度问卷调查,发放了 3000 余份调查问卷。

2. 确立指标体系、制定健康指数

通过对比联合国城市指标体系、全球城市实力指数(Global Power City Index,GPCI)等国际城市评估体系及英国伦敦、美国纽约、法国巴黎和日本东京等世界级城市评估体系，结合北京城市特色及大城市病的具体表现，构建北京“城市体检”指标体系。包括人口、住房、交通、公共设施、环境、城市安全、经济发展、历史文化和城市热点“8＋1”个专项，对每个专项建立了与城市发展阶段水平相一致的指标参考数值，作为指标体系(见图 16-3)。对指标体系逐项建立定量评价模型方法(见表 16-1)，以此对城市发展情况进行分析评估。

图 16-3 “8＋1”指标体系——市区两级侧重点对比

表 16-1 定量评价模型——以环境专题为例

指标	模型方法	指标类型
绿化用地面积	×	定量
植被面积	×	定量
人均绿化用地面积	公共绿地总面积/人口总数	定量
植被覆盖率	植被面积/街道区划面积	定性
植被破碎度	景观斑块数/景观总面积	定量
植被复杂性	$AWMSI=\sum_{i=1}^{m}\left[\left(\frac{p_i}{2\sqrt{\pi \cdot a_i}}\right)\left(\frac{a_i}{A}\right)\right]$ 式中：m 为斑块类型数量；a_i 为斑块 i 的面积（平方米）；A 为所有斑块总面积（平方米）；p_i 为斑块 i 的周长	定性
绿化用地变化率	（绿化用地 2005－绿化用地 2007）/绿化用地 2007	定性
水网密度	河流长度/区域面积	定量
人均水资源面积	水面面积/人口总数	定量
单位面积水面积	水面面积/区域面积	定量
水体破碎度	景观斑块数/景观总面积	定性
水体复杂性	$AWMSI=\sum_{i=1}^{m}\left[\left(\frac{p_i}{2\sqrt{\pi \cdot a_i}}\right)\left(\frac{a_i}{A}\right)\right]$ 式中：m 为斑块类型数量；a_i 为斑块 i 的面积（平方米）；A 为所有斑块总面积（平方米）；p_i 为斑块 i 的周长	定性
垃圾场站密度	垃圾场站面积/行政区面积	定量
人均垃圾场站面积	垃圾场站面积/人口总数	定量
重点污染源数量	×	定量
重点污染源距离	×	定性

3. 测出体检报告

通过"城市体检"指标体系对指定体检对象、研究区域进行现状数据采集，标准化加工与整理，分专项、主题对其城市病状进行分析及评价评估，其中，研究区内绿地率统计见图 16-4。最后，针对体检对象、研究区域的特点，结合国内外成功案例给出相应的评估结果与发展建议，并最终形成文字报告。评估报告主要包括"城市体检"现状数据报告、“城市体检”数据对比分析、“城市体检”结果评价评估以及城市综合发展建议四部分。

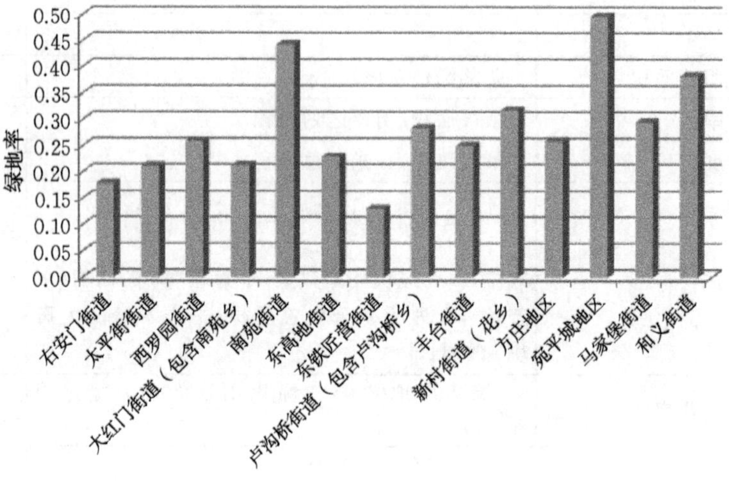

图 16-4　研究区内绿地率统计图

4. 试点成果通过验收

2016 年 12 月，北京“城市体检”作为全国第一次地理国情普查统计分析试点成果通过了专家验收。以中国工程院郭仁忠院士为专家组组长的专家组给予较高的评价，认为该项工作是融合社会经济信息的综合统计分析，是地理国情普查在城市尺度的重要应用，可为城市转型发展、智慧城市建设和政府管理决策提供重要的数据支撑和技术方法示范，同时也可为地理国情常态化监测内容和方法提供借鉴。研究成果数据国内首创，具有前瞻性和创新性，打通了地理信息应用的“最后一公里”，对其他城市开展类似工作提供了良好的参考和示范。

此外，“城市体检”成果先后向国家测绘地信局、北京市规划国土委领导进行专题汇报，获得了广泛认可。在 2017 年编制的《北京市城市总体规划(2016—2030 年)》中，提出要建立“多规合一”的管控体系，建立“城市体检”评估机制，每年进行一次“城市体检”，五年开展一次规划评估，以此为抓手，不断提高城市精细化管理水平，加快形成与国际一流和谐之都相匹配的城市治理能力，这给予“城市体检”以更高的要求、更具体的方向和更丰富的内涵。

三、总结与展望

北京市“城市体检”试点工作已经完成，但这只是进行常态化“体检”工作的第一步，后续将通过试点工作希望推广“城市体检”成果，使之变成一项常态化工作，从而变成全社会关注、百姓认同的行动方案。下一步，将主要从以下四个方面深入推进“城市体检”工作：

一是面向政府管理需求。“城市体检”工作将面向政府管理需求，结合北京城市总体规划评估和区乡镇街等政府管理，不断深入推进市区两级“城市体检”工作。

二是完善体检体系。建立完善“城市体检”的组织体系，明确领导，分工负责，推进“城市体检”工作深入开展。针对不同体检需求，丰富和完善“城市体检”的指标体系和健康指标，建立和完善体检报告定期报送机制，推出简化版体检报告。

三是夯实数据基础。以基础测绘、地理国情普查与常态化监测、地名普查、地下管线普查等空间大数据为核心，建立人口、经济、社会等多源数据的获取、共享机制，确保数据来源权威可靠，数据基础扎实。

四是创新技术手段。深入研究多源空间大数据自动获取与智能整合技术、基于分布式数据存储与计算技术、基于机器学习和深度学习的数据分析技术、基于空间数据仓库的数据挖掘技术、基于手机信令数据的大数据分析及空间 OD 可视化表达技术，应用到“城市体检”工作中，并开发“城市体检”智慧城市精细化管理系统。

城市是一个有机体，城市的健康发展对于城市居民影响很大，只有城市健康了，城市中的人才能健康。因此，关心城市健康状态就是关心人类自己。我们希望，通过开展“城市体检”工作，能够定期监测、及时发现问题、发布监测结果，引起政府和公众的重视，敦促有关部门有所作为，逐步缓解和去除大城市病，促进城市治理能力和治理水平的提高，为北京国际一流和谐宜居之都建设奠定坚实基础。

第十七章　地理国情监测支撑地理设计实践

一、地理国情监测与地理设计

(一)地理国情监测

地理国情监测通过对地理国情进行动态地测绘、统计,从地理的角度来综合分析和研究国情,为政府、企业和社会各方面提供真实可靠和准确权威的地理国情信息。按照《重庆市第一次地理国情普查工作方案》,结合规划管理等相关业务需求,重庆市在完成国家规定普查内容之外,进行了普查与监测内容扩展,主要体现在地理单元普查以及专题性监测的三个方面:①基于城乡规划全覆盖需求,对地理单元普查过程中相关要素普查等级进行了扩展(如行政区划与管理单元普查扩展到行政村(社区)等级进行境界线采集,社会经济管理单元采集到县级以上等级);②开展美丽乡村村镇综合信息普查专题性普查,形成了覆盖全市村镇,涵盖人口信息、经济信息、土地利用信息、市政基础设施、公共服务设施等的综合信息资源;③基于城市规划管理需求,开展了城市建筑物监测、工业园区监测、城市规划区建设用地及建成区监测等,形成了覆盖全市区(县)城市建成区用地、建筑物及其属性信息、市级以上工业园区用地属性信息的多期、动态监测综合信息资源。

(二)地理设计

地理设计是以地理科学系统理论为指导,以地理信息为基本支撑,为特定地理单元的合理利用提供调查、分析、评估和设计服务。它借助现代测绘技术和3S集成技术,实现多类型、大范围、周期性地理信息收集,以及不同学科分析技术与模型的融合,建立数据与技术基础。倡导尊重并认识自然地理、生态环境自身演变规律，进而深入辨析与社会经济发展间的协调关系，并以维系及强化这一关系开展规划设计工作。它注重基于“人地关系”客观规律分析、评估与设计，遵循“人本思想、因地制宜、时空并重、信息挖掘”四大核心思想与原则，主动适应和合理利用环境资源，实现“人地和谐”的可持续发展。

地理设计具有一个复杂的工作体系（见图 17-1），工作主体包括设计者、管理者和第三方评估者。借助多样化的地理信息技术开展地理调查，进而建立包含基础地理空间信息、空间化的社会经济数据和反映人类活动行为数据的地理空间数据库。进而融合不同学科分析模型，构建地理分析模型集，作为地理分析与地理平台的工具库，为规划管理工作提供支撑。

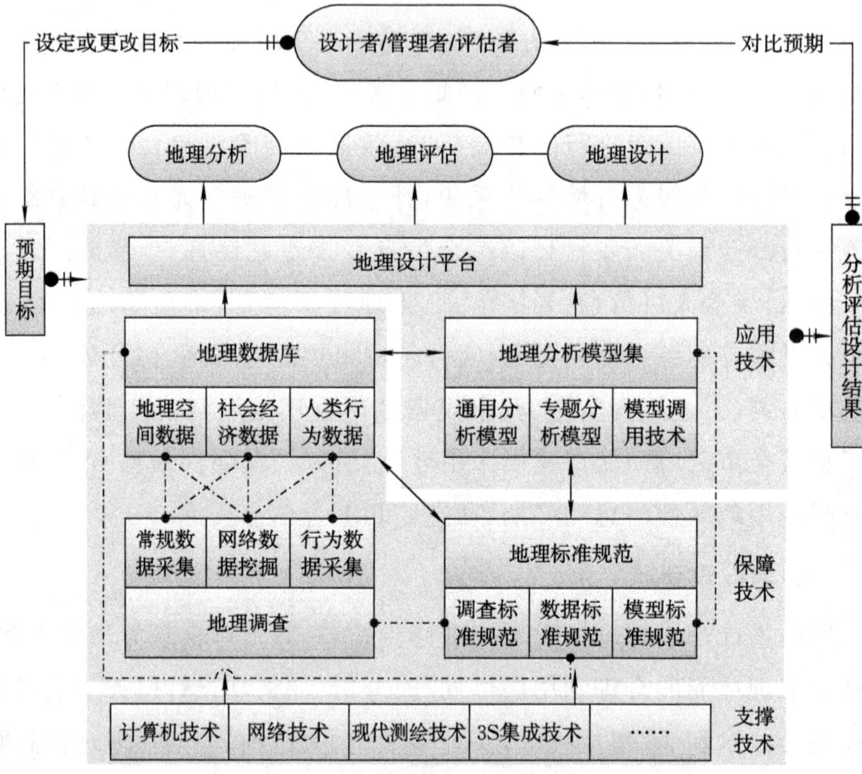

图 17-1 地理设计技术框架

地理设计搭建了一个基于 GIS 技术的工作平台，从学科体系到分析方法均具有较高的开放性与兼容性，通过融合不同学科的专业知识与技术以促进不同领域问题的解决。地理设计不是一个只能制定规划设计的固定流程，而是一个灵活应对不同需求的工作方式，不仅能作为一个统一体系，解决从数据采集到制定规划设计方案等问题，也能将四个流程彼此独立或两三联合为特定问题与需求来提供解决方案。

（三）地理国情监测对地理设计的作用与意义

地理设计工作的优势，在于使用多学科专业化分析方法，以全面辨识并协调人地关系。此项工作的有效开展，有两项核心需求：①数据的全面性；②数据动态更新机制。覆盖社会经济发展、自然地理、生态过程、环境状况等要素类型的数据，是多学科理论与分析方法开展人地关系分析的基础。此外，持续性的建设与发展，会造成自然地理环境等要素的高频率变化，持续性的数据更新机制，可以保障研究所使用数据具有高时效性，并使规划设计方案能为建设与发展提供更符合实际的支持与引领。

地理国情监测以地理国情普查为基础开展，基础数据库具备覆盖社会、经济、自然环境等不同要素的全面性特征。同时，地理国情监测所建立的数据更新机制，不仅实现周期性的基础数据库全面更新，同时其多样化的数据采集设备与技术，能够支持突发性数据需求的快速应对。此两点都较好应对地理设计的两项核心需求，使地理国情监测工作为地理设计的高效开展提供重要支撑。

在地理国情监测工作的全面性数据动态更新支撑下，地理设计具有强有力的数据保障以开展多学科专业化分析评估，以在地理基础、水文条件、生态过程、地表演变等领域深入辨识其与社会经济发展间的关系及相互影响机制，进而作为协调人地关系依据。通过支撑多学科专业化研究工作的开展，地理国情监测能有效保障并提升地理设计的科学水平，强化规划设计方案对于区域持续性发展的推动与支撑。

二、地理国情监测支撑地理设计方法

(一)地理国情支撑地理设计的可行性

“时空并重”是地理设计的核心思想之一,其要求从过去、现实与未来的时间维度上来把握发展规律,评估规划设计方案对区域发展的长期影响,以指导最优化方案的选取。时间维度上的研究,不仅需要较长时间的数据积累,更需要稳定的数据更新机制,以保障持续性的数据储备。此外,从地理设计发展与理论来看,其自诞生就自带三分测绘地理信息血统,地理大数据的采集、管理与处理是地理设计需要解决的基础性问题。

地理国情是测绘地理信息技术的综合应用,包含了从数据采集到处理、建库与管理的全流程,各环节技术体系成熟,构建了坚实的数据基础。此外,地理国情监测工作将使这套成熟的体系持续运行,建立起高精度、覆盖全面、持续动态更新的数据运行机制。总体上,不论理论渊源还是时空数据需求,运用地理国情支撑地理设计均具有较高的可行性,同时也是地理设计高效实施的重要保障。

(二)地理国情支撑方式

地理设计使用地理国情监测数据,用以支撑其分析、评估与建设监控,总体表现为“三个应用、一个流程”。

“三个应用”是在三个时间节点上,使用地理国情监测的技术、方法与数据成果,支持地理设计工作的开展,具体包括:①数据支撑。充分利用地理国情监测所构成的数据库,使用多学科分析方法与模型开展数据挖掘,更大程度上利用数据价值。在此阶段,借助适时监测技术、周期性更新机制,保障数据具有最新的时效性,更真实地反映现状特征。②过程监测。在项目建设过程中,使用无人机等数据采集手段,对项目实施开展动态监测,实时评估建设工作与设计方案的匹配性,保障实施不走样。③成果反馈。在项目建设完成以后，结合地理国情普查的动态监测机制，对项目实施完成情况、社会经济效益、自然环境影响等多方面开展评估，明确长期发展面临的问题以及需求，作为新一轮地理设计工作开展的依据与指导。

"一个流程"，就是将"三个应用"串联，再以地理设计方案开始，到方案实施，进而迈向新一轮地理设计工作开展的整个过程中，以地理国情监测的技术、数据提供全方位的支撑与保障。"一个流程"也体现了螺旋式上升的发展过程，表明地理设计对于地理国情监测成果应用，不是在一个孤立的节点，而是长期性与系统性的耦合。同时，随着地理国情监测工作制度越发完善，监测工作的逐步推广，其对于地理设计工作的支撑作用也将进一步强化。

(三)地理国情在地理设计中的应用途径

地理国情普查已经形成了一套包含地表覆盖、国情要素、DEM、行业部门数据在内的全面性数据库。此数据库能够支持包括地形地貌、水文、植被、生态环境、建设适宜性、设施均等性在内的分析评估工作开展，是地理设计认识地理问题的基础。此外，地理国情监测将形成制度化的数据更新，不仅为地理设计提供高时效性数据，保障研究成果与设计方案更符合最新的发展特征，也提供长期数据开展历史趋势研究，促进规划设计方案与历史规律的匹配。同时，在技术与设备的保障下，地理国情数据精度较高，高分辨率遥感影像数据精度能达到0.5米，为不同尺度的研究工作提供了条件。

总体上，全面系统、动态更新的数据机制，为各类型地理设计工作开展提供了保障。在大尺度上，能够支持资源识别、政策管理评价、发展建设需求研究等工作，推动环境保护、资源高效利用前提下的开发规划制定；在中级尺度上，能够对城市发展建设的各方面进行全面认识与评价，如城市建设中造成的地表覆盖变化、经济发展、生态环境风险以及公共服务均等化等问题，作为调控城市建设的依据；在小尺度上，能为单一工程建设项目的实施提供支撑，同时监测其建设实施情况，作为评估手段保障规划的严格实施。

三、地理国情监测支持地理设计实践

（一）地理设计服务城市建设

1. 工作背景

2010 年 5 月 5 日，国务院发布《国务院关于同意设立重庆两江新区的批复》（国函〔2010〕36 号）正式同意设立两江新区。其发展需贯彻以经济、社会和生态三者协调的可持续发展思想指导各项资源配置，将两江新区建设成为功能领先、环境优美、社会和谐、建设集约的内陆开放高地。通过开展"两江新区发展建设变化监测"项目，了解开发建设情况，辨识发展面临的问题，作为政策调整与精细化管理的依据，为持续、良好的城市建设提供服务。

此项工作涉及学科较多，研究体系较为复杂。同时，变化监测工作关注于分析新区建设与地理变化关系，作为发展政策与策略制定、调整依据，进而引导社会经济与自然环境协同发展模式搭建。因此，为更好地认识与协调这一"人地关系"，项目组以地理设计的理念与分析模型为支撑开展相关工作。

2. 工作流程

项目主要利用 2016 年优于 1 米分辨率卫星影像和基础地理信息成果资料及相关部门专题数据资料等，对两江新区建成区范围及新区城市建设用地、道路交通（包括铁路、公路、城市道路和乡村道路）、重要生态功能用地（包括耕地、园地、林地、草地、水域和湿地保护区）进行监测。总体技术流程见图 17-2，整个工作主要在三个方面应用地理国情监测数据：

一是数据支撑。通过数据收集与处理、构建多种类型的专题数据库，夯实工作实施基础。

二是过程监测。使用地理分析方法，搭建分析模型，对两江新区城市建设进程进行监测，辨析城市发展中各要素的变化特征，掌握城市发展动态。

三是成果评估。基于地理评估模型，对已经建设完成的各项设施予以评价，判断环境安全、服务均等化等影响，作为后期城市建设的指导。

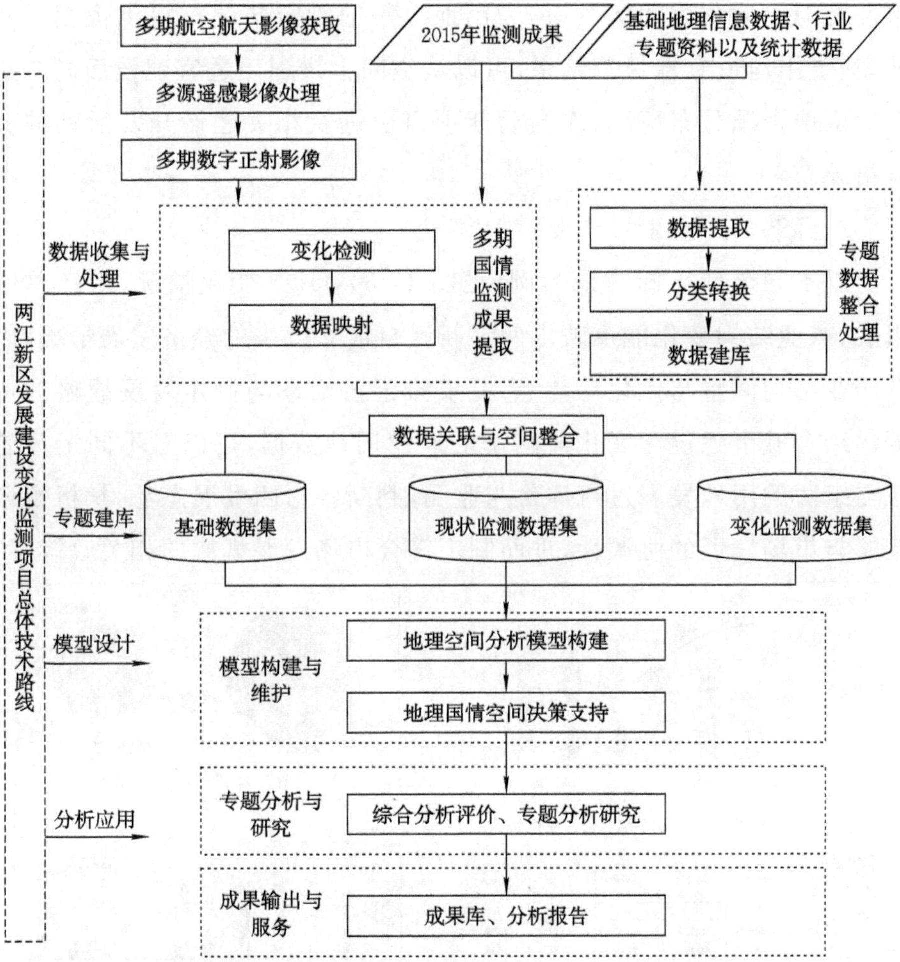

图 17-2 重庆市“两江新区发展建设变化监测”总体技术流程

3. 工作成果

选取地表要素变化监测、经济与产业发展监测、生态环境与公共服务监测三类成果展示地理国情监测成果的支撑作用，其中前两种表征了在地表覆盖与城市经济过程监测中的支撑，最后一种表征了在环境保护与公共服务均等化成果评估中的支撑。

1)地表要素变化监测

结合城市建成区在时序上的发展态势与演变特征，能深入辨识城市发展与土地利用间的关系，为用地政策的制定与调整提供依据。此外，基于用地适宜性评价结果，可以从空间上辨识出适宜建设而尚未建设的土地资源分布情况，作为后期项目引进及相关建设开发活动的有益指导。

2)经济与产业发展监测

以不同统计指标结果为例（见图 17-3），GDP 变化情况、生产总值组成、产业结构变化能反映出两江新区自成立以来的经济发展情况，以及产业结构调整与优化等焦点，是安排经济活动与制定发展战略的依据。结合城市建设与变化监测中的建设用地数据，可以对不同工业园区与组团的用地发展进行评价与监测，判断各组团发展态势，辨析规划策略与市场发展的协调性，进而制定符合市场发展规律的相关政策。

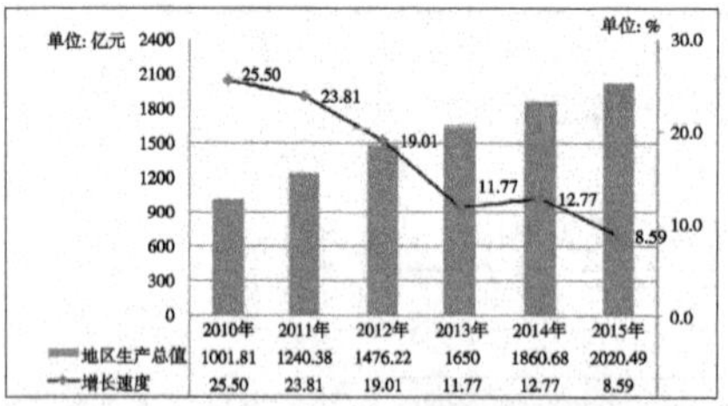

（a）两江新区2010—2015年GDP变化情况

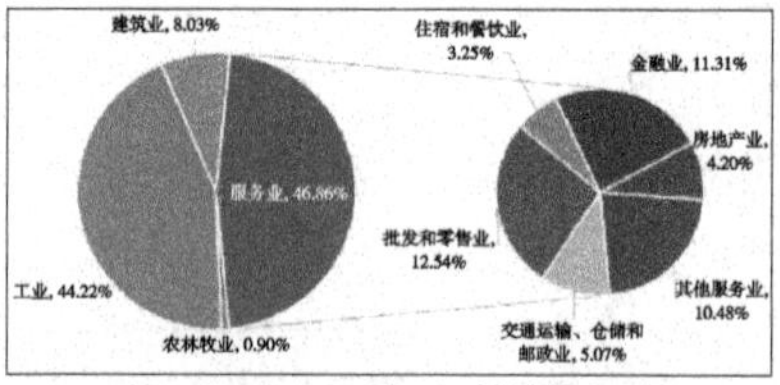

（b）2015年生产总值组成

年份/年	第一产业增长值/亿元	第一产业增长率/%	第二产业增长值/亿元	第二产业增长率/%	第三产业增长值/亿元	第三产业增长率/%
2010	16.80	×	529.10	×	455.91	×
2011	16.42	-2.26	661.39	25.00	562.57	23.39
2012	16.95	3.23	811.43	22.69	647.84	15.16
2013	17.27	1.89	908.60	11.98	724.14	11.78
2014	17.35	0.46	1025.64	12.88	817.69	12.92
2015	18.15	2.80	1055.56	11.20	946.78	15.40

（c）2010—2015年两江新区产业结构变化一览表

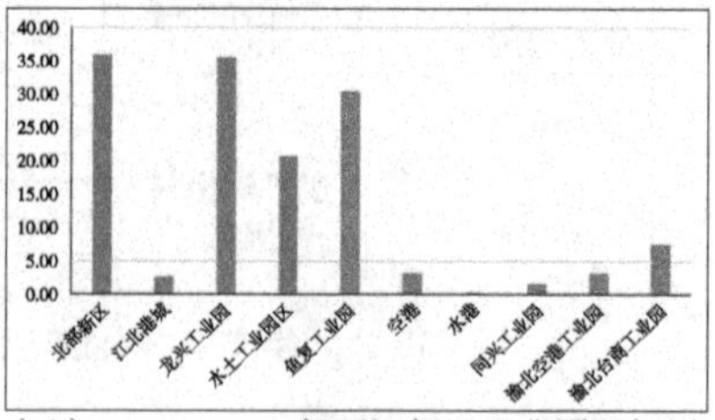

（d）2010—2016年两江新区工业园区拓展面积分布情况

图 17-3 2010—2015 年部分经济相关数据统计图表

3)生态环境与公共服务监测

在生态环境与医疗服务类分析结果中,基于地表数据与特定生态空间管制区等地理单元,能对生态空间予以辨识,深入识别生态空间范围内的用地类型,辨识建设用地人为干扰强度与分布特征,进而作为生态空间保护的用地政策制定依据。叠加地表形变数据与建设用地、建筑物等数据,不仅可以识别地表沉降风险的空间特征,更能进一步分析其与城市建设开发关系,为各类建设活动的地表沉降风险控制提供指导。对危化品周边环境予以分析,能统筹分析潜在安全风险,为针对性应急方案制定建立数据基础。结合医院最佳质量范围与居民点分布,能直观判断当前医疗服务设施空间合理性,作为制定新增医疗设施布局规划的资料。

基于教育、交通等基础设施,使用交通可达性模型,评价获得不同服务便利化程度。以此揭示城市建设及其设施服务功能的供给情况,区分出服务优良以及服务不足的地区与设施类型,进而指导后续相关建设工作有序开展。

(二)地理设计服务旅游发展

1. 工作背景

重庆市作为有名的火炉,夏季炎热,催生了市民避暑休闲需求。随着近些年市民可支配收入增加,夏季避暑休闲地产市场快速发展,成为重庆特色旅游与产业发展的突出类型。为强化市场引导与有序发展,重庆市先后发布了《重庆市避暑休闲地产规划(2014—2020年)》(渝府办发〔2015〕57号)和《关于做好重庆市避暑休闲地产规划(2014—2020年)实施工作的通知》(渝府办发〔2015〕138号),对全市避暑休闲地产的发展做了科学部署。为落实市级层面工作部署,在实施层面有效管理相关开发活动,在高效保护自然环境、土地资源的前提下,通过安排合理适量的地产开发,推动乡村旅游与经济发展,需要在区县尺度上开展避暑休闲地产规划。

此项目的核心在于空间管理与布局规划，需要妥善处理自然资源、空间管理政策与市场开发间的关系，识别出最适宜开发的空间以提升乡村旅游发展质量，同时避免大量无序开发造成土地资源浪费。基于地理设计制定的技术路线，设计了多个分析模型，需要包括地形地貌、地表覆盖、各种地理单元、最新遥感影像在内的多种时空数据，这些数据是项目顺利进行的控制性因子。

2. **工作流程**

从土地资源保护与高效利用、自然环境充分保护、促进乡村旅游发展角度出发，使用了一个包含5个部分的工作路线（见图17-4）。项目使用多个地理分析方法与评估模型，包括气温模拟分析模型、交通可达性模型、水资源条件综合评价体系、旅游资源条件评价体系、生态环境评价体系、设施服务能力评价体系等，以解决四个核心技术问题：①避暑气候资源识别。规划空间应具备夏季凉爽的气候条件，避免在其他地区开发造成土地资源浪费。②符合空间管制政策。乡村地区具有多种空间管制政策，规划空间应符合各项管理规定，保障项目可实施性。③具备适宜开发条件。避暑旅游的开发，对于交通、公共服务设施等均有一定要求。规划空间应保障具备良好的开发适宜性，保障其持续运营。④符合市场开发需求。规划空间应紧密结合市场开发需求，促进项目引进与规划实施。

此项目是一个基于单一时间节点的静态规划，重点是基于现状分析与评估，制订后续发展计划。地理国情监测成果作为基础数据，支持各项工作的开展。当前项目尚未实施，后期可使用地理国情监测的高分辨率遥感影像、无人机拍摄、倾斜摄影测量等技术，对建设各个阶段予以监督。

3. **工作成果**

1)避暑纳凉气候适宜区识别

经过气候舒适度模型初步识别，綦江区避暑休闲气候适宜区面积

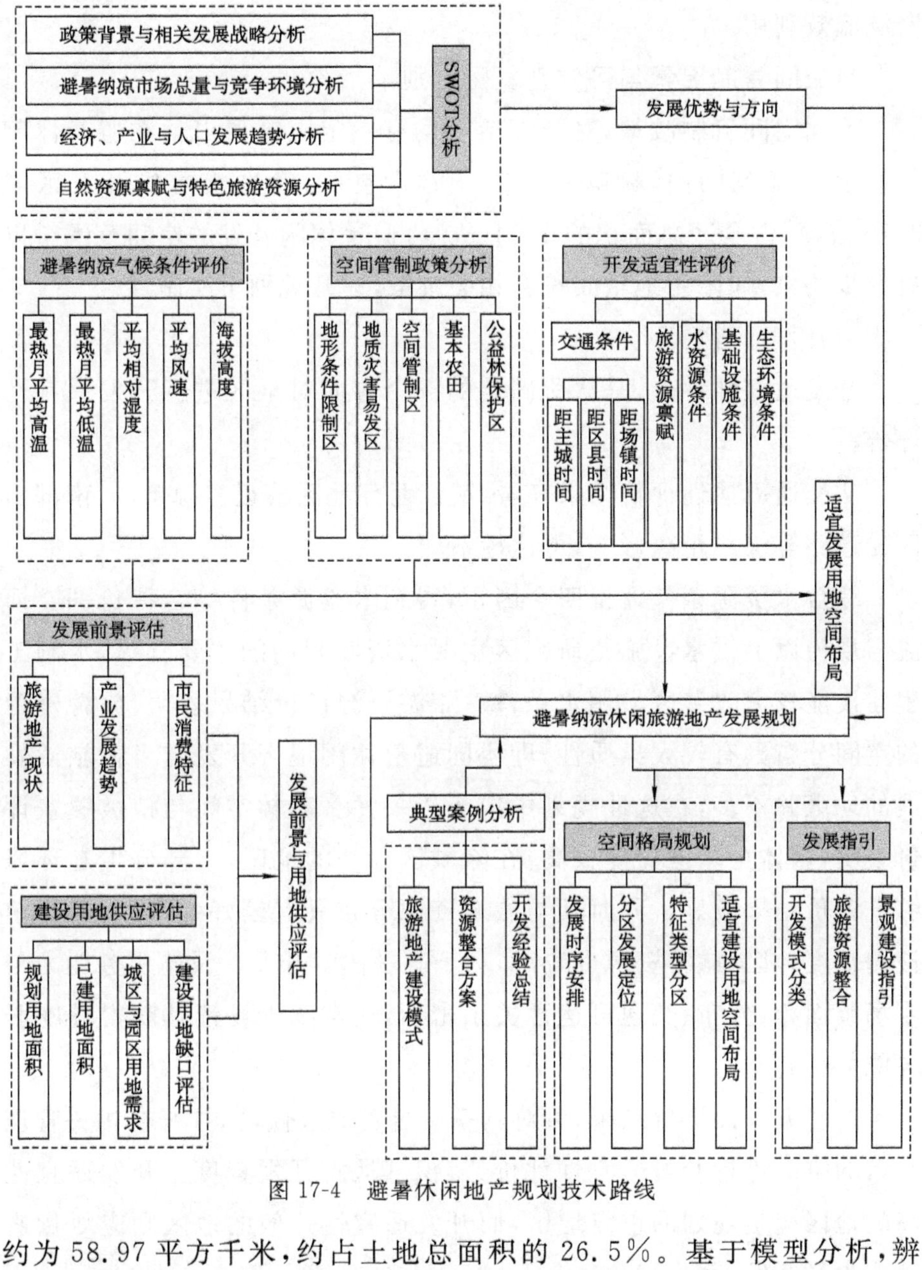

图 17-4 避暑休闲地产规划技术路线

约为 58.97 平方千米，约占土地总面积的 26.5%。基于模型分析，辨析出夏季气候凉爽的地区，将避暑休闲旅游开发活动约束在全区 26.5%的范围以内，避免了在其他气候条件不适宜地区开发造成土地资源低效利用。

2)空间管制要素与可供开发区识别

不同空间管制政策，对开发活动均有一定限制要求。在避暑休闲气候适宜区范围内，剔除各类禁止建设空间，筛选出可供开发区域3579公顷，占全区总面积的1.64%。将避暑休闲开发的空间范围予以进一步约束，保障用地空间符合相关政策，提升规划可实施性。

3)开发适宜性评价

开发适宜性评价，是从所确定的五个方面对全区进行开发适宜性评价。

从交通可达性评价结果来看，綦江北部地区临近客源市场，南部山区受道路等级与距离影响，可达性不佳。

综合水资源条件评价四个因子，得到水资源条件综合评价图。河流与规模以上供水设施是研究区主要水资源利用的主要支撑，水利工程建设能较大改善区域用水条件。旅游资源评价结果表明，旅游资源的空间分布具有较大异质性，即协同避暑休闲地产开发与乡村旅游发展的地区并不多，在选址规划中应予以关注。森林空间与植被覆盖评价表明，整体全域覆盖度较高，在除城区以外的地区，大部分生态环境综合评价结果较好。同时其与旅游资源分布具有较好一致性，即高植被覆盖度地区，旅游资源也较高，利于避暑休闲开发。设施服务能力与乡场镇面积、分布、交通可达性关系密切，通常临近场镇其获得设施服务能力越高。

综合五方面评价结果，可对具备避暑资源气候区，且符合相关管理政策的空间进行开发适宜性评价，辨识其适宜开发程度。开发适宜性高的地区应是规划的重点地区，而开发适宜性一般的地区则应尽量避免或少量开发。

4)空间规划成果

基于可供开发区评价结果，结合开发适宜性评价，挑选可供开发用地分布集中，且开发适宜性较高的地区作为对象，开展空间结构规划。在每个片区中，与各类开发公司展开合作，对接市场需求，在可供开发区范围内确定具体开发地块边界，实现落实到地块尺度的规划成果。

在此项规划成果所确定的开发工作中，不仅具有夏季凉爽的气候条件，满足项目的特殊需求，同时符合各类空间管制政策，保障了开发可实施性；此外，与市场开发主体积极对接，使每个地块均有较为明确的开发意向与项目储备，进一步提升了项目引进与区域开发进程。

整体上，使用了大量的地理分析模型，全流程开展空间定量化分析，实现了精确化的空间管理。庞大且复杂的数据供应与采集需求，由地理国情监测予以支持，保障了工作的有效开展。结合地理国情监测与地理设计工作，能充分发挥双方优势，更深入地服务于社会经济发展，并为精细化管理提供强力支撑。

(三)地理设计服务工程建设

1. 工作背景

2007 年 3 月，胡锦涛对重庆发展做出了“314”总体部署，明确了重庆作为长江上游会展之都、美食之都、购物之都等特色定位。重庆市政府积极响应国务院对重庆市的发展定位，重庆国际博览中心应运而生。作为全国第二、西部第一的会展中心，其总建筑面积达 60 万平方米。由于项目建设工程量大、建设周期长、施工难度高，建造难度超过北京奥运会场馆“鸟巢”，常规手段在此类重大建设工程的管理中体现出诸多局限：一是难以克服信息孤岛，实现国际博览中心规划、设计、施工及运营全过程一体化信息服务；二是缺乏完整、动态的时空数据支持，无法及时、全面、直观地反映工程建设情况；三是无法根据最新的地理空间信息及监测数据开展智能化分析及辅助决策，实现国际博览中心建设及运营期的智慧管理。

项目组基于地理国情监测成果构建了多时段三维虚拟地理环境(见图 17-5)，基于自主研发的“集景三维地理设计平台”开展了三维道路设计、三维场平设计、城市设计及动态优化工作。重庆国际博览中心已于2013年3月25日正式运营，本项目充分体现了地理设计技术服务工程设计和建设运营，为规划设计及建设管理行业带来新的技术手段和工具支撑，拓展测绘地理信息产业的应用模式，扩大行业的社会影响力。

（a）2010年6月 （b）2011年1月 （c）2011年5月 （d）2011年7月

（e）2011年9月 （f）2011年11月 （g）2012年1月 （h）2013年1月

图 17-5 基于多时段地理监测成果构建的三维环境

2. 工作流程

项目总体上基于地形数据，采用模型算法估算工程建设的挖填方量，同时使用三维建模技术模拟不同规划设计成果，作为开展方案评估与优化的依据。

1)数据支撑

依托地理国情监测成果，利用地理表达和地理分析模型开展片区现状解读、规划分析和设计构思工作。

2)过程监测

利用无人机、地面激光扫描技术定期获取建设过程的影像、地形和建构筑物三维点云数据，实现对施工现场和施工进度的有效监管，建立了大型建设工程施工监管的新模式。

3)成果评估

对片区路网、用地、建筑体量、景观开展参数化设计,并从路网(工程量、费用、安全性)、用地(面积、开发强度、开发成本、出让收入)、建筑(天际线、通视、色彩)、景观(亲水性、绿化、生态、热环境、风环境)等方面对多个设计方案开展量化对比评估,帮助设计人员、业主、政府进行方案比选、决策,为进一步开展方案参数调整提供支撑,通过这种循环往复的方式实现了设计方案优化。

3. 工作成果

本项目对重庆国际博览中心及配套用地范围内的道路及场平方案进行了优化设计,共减少外运土石方量 1000 多万方,节省了大量建设资金,缩短了工期,取得了较好的间接经济效益。与传统规划设计方式相比,本项目中地理设计优势主要体现在:①信息交互层面,解决了和后续规划之间信息共享、流转技术障碍,促进了不同规划设计之间集成、交互与协同。②将地理分析、评估和模拟嵌入到设计业务中,减少了对外部工具的依赖。③减轻了多方案设计工作强度,通过参数化设计和建模工具提高了设计效率,规划设计人员将主要精力放在方案设计和推敲上,减少了烦琐的制图工作。④方便设计师对方案修改深化工作。⑤方便项目业主、公众等非专业人士对规划设计意图的理解和交流。本项目成果获得 2013 年度"中国优秀 GIS 工程奖"金奖。

从成果内容上看,通过对悦来会展城及周边区域共 10 平方千米的自然环境(地形、地貌、地质、地灾、水体)、已有规划设计成果(控制性详细规划、国际博览中心设计方案、专项交通规划)和社会经济资料(人口、医疗、教育、工业)进行整合,构建了三维虚拟地理空间环境。通过区位分析、地形分析、地灾分析、剖面分析、用地适宜性分析、景观资源分析等多种分析方式,对片区现状进行了定量化、可视化解读和分析:①地形特征。片区具备典型的山地特征,地形包括滨江缓坡地、滨江台地、高地三类,场地制高点标高 376.75 米,最低高程位于嘉陵江边

170 米，地形高差大，如重庆国际博览中心地块东西向高差达到 80 米。②地质特征。片区地质条件整体平稳，大部分位于地质灾害低易发区，滨水条件相对脆弱，南部用地包含部分地质灾害易发区，不适合进行大规模土地平整。③地貌特征。片区依山傍水，山峰、谷地、河口和水体各具特色，构筑了建设山水城区的自然特征和生态基础。

基于多时段遥感影像对重庆国际博览中心的建设情况进行监控，在分析建设情况与规划方案符合性的同时，评价项目工程进度。使用三维建模技术，结合区域控制性详细规划、不同项目设计方案，模拟评估各建设方案对于城市形态的影响，便于城市建设的预研预控（见图 17-6）。

(a) 路网设计及模块　(b) 用地设计及模拟　(c) 景观设计及模拟　(d) 整体设计模拟

图 17-6　地理设计和评估效果

四、总结与展望

(一)总结

1. 地理国情监测与地理设计循环协同发展

地理国情监测具有多样化的数据采集手段，能够满足对大范围、特定空间数据的定向收集。同时，监测工作建立的周期性数据更新机制，提供了一个持续性、全要素的数据储备制度，为时间序列的分析研究工作奠定了基础。这种具备时间、空间特征的稀缺数据库，是多学科地理设计模型使用、开展时空地理分析工作的基础。

地理设计作为数据使用方，全面、深入挖掘了地理国情监测数据信息，从区域城乡发展管理，到小尺度规划设计，为可持续发展提供研究成果或解决方案，最大限度地发挥数据价值，推动地理国情监测服务社会与经济发展。

2. 基于地理国情监测的重庆市地理设计经验

在重庆市地理国情监测成果运用中，在城乡规划与建设领域开展了地理设计的探索与尝试。从实践效果来看，地理设计具备多样化分析模型，能够多尺度、多层面挖掘地理国情普查/监测数据价值，并形成定量化、科学化分析研究成果。这些分析成果能够支持城乡发展趋势研判、城市运行动态监测、“多规合一”、专业专项规划、城镇体系规划等不同方面工作，促进了不同尺度上“人地关系”的协调与发展。同时，地理设计工作的开展，拓宽了地理国情普查/监测成果应用渠道，深化了成果应用深度，直接与城乡发展与建设工作相耦合，形成了一条测绘地理信息密切支持社会经济发展的协作通道。

(二)展望

1. 地理国情监测工作持续开展对地理设计实践的支撑与保障

地理设计工作的基石是各类分析模型，而其保障则在于时空数据的支持。地理国情监测作为系统性、全面性的监测工作，形成了一个涵盖多领域、提供高精度数据监测的工作体系。尤其是在空间数据库构建、多元数据空间化整合上，更具有显著优势。同时，随着监测工作的开展，将会完成时间序列信息的积累，进一步完善数据体系，成为地理设计工作依赖的、不可替代的数据支撑。

2. 重庆市地理国情监测应用中地理设计实践领域的拓展趋势

地理国情监测下的地理设计实践领域将有三方面的拓展：一是精

准化。随着地理国情监测的深入与完善，以及监测过程中技术不断创新和进步，地理国情监测可以为地理设计提供更加全面、更加精准的数据和信息成果。二是定量化。地理国情监测成果都是空间化矢量数据，能为地理设计的量化分析、量化评估提供直接可用数据，保障分析、评估、设计全过程实施。三是即时化。技术的进步和监测成本的下降，使得监测频率不断提高，监测周期不断缩短。这为地理设计的时空演化分析、方案评选比对及情景分析提供即时数据支撑，解决了原来更新周期固定而漫长带来的数据时效性不够问题。

3. 重庆市地理国情监测支撑地理设计实践中的技术发展趋势

地理设计的发展与应用是多学科和多专业共同努力的结果，在具体实践中也面临许多技术人才的瓶颈。在地理国情监测下，地理设计技术发展也将有三方面的趋势：一是分工精细化。随着地理国情监测对象和领域的拓展，监测也将实现精细化分工，在具体的监测领域，监测手段、监测成果都将细化，这为地理设计在对应领域的实践提供专业数据获取技术支撑。二是团队化。对应监测工作的精细分工，监测团队也将越来越专业化，团队中相应人才的专业技术与学识将为地理设计在该领域的实践提供人才支撑。三是过程便捷化。地理国情监测的发展将使得数据获取与自动化处理变得越来越高效和智能，这将进一步解放地理设计实践者，减少其在数据获取与处理方面的时间与精力。

第十八章　以精准扶贫为切入点推进地理信息深层次应用

——以贵州省为例

精准扶贫是指针对不同贫困区域环境、不同贫困农户状况，运用科学有效程序对扶贫对象实施精确识别、精确帮扶、精确管理的治贫方式。2015年，习近平在贵州考察时首次提出扶贫工作“六个精准”：扶贫对象精准、项目安排精准、资金使用精准、措施到位精准、因村派人精准、脱贫成效精准。目前，全国多地测绘地理信息部门开展了地理信息服务精准扶贫工作。如四川省开发了“地理信息＋”精准扶贫信息管理系统，实现了精准识别、摸清所有建档立卡贫困村、户和人口基本情况，并在宜宾、广元投入使用；湖南省开发的精准扶贫地理信息系统，把精准到户的脱贫攻坚相关情况在三维和二维影像图中展现出来，实现扶贫对象、扶贫户占地面积、扶贫举措、扶贫成效等“一张图”管理，大幅提升了精准扶贫工作效率。贵州承担了国家级地理国情监测试点——“测绘地理信息空间大数据助力精准扶贫”，利用现代测绘地理信息技术和高分辨率卫星影像，制作了“国土资源云精准扶贫作战图管理系统”，实现扶贫信息的精确空间定位及功能拓展，为扶贫攻坚发挥了重要作用。

一、概　述

贵州省国土资源厅围绕省委、省政府大扶贫战略行动，积极研究部署测绘地理信息空间大数据服务精准扶贫行动计划，充分利用地理国情普查最新成果为大数据精准扶贫提供技术支撑和服务保障。具体包括以下六方面：一是利用丰富的地理信息数据资源优势，提供基于空间信息技术的精准扶贫服务模式；二是编制精准扶贫作战图，将基于空间信息的精准扶贫数据可视化，加入扶贫攻坚思路和方法，编制扶贫专题地图，实现扶贫攻坚“挂图作战”；三是应用地理国情普查成果，整合“天地图”地理信息数据，为扶贫提供地理信息空间数据服务；四是应用地灾分布、土地整治、美丽乡村建设等数据成果，整合扶贫信息专题数据库，为扶贫管理、成果监测与分析决策提供空间分析数据支撑和技术服务；五是综合利用遥感遥测、全球卫星定位系统、北斗导航、地理信息、多媒体及虚拟仿真等技术，帮助扶贫云建设；六是研发精准扶贫管理系统与互联网帮扶公益性平台，为“科学治贫、精准扶贫、有效脱贫”战略提供技术支撑。

二、制作“精准扶贫作战图”

贵州的“精准扶贫作战图”设计思路为“一总两专”。“一总”是指全省的贫困县、贫困人口情况总体分布图。“两专”是指充分利用国土政策对易地扶贫和就地扶贫采取的专项行动用图：一是增减挂钩易地扶贫作战图；二是土地整治就地扶贫作战图。将全省划分为 3 大战区、10 大战场、89 个分战场，分别由相关单位包片负责数据采集、处理，技术攻坚组负责系统研发和技术问题解决。作战图按照功能完整、拆装灵活的模式构建，即全省总图由 9 个市州和贵安新区 10 个分图构成，每个市州分图由所辖县级子图构成，可组装可拆分。系统建设按照统一底图、统一平台、统一图例、统一技术规范、统一质量标准要求，各战区系统建设同步推进。

具体来说，“精准扶贫作战图”系统包括 8 张子图，分别是：贫困县分布图、贫困人口分布图、贫困户脱贫动态图、增减挂钩易地扶贫搬迁作战图、土地整治就地脱贫作战图、地质灾害治理扶贫作战图、扶贫成效考核图和脱贫目标任务图，实现了帮扶对象、居住现状、致贫原因、扶贫措施等信息的精准识别。这些子系统分则自成一体，专精一隅，合则层层叠加，系统制胜。在具体使用方面，系统既可以对贫困点聚类展示，又能做点距动态统计；既可模拟易地搬迁路线，又能根据多维数据做分析，最大限度地挖掘测绘地理信息价值。同时，这套系统可进行深入研发和功能拓展。比如致贫原因精准分析功能，可以分析多尺度下的致贫原因，便于有针对性地施策；易地搬迁安置辅助决策功能，叠加坡度分析数据、地质灾害隐患点数据等，提供优先搬迁决策和安置点选点依据；等等。

三、开发精准扶贫“1＋N＋8”云平台

平台的总体设计思路是“1＋N＋8”的理念。具体来说，“1”指的是1个空间地理信息大数据平台。“N”指的是N个分析模块，包括教育、易地搬迁、农旅综合体等各类专题。“8”指的是8个精准，即：一是对象识别要精准；二是措施到户要精准；三是项目安排要精准；四是资金管理要精准；五是退出机制要精准；六是干部选派要精准；七是考核评价要精准；八是督促检查要精准。

（一）1个空间地理信息大数据平台

空间地理信息大数据平台主要是实现新区整体、乡镇、村、户四级位置定位与详细信息查询，定位到全区时能够展示直管区内贫困人口占比、致贫原因、人均收入变化、贫困户数变化情况的分析统计图表。到乡镇一级能够实现每个乡镇的贫困人口占比、致贫原因、人均收入变化、贫困户数变化情况的分析统计图表的直观呈现。到村一级，能够实现17个贫困村贫困人口占比、本村概况、本村急需帮扶内容以及本村帮扶计划等信息查询。能够查看到直管区内贫困户分布情况，能对每一户贫困户查询详细信息。同时还能查看到新区内交通设施的建设分布情况，底图能实现从电子地图到高清影像两者的切换。

(二)N个分析模块

N个分析模块中,第一期主要包括3个分析模块,分别是:教育扶贫、易地搬迁扶贫、农旅综合体建设。在此,针对这3个模块的功能实现可作如下评述阐析:

第一,教育扶贫分析模块需要实现的功能重点包括:①精准识别。将因学致贫的贫困户识别出来,将因学致贫分布情况显示在底图上。②资金、项目精准。对每个贫困村开展雨露计划。而且,要妥善统计助学活动情况和资金投入情况,准确分析出各乡镇、各村在教育投入方面的具体实施力度。③预测功能。预测下一年度可能因学致贫的贫困户,经资料收集和研究分析,采用统一标准,若贫困户每年教育费用超过家庭年收入的60%,即可认为该贫困户存在因学致贫可能。

第二,易地搬迁扶贫分析模块需要实现的功能重点包括:易地搬迁现状展示,即将各搬迁点、安置点位置信息设计处理并确定,再以不同符号在地图中展示出来,而以箭头的形式将迁移方向标注出来,同时将采集的搬迁点和安置点全景照片数据在系统中给出生动视图。

第三,农旅综合体分析模块主要是展示直管区内农旅综合体分布及建设发展情况,需要实现的功能主要是每个农旅综合体项目的信息查询、照片及建设发展现状展示。

(三)平台总体流程设计

精准扶贫"1+N+8"云平台建设以现有的网络设施为支撑、以地理空间信息资源为数据基础,同时融合数据库技术、GIS技术、数据共享与交换技术、软件开发技术等研究进展,而且采用统一构建、集中共享的管理模式进行和实现了完整、全新的系统构建。根据贵安新区精准扶贫"1+N+8"云平台研究项目建设内容,按照项目开展先后顺序,结合贵安新区实际情况,项目建设思路可划定5个阶段,分别是:前期准备、技术设计、支撑环境建设、地理空间数据库建设、系统平台建设。

项目总体流程见图 18-1。

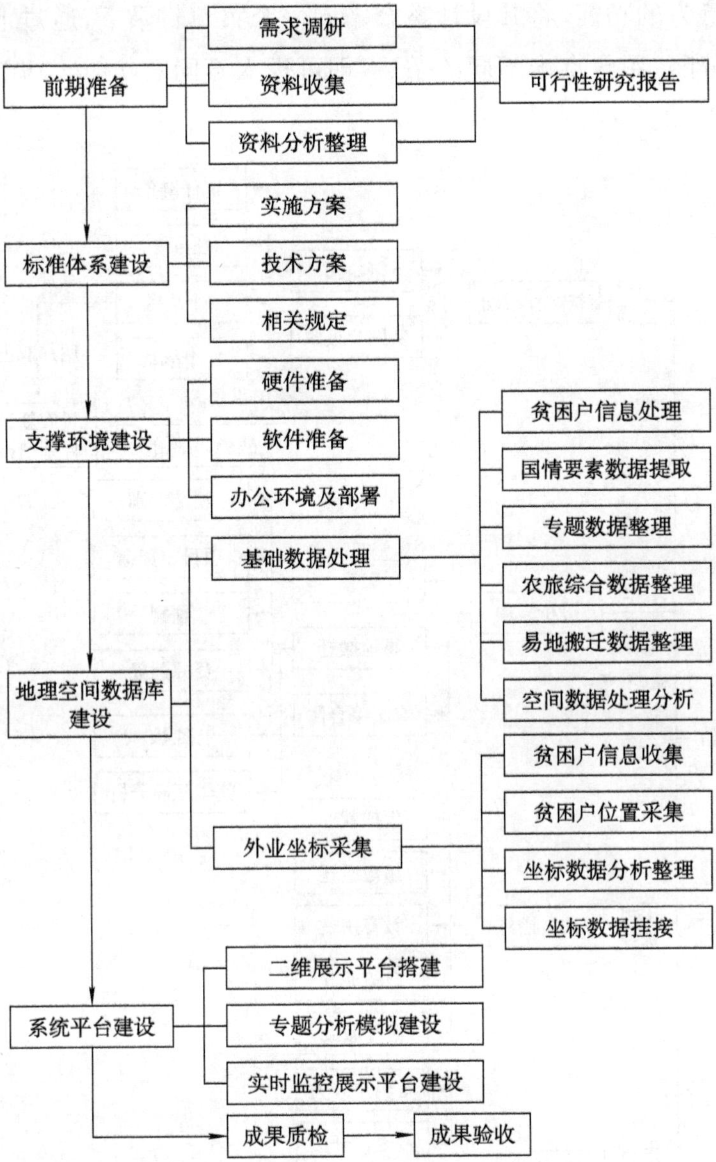

图 18-1 精准扶贫“1+N+8”云平台设计流程

(四)功能模块设计

从宏观及微观具体角度来研发展现贫困户的信息，将系统分为扶贫作战图、分析模块、扶贫措施、图层控制 4 个关键功能模块。针对具有相似行为的功能,将其设计整合于同一个菜单目录下,通过下拉目录来划定分隔,用户点击不同的条目,即可进入不同的功能。功能模块设计见图 18-2。

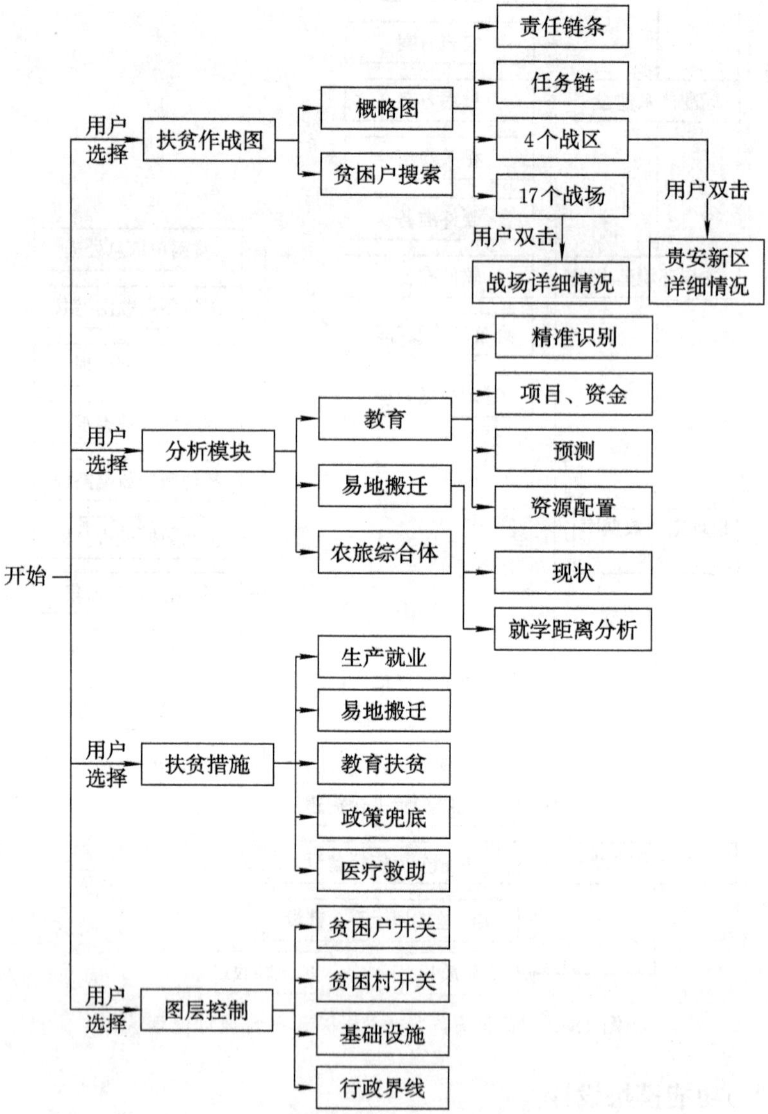

图 18-2 精准扶贫“1＋N＋8”云平台功能模块设计

充分利用空间地理资源与大数据技术，有效支持并助推扶贫体制化、精准化、科学化初步成果，下一步还将继续完善平台在产业、生态、交通、医疗等专题方面的分析模块，推动扶贫部门与行业部门资源共享、信息互通、工作衔接和全局互动，使各项帮扶措施的实施情况和老百姓生产生活的变化情况均能得到实时动态跟进与监管。